煤矿安全高效开采教育都重点实验室资助，煤炭安全精准开采国家地方联合工程研究中心项目

U0642398

煤矿工作面湿式除尘技术研发与应用

邱进伟 陈清华 江丙友 唐明云 周亮 胡祖祥 ◎ 著

MEIKUANG GONGZUOMIAN
SHISHI CHUCHEN JISHU YANFA YU YINGYONG

中南大学出版社
www.csupress.com.cn
·长沙·

前　言
Foreword

随着智能化、机械化、自动化水平的大幅提高，我国煤炭开采技术已达到世界领先水平，相应地，以粉尘为主，噪声、高温、高湿等危害因素并存的煤矿职业安全健康问题也日渐凸显，其中粉尘污染对工人职业卫生健康及企业生产安全的威胁尤为严重。截至 2021 年底，我国累计报告职业尘肺病 91.5 万例，绝大部分来自煤矿从业人员。为加强煤矿作业环境职业病危害防治工作，国家安全生产监督管理总局出台《煤矿工作场所职业病危害防治规定》，并于 2015 年 4 月 1 日起施行，最新颁布的《国家职业病防治规划（2021—2025 年）》及《"健康中国 2030"规划纲要》也明确提出，以职业性尘肺病为重点，建立完善职业病危害因素监测机制。虽然尘肺病致病机理复杂且过程缓慢，但长期持续接触粉尘进而导致肺部不可逆转性损伤，是尘肺病的直接诱因。

现有煤矿工作面除尘、降尘方法主要有干式除尘、湿式除尘和泡沫除尘等。其中湿式除尘技术具有安全性好、设备体积小等特点，尤其适用于高瓦斯矿井和全煤巷开采工艺，近年来得到了广泛应用和认可。湿式除尘的主要原理是使含尘气体与液体（一般为水）密切接触，利用水滴和颗粒的惯性碰撞或者利用水和粉尘的充分混合作用，捕集颗粒或使颗粒增大或留于固定容器内，以达到除尘目的，水雾覆盖范围、雾滴分布等是湿式除尘技术的核心关键。

本书是在参阅前人研究成果的基础上，并结合近年来在湿式除尘器和喷雾嘴研发和工程应用等方面积累的实践经验完成的，主要内容包括：

第 1 章，介绍本书的研究背景与意义，调研职业健康社会现状及粉尘治理行业发展现状，根据国内外粉尘防治现有成果，整理与总结煤矿工作面现有的湿式与干式除尘设备，对其技术研究过程中存在的不足点进行分析，为促进煤矿工作面湿式除尘技术的研发提供参考。依据健康中国行动，将煤矿职工健康上升为国家优先发展战略，采取精准降尘，精准突破，解决工程技术难题的思路，针对煤矿工作面的尘源问题，进行技术路线的规划。

第2章，介绍煤矿粉尘的理化性质调研及现场测量。首先，分析了煤矿粉尘的理化性质，对煤尘的主要成分和性质做了简要说明，叙述了煤尘的理化性质，阐述了煤尘的危害，以及如何预防煤尘事故的发生。其次，为了使调研结果更加真实可靠，对三盘区回风大巷和2304胶运顺槽进行了实地调研，通过对现场的工作地点进行取样，对煤尘进行了尘源特性测试、游离二氧化硅含量测试、湿润特性测试和粉尘分散度测试。通过测试矿井现有工艺条件下三盘区回风大巷综掘工作面的粉尘浓度参数，对空间分布规律进行了详细测量和研究，建立了三盘区回风大巷综掘工作面不同粒径粉尘的动力学演化数值仿真模型，分析了综掘工作面流场等对粉尘运移及空间分布的影响，并对其进行了总结。

第3章，介绍煤矿工作面粉尘浓度检测方法。首先对粉尘浓度检测的各个方法进行了简单概括，介绍了当前主流的粉尘检测方法的分类以及每种方法所存在的优缺点。其次，为了弥补这些检测方法的不足，本章提出并设计了两种粉尘浓度检测系统，分别是非接触式的基于改进 Yolov5 的粉尘浓度检测系统以及接触式的基于滤膜称重法粉尘检测装置，并且对这两种方法进行了系统设计、工作流程阐述、检测原理介绍以及实验结果分析等。通过大量可靠的实验证明，这两种粉尘浓度检测方法具有可行性和可信性，完全满足粉尘浓度检测的工业需求。上述两种方法由于与当前主流的检测方法不同，具有新颖性，所以也为粉尘浓度检测提供了新思路。

第4章，综采工作面降尘技术日益革新，相比之下，掘进工作面降尘技术已不能满足粉尘防治的需要。为此，本书采用理论分析、数值模拟、实验测试的方法，设计并研究了具有多适应性的掘进工作面喷雾降尘系统，并在不同工况的掘进工作面，即在不同地点的综掘工作面和连采掘进面进行了降尘效果测试。运用 Ansys Fluent 仿真软件和井下降尘效果测试分析，较为准确地得出了在工作面除尘和降尘的效果，验证了掘进工作面多适应性喷雾降尘装备的可行性。

第5章，煤矿工作面是煤矿生产中的重要部分，由于煤矿工作面生产过程中会产生大量的煤尘和有害气体，对作业人员的健康和安全造成威胁，因此，煤矿工作面的除尘技术显得十分重要。本章研究设计了风水联动除尘装置，通过合理的设计，将该除尘系统应用于掘进工作面，以达到高效除尘的目的，从而加强煤矿安全生产。同时进一步研究巷道内粉尘的产生、运移和风水联动除尘装置降尘理论，分析粉尘运移和沉降的基本规律。

第6章，湿式除尘设备具有体积较小，移动方便，能够在多种煤矿降尘环境下使用，且具有使用安全，性能稳定等优点。空气雾化喷嘴作为湿式除尘装置中的核心部件，对湿式降尘设备性能的优劣具有很大的影响。因此，对广角式空气雾化喷嘴进行优化设计研究，采用 VOP to DPM 仿真方法，能在获得内部两相流流场的同时，也获得雾化后雾滴的相关参数，使得仿真结果能够更加准确地反映出喷雾的雾化效果。并且利用喷雾降尘实验，能获得不同结构下喷嘴的宏观参数与降尘效率。综合分析仿真结果与实验结果，能为空气雾化喷嘴设计提供理论基础，提升空气雾化喷嘴在不同使用场景下的降尘效果。

第 7 章，ZWP-60 雾炮是一种专门用于降尘的设备，主要应用在矿山开采、工厂生产、建筑工地等多粉尘的场所。改变雾炮内部结构参数，可以改善雾粒分布情况，使射程更远，增大作业范围，根据喷雾射流雾化研究机理，基于 Ansys Fluent 软件的 DPM 模型，对 ZWP-60 雾炮的工作流场进行数值模拟和优化设计。通过对不同结构参数雾粒分布以及雾炮射程变化规律的分析，确定最佳结构参数作为导流叶数量，提高降尘性能和雾炮研制水平。

本书具体分工如下：邱进伟编写第 2 章（2.1 节）、第 3 章、第 4 章、第 6 章（6.2 节、6.3 节和 6.4 节）和第 7 章，陈清华编写第 5 章，江丙友编写第 1 章，唐明云编写第 2 章（2.2 节、2.3 节、2.4 节和 2.5 节），周亮编写第 6 章（6.1 节），胡祖祥和任波负责整书试验设计及数据分析，林汉毅和李赛负责整书仿真模拟部分，同时协助完成本书编写和全书文字校核工作，宋皓然和许斌负责现场和实验室试验部分，同时负责绘图及表格绘制等工作，王德俊、许曾生和王小润负责提供试验研究所需的部分设备及工程应用技术和实验数据分析。全书由邱进伟统一定稿。

在此诚挚感谢陕西延长石油集团横山魏墙煤业有限公司提供的三盘区回风大巷和2304 胶运顺槽，以进行实地调研，以及为尘源特性测试、游离二氧化硅含量测试等试验数据提供的理论依据，对工作面粉尘治理研究提供的数据支持。

感谢安徽理工大学在本书编著过程中提供的良好办公环境，感谢煤矿安全高效开采教育部重点实验室、煤炭安全精准开采国家地方联合工程研究中心项目在出版经费方面给予的大力支持。

对煤矿工作面湿式除尘粉尘治理关键技术的认知目前尚不全面，很多方面在学术界尚有不同的理论见解和治理方法，或者说，粉尘治理技术的发展正处于不断优化和改进的阶段，书中不妥之处在所难免，欢迎读者不吝指正。

作　者

2023 年 11 月安徽理工大学

目 录 ⋀⋀

Contents

第1章

绪 论

1.1 背景及研究意义

据国家统计局核算,2019 年,煤炭在一次能源生产和消费结构中的占比分别达 68.8%
和 57.7%[1],如图 1-1 所示。2020 年,能源消费总量为 49.8 亿吨标准煤,比上年增长
2.2%,煤炭消费量增长 0.6%,占能源消费总量的 56.8%,比上年下降 0.9 个百分点。据
中国工程院预测,到 2050 年,我国一次能源结构中煤炭比重将保持在 50% 左右[2]。随着
科技升级,虽然新能源比例会逐步增高,但是,中国"缺气、缺油、煤相对丰富"的资源特
点决定了在未来相当长一段时间内,煤炭仍将是我国的主要能源,将继续支撑我国经济的
繁荣发展。

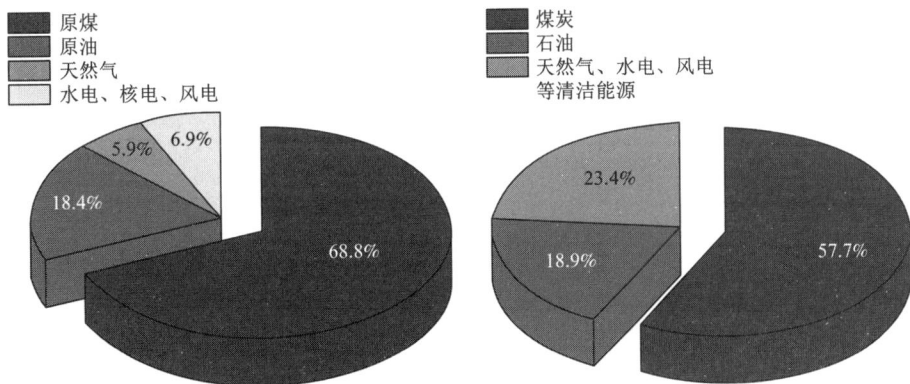

图 1-1 2019 年一次能源生产比例(左)和能源消费结构比例(右)

美国健康影响研究所发布的《2020 年全球空气状况报告》的数据显示[3],空气污染对
人类健康危害极大,2019 年约有 47.6 万名新生儿在出生后死于空气污染。美国一项研究
表明,空气污染会增加神经退行性疾病的患病风险,影响记忆和认知能力,包括帕金森病、
阿尔茨海默病和其他形式的痴呆症[4]。为此,世界卫生组织提议全球各国应施行紧急行
动,控制全球大气污染,还人们一个健康环境。习近平总书记在党的十九大、全国生态环

境保护大会、十三届人大等会议中多次重点提出坚决打好污染防治攻坚战，实现还百姓蓝天白云、繁星闪烁的目标。按照中央部署，要加快优化产业结构和布局，通过淘汰落后产能，从源头上进行工业污染防治。

随着煤矿采掘技术的快速提高，我国煤炭安全高效开采技术已达到世界领先水平，随之而来的是以粉尘为主伴随有害气体、高温、高湿等危害因素而引起的煤矿职业安全健康问题的日渐凸显[5]，其中粉尘污染对工人职业卫生健康及企业生产安全的威胁尤为严峻。在煤矿开采过程中会产生大量粉尘，而由于煤尘的特殊性，其产生之后会弥散在整个巷道中，对工作环境、工作人员以及工作设备都有极大的影响[6]。当粉尘在密闭空间超过一定浓度时，遇到明火易爆，严重危害工作人员的生命安全[7]。煤矿粉尘爆炸的事故时有发生，2020 年 8 月，肥城矿业集团梁宝寺煤矿发生一起爆燃事故，16 名受伤人员中 7 人经全力抢救仍不幸身亡；2016 年 1 月，陕西省榆林市神木县乾安煤矿违规爆破引起巷道内粉尘的爆炸，造成 11 人死亡；2014 年 11 月，辽宁阜新恒大煤业公司放顶煤工作面发生一起重大煤尘爆炸燃烧事故，造成 28 人死亡，50 人受伤；2005 年 11 月，七台河分公司东风煤矿发生一起特别重大的煤矿粉尘爆炸事故，造成 171 人死亡，48 人受伤。这些血淋淋的案例告诉我们，煤矿企业面临着极其严峻的形势，急需有效的除尘装置来降低工作面及巷道的粉尘浓度，以减少煤矿作业人员尘肺病的发病率和保障作业人员的安全。

此外，长期吸入生产性粉尘，工作人员细支气管与肺泡内会滞留粉尘，而这些滞留的粉尘颗粒自身含有的可溶性物质及其弥散在空气中时吸附的其他有害可溶性物质，可能会直接溶解于呼吸道内的黏液中或者进入肺部后溶解于肺泡内，最终被人体吸收而对人体健康产生不可磨灭的危害[8]。即使受害者脱离粉尘作业场所，身体上所产生的病变也可能会进一步恶化成尘肺[9]。据测算，我国煤矿工人的尘肺病新增速度迅猛，每年约有 5.7 万人患尘肺病，每年新增的尘肺病患者均在 1 万名以上，占整个职业病病例的比例达 88.9%，而煤矿工人的尘肺病患者占整个尘肺病患者总数的比例高达 50%。由 2010 年至 2021 年发布的职业病防治相关通告可得出，2010—2021 年全国职业病的发病稳中有降，整体上呈逐渐下降的趋势，但职业性尘肺病病例在各类职业性新病例中的占比仍较高，其具体情况如图 1-2 所示。

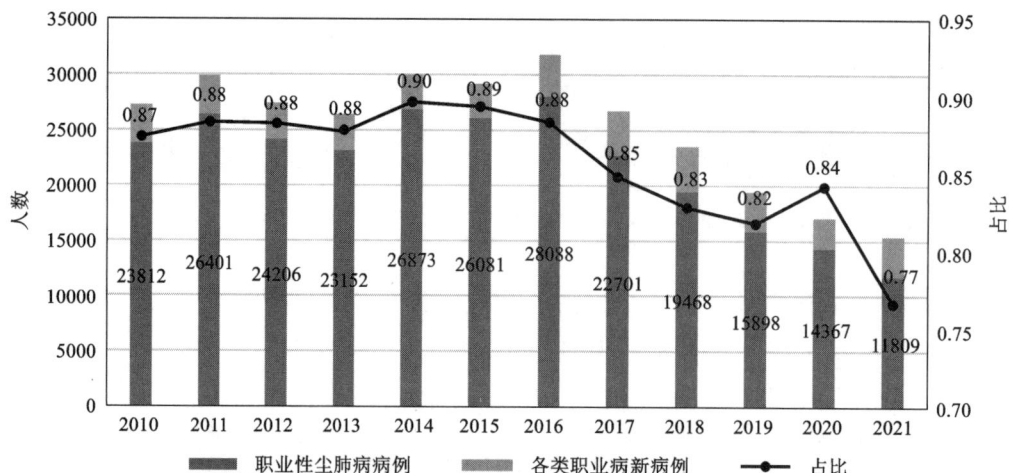

图 1-2　2010—2021 年职业性尘肺病发病概况

截至 2021 年底，我国累计报告职业性尘肺病 91.5 万例，绝大部分来自煤矿从业人员[10]。尘肺病是煤矿从业人员在生产过程中因长时间的职业粉尘暴露与接触而引起的一种不可逆的弥散性肺组织纤维化疾病[11]，作为煤矿生产的主要职业病类型，尘肺病严重影响着从业人员的生产安全与职业健康水平[12]。

相关研究表明，工作场所粉尘危害程度与接触浓度水平直接相关[13]。为提高煤矿井下作业工作人员职业病危害的防治技术水平，国家安全生产监督管理总局出台了《煤矿工作场所职业病危害防治规定》，并于 2015 年 4 月 1 日起施行，最新颁布的《国家职业病防治规划(2021—2025 年)》及《"健康中国 2030"规划纲要》也明确提出，将职业性尘肺病作为这一阶段内的职业病防治工作的重点内容，建立并且完善用以监测职业性有害因素的机制[14]。经过不懈的努力，我国在生产性粉尘浓度及煤炭工人尘肺发病的控制方面已经取得了显著成绩，但尘肺病目前仍然是我国发病率最高的职业病[15]。随着我国政府对粉尘危害防控工作的日益重视，粉尘浓度监测也随着粉尘综合治理逐渐发展起来[16]。利用科学手段，开展作业场所粉尘含量检测工作是制定粉尘治理措施进行尘肺病防控的必要途径和重要依据。因此，从根本上解决粉尘所带来的职业健康危害是当前的首要任务，而提高井下粉尘浓度检测精度则是尘肺病防治攻坚行动的重中之重。

1.2 煤矿工作面降尘技术的研究现状

目前煤矿工作面的除尘方式主要包括干式除尘和湿式除尘[17-20]。这两种方式在煤矿行业已被广泛应用，它们具有各自的特点和适用范围。干式除尘是通过物理手段控制和减少粉尘颗粒的飞扬的除尘方式。它通常不需要喷洒水雾或降尘剂，而是依靠排风系统、过滤器、除尘器等设备来捕集和分离粉尘。湿式除尘则是通过喷洒水雾或降尘剂来湿润和凝聚粉尘颗粒，从而减少粉尘的悬浮和飞扬的除尘方式。选择干式除尘还是湿式除尘取决于具体的煤矿工作面条件、粉尘产生量和特点，以及环境要求和水资源供应情况。有些场景可能更适合使用干式除尘，而在一些对粉尘控制要求较高、水资源较为丰富的情况下，湿式除尘可能更为适用。无论选择哪种除尘方式，都需要根据实际情况进行工艺设计和设备选择，并结合其他降尘措施，如封闭式输送系统、合理的通风设计等，最大程度地减少工作面粉尘对环境和工人的影响。

1.2.1 煤矿工作面干式除尘技术的研究现状

干式除尘设备具有以下优点：除尘效率高，适合在粉尘浓度高的环境中使用；不消耗水，更适合在无水或缺水的环境中使用；自动化程度高，工人劳动强度低等。因此，其在国内煤矿降尘领域有大量应用。以下是列举的一些干式除尘设备。

(1)通风除尘技术

通风除尘技术主要的代表设备有除尘风机，即通过合理的井下通风管道的布置，利用通风的风流将井下作业产生的粉尘和有害气体稀释、排除。煤矿井下大都采用局部扇叶风机的通风方法，通风方式可以分为压入式、抽出式、混合式三种。我国煤矿大多采用局部扇叶风机压入式通风的方式，但是由于掘进工作面的特点，压入掘进工作面的气流会带动掘进工作时产生的粉尘沿着巷道移动，使得巷道内空气污染的情况加剧。为了改善这种情况,选择混合式通风方式,即长压短抽和长抽短压两种方式结合,可以大大改善除尘效果,图 1-3 为长压短抽和长抽短压两种方式示意。

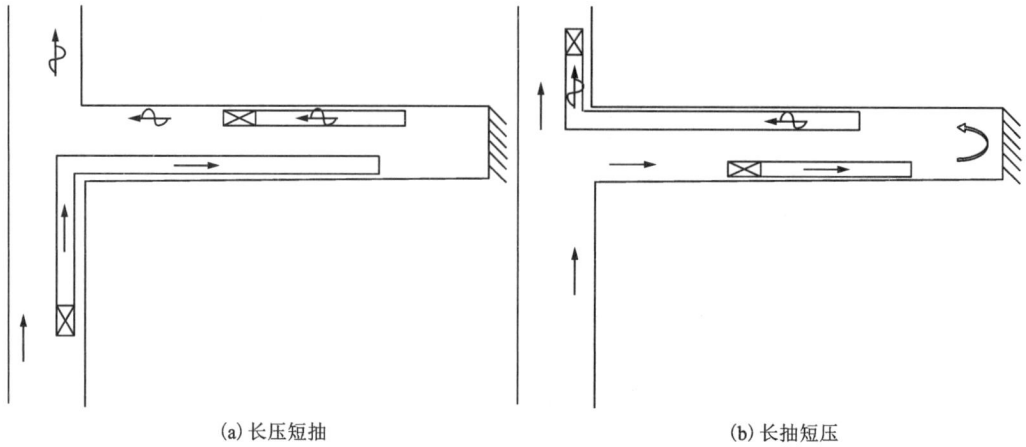

(a) 长压短抽　　　　　　　　　　　　　　(b) 长抽短压
图 1-3　长压短抽和长抽短压通风除尘技术示意

　　牟国礼等[21]对长压短抽式通风系统参数进行了数值模拟分析,最终确定了压风口距掘进头为 20 m、抽风口距掘进头为 3 m、压抽比为 1.15∶1(即压风量为 500 m³/min、抽风量为 436 m³/min)时为最佳通风方案;通过模拟分析长压短轴式通风条件下的粉尘运移规律,得出了压入风筒与抽出风筒处于不同位置时巷道粉尘的分布规律,从而确定了风筒的最佳布置位置。当掘进巷道采用混合式通风方式时,无论是压入式局扇还是抽出式局扇,都是不可或缺的。但由于抽出式局扇的通风能力有限,且对所配备的风筒要求较高,在使用时应尽量缩短抽出式风筒的长度。根据上述两种通风方式的布置情况可以看出,长抽短压式通风需要较长的抽出式风筒,仅对短距离的掘进巷道较为适用;而长压短抽式通风避开了这种限制,大大减少了对抽出式风筒长度的要求,对于长距离、大断面的掘进巷道较为适用。可见,长压短抽式通风在应用性和经济性上都优于长抽短压式通风。

　　张恒[22]发现当采用单一压入式通风,风筒距迎头面为 7 m 时,司机工作区和回风侧粉尘浓度较低,而当采用压轴组合式通风时,迎头面及整个巷道粉尘浓度明显下降,且当风筒距迎头面 13 m 时除尘效果最佳。张伟[23]对建立压入式及长压短抽通风系统的模型进行多组模拟后发现,当压入式风筒高度为 2.3 m 时巷道的粉尘浓度较低;对于长压短抽式通风,在压入式风筒距底板 2/3H,抽出式风筒距底板 0.7H 时,除尘效果远优于压入式通风。当采用抽出式通风时,新鲜风流会充满整个掘进巷道,使作业环境得到改善,但巷道中风流在向前运动的同时,会经过壁面,将沿途涌出的瓦斯带至工作面,增加作业的危险性。抽出式风筒在工作时,有效卷吸范围较小,很难保证将工作面的有害物质全部吸入风筒,同时风筒内的污风流会经过局扇流至回风侧,对局扇的工作寿命也会产生一定的影响。抽出式通风对所配备的风筒要求较高,在成本费用和安装运输上不具有优势,因此抽出式通风在巷道掘进施工应用中较少。

　　王飞[24]根据综掘面现状制定了三种压风方案,通过对比不同压风条件下巷道行人侧和司机位置处的粉尘浓度,发现当风量为 470 m³/min 时有利于巷道内粉尘的流出。Wang

等[25]通过模拟不同通风条件下的气流迁移和粉尘扩散规律，发现降低轴向、径向流量比和通风系统的强制排气比，可在综采区形成有效的轴向抑尘风幕，抑尘效果较好。Shi 等[26]为了优化煤矿的除尘效率，建立了超前压紧-近吸收通风系统掘进巷道的粉尘运动模型，结果表明，在掘进机回风侧安装除尘风机的除尘效率明显优于在掘进机中间安装除尘风机的除尘效率。在进风口到巷道段的折痕距离内，除尘效率降低。当此距离为 2.0 m，且回风侧有风道时，除尘效果最好，总除尘效率达到了 75.88%。

（2）风幕屏蔽除尘技术

根据传统防尘措施在掘进生产应用中的优缺点，国内外专家对附壁风筒形成风幕集尘除尘的技术进行了研究。风幕屏蔽除尘是在通风除尘技术基础上的一个改进，是通过在通风管上开设分风器实现防尘的，分风器一般横置在掘进机的 2 m 处，分风器分出的风流可形成一道风墙，阻止工作面的粉尘沿着巷道进一步扩散，防尘效果较好。但是其只能将工作面粉尘隔离在风墙与工作面之间，必须与其他降尘措施一起使用才能达到更好的效果。当风流从压风筒的条缝横向流出时，由于受到巷道壁面的阻挡会产生附壁效应，风流的运动方向也会因此发生改变，即从条缝流出的横向风流会沿着巷道壁面向顶板运动，形成旋流风并不断向综掘面运动。掘进机工作时产生的粉尘在附壁风筒喷射气流射流技术的作用下将与周围的空气隔离，这样控制在一定范围内的粉尘将被抽风筒集中抽出巷道，以达到更好的除尘效果。同时附壁风筒横向出风形成的旋流气幕相当于在掘进机司机前面形成了一个无形的屏障，将粉尘阻挡在司机之前，避免井下工作人员的健康受到粉尘的危害，有效地清洁和净化了井下工作的空气环境。附壁风筒旋流抽吸控尘原理如图 1-4 所示。

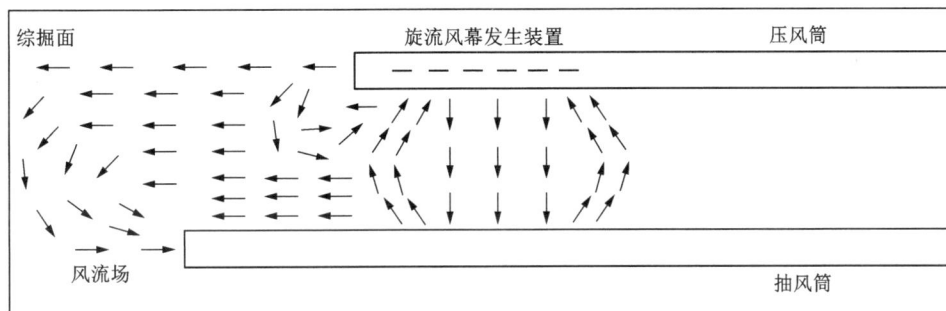

图 1-4 附壁风筒旋流抽吸控尘原理

钱杰等[27]改进了气水联合下旋转风幕的隔尘效果，并将之与原旋转风幕进行对比，发现隔尘效果要优于旋转风幕。Yu 等[28]应用了一种新型气幕发生器，发现随着径向轴向空气压缩比的增大，迎头断面前部水平涡逐渐减弱，掘进机后部气流均匀向迎头断面移动；当径向轴向空气压缩比大于 5.5 时，负压诱导的平均排尘量增大。目前，关于风幕控尘的研究成果主要有以下几个方面：风幕控尘的原理及风幕的形成机理；从技术系统的构建着手改良附壁风筒的结构；在简单的通风方式下进行附壁风筒的隔尘除尘效果检验；在现场应用时，根据实际情况对附壁风筒的安装参数进行具体优化。

综上所述，煤矿工作面干式除尘设备在控制和减少粉尘颗粒的飞扬方面有一定的优势，但也存在一些缺点。干式除尘设备无法完全消除所有粉尘颗粒，仍然存在一定的粉尘排放。尽管排风系统、过滤器和除尘器等设备可以捕集和分离大部分粉尘，但仍可能有少量细小颗粒无法被有效去除。这可能导致一定程度的粉尘扩散和环境污染。干式除尘设备在操作过程中需要保持较高的工作效率和压力差，以确保粉尘的捕集和分离效果。这对设备的性能和维护要求较高，需要定期清洁和更换滤材，以保证除尘效果。而对设备的管理和维护要求较高，可能增加运行成本和人力投入。干式除尘设备在捕集和分离粉尘颗粒时，可能会产生二次污染。一些微细颗粒可能会在设备内部或排放过程中再次悬浮和扩散，增加环境污染的风险。此外，设备清洁和维护过程中产生的废物和粉尘也需要妥善处理，以避免二次污染的发生。干式除尘设备通常需要较强的排风系统和动力设备来实现粉尘的捕集和分离。这意味着在设备运行过程中需要消耗较多的能量，增加了能源成本和对环境的影响。对于长时间运行的煤矿工作面，能耗较高可能会对可持续性和经济性产生一定的影响。总的来说，干式除尘设备存在体积大、移动不便，并且维修周期长，相关产品价格昂贵，动力源存在防爆隐患，无法在含瓦斯环境中使用等问题[29-30]。

1.2.2　煤矿工作面湿式除尘技术的研究现状

湿式除尘设备体积较小，移动方便，能够在多种煤矿降尘环境下使用，且具有使用安全、性能稳定、维护简单、成本低等优点。目前掘进机普遍采用内外喷雾、泡沫除尘、煤层注水等湿式除尘技术。以下是列举的一些湿式除尘技术。

（1）喷雾降尘技术

喷雾降尘是一种高效的降尘技术，是利用喷雾产生表面张力基本为零的微小雾滴，喷洒到空气中迅速吸附空气中的大小粉尘颗粒，从而进行有效控尘的方式，具有高效、简便、经济等优点。因此，目前我国多数煤矿在井下各生产区域多使用此措施控制粉尘。王欣等[31]分析了高压喷雾降尘的机理，通过对压力式喷嘴进行 2 MPa、3 MPa、4 MPa 和 5 MPa 共 4 种压力的模拟，以及直径为 2.0 mm、1.5 mm、1.0 mm 共 3 种喷嘴的模拟，得到了不同情况下的喷雾粒度分布。聂文等[32]为了有效解决采煤机割煤及移架产尘难以控制的问题，在多种喷嘴中选择了最优喷嘴，利用架间喷雾引射除尘技术形成的喷雾可基本覆盖煤壁。刘国庆等[33]设计了一种高压微雾除尘装置，可用于工作面及巷道降温除尘，该装置具有操作简单、除尘效果好等特点，图 1-5 为气动高压微雾除尘装置结构图。

王鹏飞等[34]利用自行设计的喷雾降尘实验系统对高压喷雾雾化特性及降尘效果进行了研究，发现随喷雾压力增大，喷嘴雾化锥角和雾粒直径不断减小，降尘效率在水压为 8 MPa 前不断增大，8 MPa 后则增大不明显。马骁[35]进行了喷雾雾场降尘实验，确定了喷雾雾场的最佳降尘区间，并结合最佳降尘区间对工作面现有的喷雾降尘技术进行了优化和改进，工作面全尘与呼尘的平均降尘率分别达到了 88.1% 和 85%。

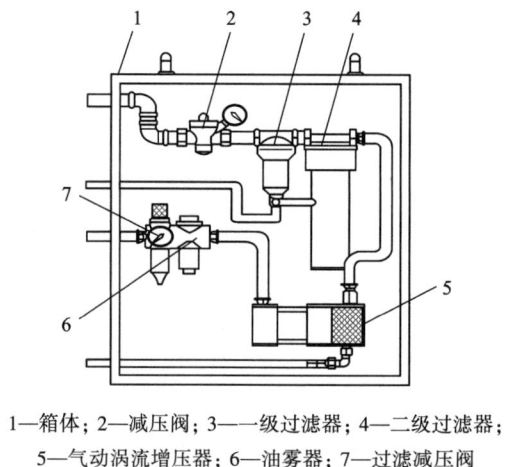

1—箱体；2—减压阀；3—一级过滤器；4—二级过滤器；
5—气动涡流增压器；6—油雾器；7—过滤减压阀

图 1-5　气动高压微雾除尘装置结构图

刘欣凯[36]对喷嘴进行了选型,设计了喷雾架、皮带运输机喷雾降尘系统和回风巷喷雾降尘系统,并对比了实施前后的效果,计算出全尘降尘率可达83.7%,呼吸性粉尘除尘率可达82.5%,降尘效果显著。彭慧天[37]研制了液压支架风助集中喷雾降尘装置和采煤机湿式风助降尘装置组成的喷雾降尘系统,经现场应用,计算得采煤机四级、移架工处全尘、呼尘的降尘率分别高达89.1%、90.1%和89.6%、89.4%。冯振[38]针对工作面的粉尘分布规律,设计了工作面组合喷雾降尘系统,通过对喷雾效果进行数值模拟后发现,喷雾系统形成的雾场能够包裹采煤机滚筒的大部分面积,降尘效果较好。Yu 等[39]为了有效抑制综采工作面高浓度粉尘向作业区域扩散,构建了描述雾滴、粉尘与气流相互作用的数学模型,详细研究了不同喷嘴在不同喷雾压力下的抑尘规律,结果表明,当喷淋压力为 8 MPa时采用 K2.0 喷嘴的喷淋方案抑尘效果最好,综采工作面抑尘效率高达 86.1%。Zhang等[40]针对下、上风向截煤时粉尘浓度的差异,将工作面粉尘浓度划分为 4 个区域,并对后续喷雾降尘方法进行了优化,结果表明,优化开孔方式与原喷淋装置相比,下风采煤时工作面总粉尘和呼吸性粉尘的平均降尘率分别提高了 52.1 % 和 43.8 %,上向采煤时分别提高了 53.6% 和 42.3%。Han 等[41]研究了供水压力对内混式空气雾化喷嘴雾化特性和降尘效率的影响,结果表明,随着供水压力增大,总粉尘和呼吸性粉尘的降尘效率均呈现先增大后减小的趋势。

(2)泡沫除尘技术

泡沫除尘的效果比较理想,除尘效率可达 90% 及以上,特别对于可呼吸性粉尘,除尘效率可以达到 80% 及以上。泡沫除尘与喷雾除尘相比,可以大大减小耗水量,避免采煤工作面积水。而且泡沫降尘可以根据尘源性质的不同采用不同的发泡剂来提高降尘率。陈举师等[42]根据泡沫除尘机理及两相泡沫发泡原理,设计了一种适用于露天矿潜孔钻机的泡沫发生器,图 1-6 为泡沫发生实验装置。

图1-6 泡沫发生实验装置

高盼军等[43]为了提高掘进时的降尘效果,提出了一种高倍数的泡沫降尘器和环保型泡沫试剂。通过现场验证,修改的泡沫降尘器对全尘的降尘率是传统喷雾降尘器的 2.3 倍,对呼吸性粉尘的降尘率是传统喷雾降尘器的 2.8 倍。王庆国[44]提出了环形立式网式发泡方法,通过立式设计,避免了重力造成的泡沫分布不均匀问题,采用螺旋喷嘴喷射发泡液,环形供气,可增加发泡液与气流的接触面积。Wang 等[45]提出了一种新型的平板扇形泡沫喷嘴,通过内部渐变通道,泡沫射流可由圆柱形流体转变为扁平流体,并以一定的角度进行扩散。实验结果表明,该新技术可以大大降低成本,达到高效除尘的目的。Wang 等[46]设计了一种新型泡沫发生器来克服由于操作复杂和现有泡沫技术的高成本而造成的瓶颈,其采用 0.4~0.6 m³/h 流量的小射流可产生 20~40 m³/h 的起泡气源,且该装置只需消耗 4~6 kg/h 发泡剂,大大降低了泡沫的生产成本。

（3）煤层注水技术

煤层注水湿润煤层是一种有效的防尘措施，一般降尘率可达到50%~80%。秦玉金等[47]通过文献调研，指出水锁抑制瓦斯解吸和液置气促进瓦斯解吸是构成煤层注水微观效应的两大元素；并从理论分析、实验研究和工程应用3个方面回顾了煤层注水微观效应的发展历程。郭敬中等[48]为改善煤层注水效果，设计了普通注水与渗透棒注水对比实验，来分析渗透棒注水对煤体润湿效果的影响。实验结果表明：与普通注水润湿半径为6~8 m相比，渗透棒注水润湿半径为20 m以上，是普通注水润湿半径的2~3倍。黄腾瑶等[49]运用模拟软件对不同注水压力条件下煤层的孔隙水压和孔隙水渗流速度的分布进行了数值模拟，结果显示，注水过程中注水钻孔周围孔隙水压的总体分布规律是以钻孔为轴心呈椭圆形状向周围不断递减，且孔隙水渗流速度在注水口附近最大。谢建林等[50]分析了煤层注水的效果及其对综采工作面粉尘浓度和粒径分布的影响，结果表明：实验煤层单孔设计注水量440 m³的条件下，煤层内在水含量平均增加了1.02%，外在水含量平均增加了2.21%；注水后煤尘粒径分布范围变窄，平均粒径减小。刘令生等[51]采用多孔介质模型对煤层注水过程不同影响因素下的煤层湿润半径进行了数值模拟研究，结果表明：掘进工作面现有煤层注水工艺的湿润半径为1.82 m；注水压力每增加2 MPa，湿润半径增加0.15 m左右；注水孔长度每增加1.5 m，湿润半径增加0.1 m左右。贾方旭等[52]对煤层脉冲式注水除尘技术进行了现场实验，发现在压力8 MPa、频率20 Hz时注水效果最好，工作面粉尘量能降低70%左右。

综上所述，煤矿工作面湿式除尘设备在减少粉尘飞扬和控制粉尘污染方面具有一定的优势，但也存在一些缺点：①消耗大量的水。湿式除尘设备需要大量的水资源来喷洒水雾或降尘剂，以湿润和凝聚粉尘颗粒，这可能导致水资源的浪费，尤其是在水资源供应有限的地区或干旱季节；需要在使用湿式除尘设备时合理使用和管理水资源，以避免浪费和减轻环境负担。②处理废水。湿式除尘过程中产生的废水需要进行妥善处理和处置，废水中可能含有钻屑、矿物颗粒和化学物质等污染物，需要采取适当的措施进行处理，以避免对环境造成负面影响；废水处理涉及成本和设施建设，需要合规的废水处理系统。③工作面湿化问题。湿式除尘过程中的喷洒水雾可能会导致工作面的湿化问题，水雾可能使煤层或地表湿润，导致工作面湿滑和积水，增加工作的困难和风险。④湿润的底板可能会软化和变脆，影响支护系统的稳定性和安全性。⑤能源消耗。湿式除尘设备需要使用水泵和喷淋系统等设备来提供高压水源和喷雾效果，因此需要消耗一定的能源；高压水泵的运行和维护也需要额外的能源投入；能源消耗增加了运行成本和环境影响。选择和应用湿式除尘设备时，需要综合考虑煤矿工作面的实际情况、粉尘控制要求、水资源供应和废水处理等因素。可以采取一些措施来弥补以上不足，如合理使用水资源、优化湿化控制、完善废水处理等。同时，与其他降尘技术和措施结合使用，也可以进一步提高粉尘控制效果，并减少以上缺点带来的问题。

1.3　现阶段煤矿工作面降尘技术存在的问题

目前掘进工作面所用干式或湿式降尘设备仍存在诸多缺点，以致在实际使用时其降尘效果与预期大相径庭。比如井下水压达不到理论上最高的降尘水压；井下空间狭小而设备体积庞大，不便移动；除尘风机存在电气等安全隐患；现有的喷雾降尘设备空间利用率低；井下的水质较差，易导致喷嘴堵塞；采用成套的降尘装备，对井下不同尘源点不具有针对性等。所以目前煤矿采用的湿式降尘措施不能得到很好的降尘效果，使得部分粉尘逃逸，损害作业工人健康。后文将根据实地现场情况，考虑从降低耗水量、采用风与水作为动力能源等方面，设计煤矿工作面湿式除尘装置来解决工程技术难题，控制工作面高效降尘。

1.3.1　技术研究难点

（1）在喷雾参数的研究中，建立降尘效率和耗水量的数学模型

液滴捕集粉尘的过程复杂多样，液滴和粉尘颗粒在气流运动中，分别受到多种力的相互作用，在液滴捕集粉尘的机理中，最为典型的是惯性碰撞与截留作用，在保证液滴直径更小的同时，还需要增加液滴与粉尘相遇的概率。同时需要考虑提高喷嘴雾场区域对粉尘区域的覆盖率，保证雾场浓度合理，进而增加粉尘与液滴的接触时间和相遇概率。降尘效率与雾滴粒径、喷雾压力、喷嘴个数、液滴速度等参数息息相关，所以可以考虑通过调节供水压力、喷嘴重叠度、喷嘴个数和选择喷嘴类型等方式，达到提高降尘效率和减少耗水量的目的。最后，通过以上分析研究，建立喷雾降尘模型。

（2）建立雾化喷嘴内外多相流离散化模型

由于喷嘴的尺寸较小，其内部的流动较为复杂且难以进行可视化观测，为了研究喷雾结构对其内部流场和喷雾效果的影响，目前通常采用 VOF 模型与 DPM 模型来模拟喷嘴内部流场与喷雾雾化状况。而 VOF 模型需要更高的网格密度和更小的时间步长，这大大增加了计算成本，但 VOF 能应用于喷嘴内部的气液两相混合的情形。而 DPM 模型只能应用于喷嘴外部的喷雾效果，而不能应用于喷嘴内部气液两相混合时的仿真。所以对于现状而言，将多相流与离散相进行双向耦合，并运用喷嘴雾化仿真，对内外流场整体雾化的研究分析仍是难点。

1.3.2　课题主要研究内容

（1）煤矿掘进工作面多适应性喷雾降尘关键技术研究

对综掘工作面和连采掘进面两种不同的工况进行模块化设计，根据现场实际水压、风压和安装位置等条件确定雾化性能需求，然后选取两类 8 种喷嘴进行雾化特性实验，比较测定喷嘴的宏观和微观雾化参数，并使用搭建的喷雾实验系统对喷嘴雾场仿真进行验证分析。根据应用需求对喷嘴点位布置进行计算，并根据喷嘴使用个数和安装位置进行装备结构的设计。对综掘工作面和连采掘进面两种工况进行网格无关性验证，同时分析风流场的变化。在连采掘进面实际工况下，模拟研究现场风流对布置后的喷嘴雾场的影响。在装备设计上利用 TRIZ 创新方法，针对掘进工作面掘进机和连采机的产尘特点和降尘需求进行结构功能划分，把大问题细分为小问题再依次解决，后依据工作现场需要对喷雾降尘装备进行结构设计。对装备添加粉尘检测和智能控制，通过检测现场粉尘浓度是否超出规定要求来控制掘进工作面的喷雾降尘装备的使用，从而提升井下降尘装备的自动化水平。综掘机喷雾降尘系统主要部件如图 1-7 所示。连采机喷雾降尘系统主要部件如图 1-8 所示。

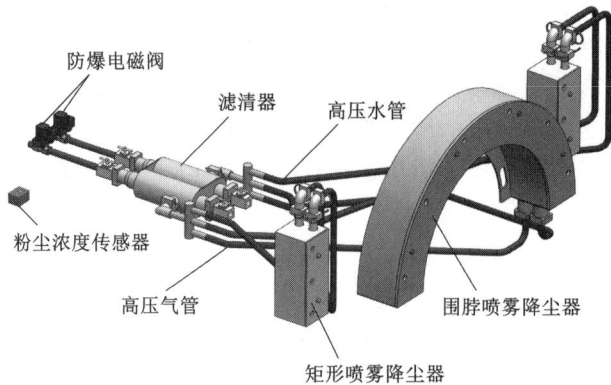

图 1-7　综掘机喷雾降尘系统

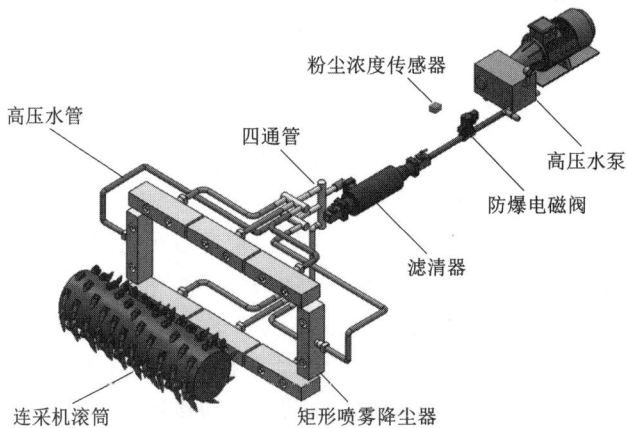

图 1-8　连采机喷雾降尘系统

（2）煤矿工作面风水联动装置的研究及其关键装备部件的设计

　　针对魏墙煤矿巷道采用单一的压入式通风系统进行除尘但除尘效果不佳的问题，设计了风水联动除尘装置，并对其关键部件进行了设计和选型。根据巷道内实际尺寸大小，通过 Ansys 软件建立了综掘巷道未安装与不同工况下安装风水联动除尘装置的巷道模型，并且分别进行了网格划分，模拟分析了原掘进巷道与不同工况下安装风水联动除尘装置的巷道风流、粉尘分布规律，确定了风水联动除尘装置的安装位置和最佳工况。图 1-9 为风水联动除尘装置结构示意图。

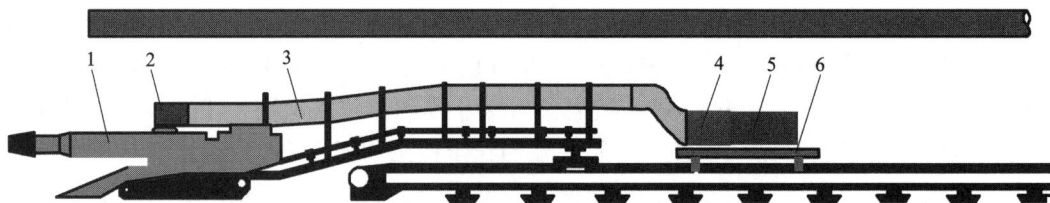

1—掘进机；2—吸尘罩；3—吸风筒；4—除尘器；5—脱水器；6—支撑架

图 1-9　风水联动除尘装置结构示意图

　　根据原巷道粉尘浓度分布云图及巷道内风流分布云图，右侧呼吸带高度附近的粉尘浓度要大于左侧的粉尘浓度，该位置的风流较为集中，粉尘浓度较大；风水联动除尘装置的吸尘口应安装在掘进机的截割部后方右侧的位置，风水联动除尘装置的除尘效果较好。采用控制变量的方法，在保持压风量不变的条件下，依次改变风水联动除尘装置吸风口距工作面的距离和吸风量，从而得到了风水联动的最佳安装参数是吸风口距工作面 5 m，最佳吸风量≥300 m³/min。为验证所模拟的结果能否应用于矿山的实际工作，用模拟后得出的最佳安装参数和最佳吸风量进行了现场实验并验证了仿真结果的正确性。在应用风水联动除尘装置后，相比现有除尘技术，各测点全尘除尘效率提高了 38.7%～55.4%，呼吸性粉尘除尘率提高了 31.2%～42.9%，取得了良好的降尘效果。

　　(3)喷雾降尘内混式空气雾化喷嘴设计

　　空气雾化喷嘴作为湿式除尘装置中的核心部件，其降尘性能的优劣可以说在很大程度上决定了一款湿式降尘设备性能的优劣。但是由于井下环境恶劣多变，一款固定结构的空气雾化喷嘴难以满足不同井下环境的实际需求，许多在某一个矿获得不错效果的空气雾化喷嘴，在另一个矿的使用效果并不理想，因此许多设备在实际应用到井下之前会根据不同井下的实际降尘使用需求对设备中的空气雾化喷嘴进行改进，以获得更好的降尘效果。一款空气雾化喷嘴的降尘效果主要取决于其喷雾射程、喷雾范围、雾滴直径和耗水量等参数，因此总结出一套喷嘴尺寸与其喷雾降尘效果的相关规律，能够在根据矿方需求对降尘设备进行改进时提供一定的理论依据，从而达到改善井下作业环境，提高煤炭生产效率的目的。广角喷嘴的内部结构如图 1-10 所示，一定压力的气体和液体分别从气相入口 1 和液相入口 2 进入广角喷嘴，高压液体和气体在气液混合室 3 内混合。由于进入混合室的气体和液体之间存在较大的速度差，因此当气体和液体相遇时，拥有较高速度的气体与拥有较低速度的液体之间会互相摩擦，进而将连续的流体分解成若干液滴。在充分混合后气液混合体从喷雾出口 4 喷出。混合体脱离喷嘴后，在近喷嘴出口处经历一次破碎和二次破碎后，最终形成许多细小水滴，并且在与含尘气体接触后起到降尘作用。

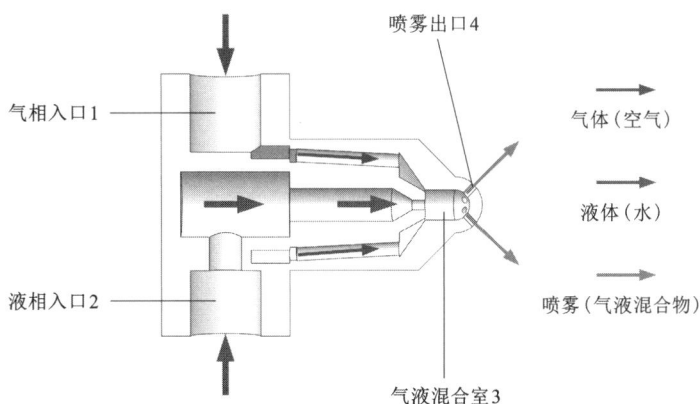

图 1-10　广角喷嘴的内部结构图

(4)雾炮降尘及关键部件 ZWP-60 雾炮的研究与优化设计

以 ZWP-60 雾炮为研究对象,基于 Ansys Fluent 软件的 DPM 模型,对雾炮工作的三维流场进行了数值模拟分析。通过数值模拟和实验相结合的方法,对雾炮结构进行了优化设计,探讨了雾炮参数对性能的影响,并比较分析了对应的具体雾粒分布以及射程的变化规律。对雾炮风机工作流场进行数值模拟,分析导流叶数量、出风锥筒长度和内直径、喷嘴角度以及喷嘴出水口直径所对应的雾炮射程和雾粒分布情况,得到当导流叶数量 4、出风锥筒长度和内直径分别为 900 mm 和 800 mm、喷嘴角度为 20°、喷嘴出口直径为 1 mm 时,雾炮达到最佳效果的结论;分别改变导流叶数量、喷嘴角度和喷嘴出口直径进行单一因素实验,并对优化前后的雾炮进行对比实验,观察参数的改变和优化前后的雾炮结构对实验结果的影响。通过雾炮结构参数实验,保持其他参数和实验条件不变,当雾炮导流叶数量为 4 时,雾炮性能达到最佳;当喷嘴角度为 20°时,雾炮性能达到最佳;当喷嘴出口直径为 1 mm 时,雾炮性能达到最佳。通过优化前后雾炮对比实验,雾粒分散度良好区间由 7~14 m 增加为 10~45 m,射程也由 45.5 m 提升为 58 m,优化后的雾炮性能得到明显提升。雾炮实验数据和数值模拟数据基本一致,进一步验证了数值模拟的可靠性。

第 2 章

煤矿粉尘的理化性质调研及现场测量

　　煤矿粉尘是煤矿五大灾害之一，其严重影响着矿井的高效生产和工人的生命健康。自 2005 年以来，我国发生了多起与煤尘有关的爆炸事件，共造成多人死亡；每年约有 10000 例尘肺病案例，其中约 1900 例死亡。呼吸性粉尘由于粒径较小，其理化性质与大颗粒具有显著差异，更容易悬浮于空气中，导致煤尘爆炸和尘肺病。因此，对煤矿粉尘的理化性质以及产尘源进行分析，研究尘源特性和粉尘迁移规律具有重大意义。本章主要对三盘区回风大巷和 2304 胶运顺槽进行调研及现场测量，通过煤矿粉尘的游离二氧化硅含量测试、湿润特性测试、粉尘分散度测定等，对煤矿粉尘进行系统的分析和研究。

2.1　煤尘的理化性质

　　煤尘，即煤矿粉尘，是煤矿生产过程中所产生的各种矿物细微颗粒的总称。煤尘表面的脂肪烃和芳香烃是导致煤尘表面具有较强疏水性的根本原因，而煤尘表面含有的羧基、羟基、羰基等亲水性含氧官能团，使煤尘具有一定的亲水性；煤尘水分、灰分、挥发分、氧元素、氢元素含量越高，接触角越小，润湿性越好；固定碳和碳元素含量越高，接触角越大，润湿性越差；氮和硫元素的含量对煤尘的润湿性影响不大；粒度和比表面积越大，煤尘的润湿性越好；孔径越大，润湿性越差。煤尘的危害极大，它不仅污染作业环境，影响矿工的身体健康，而且产生的爆炸还会造成重大人身伤亡事故。2017 年 10 月 27 日，世界卫生组织国际癌症研究机构公布的致癌物清单初步整理参考，将煤尘列入 3 类致癌物清单。

2.1.1　煤尘的主要成分

　　煤矿粉尘一般指矿物开采或加工过程中产生的微细固体。煤矿粉尘是成分很复杂的混合物，有煤炭或岩石尘粒，有施工材料和爆破材料形成的尘粒，有各种金属材料磨损形成的尘粒等，其中主要是煤尘和岩尘。煤岩尘粒本身又有复杂的矿物成分和化学成分，其中对人体危害较大的成分是游离的二氧化硅，它是使矿工患矽肺病的主要物质。

　　一般情况，煤矿粉尘中的游离二氧化硅实际就是石英一类的矿物，是组成多种岩石最常见的矿物之一，它几乎是二氧化硅单一化学成分的矿物，通常以结晶型游离状态存在于多种岩石中，或者单独形成石英岩体，在另外的某些岩石中，二氧化硅则是以化合物的状态存在，这些非游离的二氧化硅对人体的危害则轻得多。纯石英是无色透明的，多数石英则因混有杂质而呈各种颜色，密度和硬度都很大。在煤矿常见的岩石中，石英是构成各种砂岩的主要成分，粗砂岩、细砂岩及粉砂岩中所含的游离二氧化硅质量分数为33%~76%；石英也是砂质页岩、砾岩和泥质页岩的重要成分，砂质页岩中的游离二氧化硅质量分数为47%~53%，泥质页岩中的游离二氧化硅质量分数为2.6%~26%；而煤炭中的二氧化硅质量分数一般均在5%以下。

2.1.2　煤尘的性质

煤矿生产的主要环节，如采煤、掘进、运输、提升等几乎所有作业工序都会不同程度地产生粉尘。采掘的机械化和开采强度、采煤方法和切割参数、作业地点的通风状况、地质构造及煤层赋存条件等都是影响粉尘产生的因素。

在煤矿的开采过程中，根据粉尘产生原因及场所的不同，可将粉尘分为以下几类：煤矿开采及加工过程中，煤炭受外力挤压所产生的颗粒状固体，一般称为煤尘；施工设备及材料在煤矿开采过程中受到磨损产生或是出现的扬尘，一般称为粉尘；悬浮在空气中的煤炭颗粒，一般称为浮尘；由于颗粒过大或是重力作用而沉积在地面或是设备表面的粉尘，被称为落尘。煤矿粉尘大体具有以下几点特征：粉尘分散度较大，其因与空气接触致使表面与氧气发生物理化学反应，粉尘被氧化分解后运动加剧；在煤矿粉尘漂浮过程中其表面会与空气结合形成一层空气薄膜，这层空气薄膜会对粉尘起到保护作用，降低粉尘与水滴结合概率，阻碍粉尘沉降；在煤矿开采过程中产生的大量粉尘自带电性，并会主动附着于物体表面，不易被去除和清理。

由红外光谱分析结果可知，煤尘表面主要存在3类基团，即脂肪烃、芳香烃和含氧官能团。煤尘表面大量的脂肪烃、芳香烃等疏水性基团，是导致煤尘表面具有较强的疏水性的根本原因；而煤尘表面含有的羧基、羟基、羰基等含氧官能团，又使煤尘具有一定的亲水性，同时这些基团的电离，使得煤尘表面带电。煤尘表面的电性将直接影响溶液中溶质在表面的吸附，进而影响溶液对煤尘的润湿性能。

煤尘具有以下六种基本性质：

①粉尘分散度。粉尘颗粒的大小组成情况可以用分散度（即粒度分布）来表示。生产环境中空气动力直径小于7.1 μm的尘粒，尤其是小于2 μm的尘粒是引起尘肺病的主要有害粉尘。

②粉尘的吸附性。粉尘的吸附能力与粉尘颗粒的表面积有密切关系，分散度越大，颗粒的表面积也越大，其吸附能力也越强。主要指标有吸湿性、吸毒性。

③粉尘的荷电性。粉尘粒子可以带有电荷，其由煤岩在粉碎中因摩擦而带电，或与空气中的离子碰撞而带电，尘粒的电荷量取决于尘粒的大小，并与温、湿度有关，温度升高时电荷量增多，湿度增大时电荷量降低。

④粉尘的密度。单位体积粉尘的质量称为粉尘的密度，这里指的粉尘体积，不包括尘粒之间的空隙，该密度称为粉尘的真密度。

⑤粉尘的安息角。粉尘的安息角是评价粉尘流动性的重要指标。

⑥煤尘的爆炸性。煤被破碎成细小的煤尘后，比表面积大大增加，系统的自由表面能也相应增加，从而提高了煤尘的化学活性，特别是提高了其氧化发热的能力。

2.1.3　煤粉自燃、爆炸的原因分析及预防措施

长期积存的煤尘受空气氧化作用会缓慢地放出热量,但当散热条件不佳时,煤尘温度会逐渐上升到燃点而自行着火燃烧,这种现象称为煤尘自燃。煤尘自燃会引起周围气粉混合物的爆燃而发生煤尘爆炸。在煤尘仓的死角及倾斜角度小的一次风管内容易发生煤尘的沉积,沉积的煤尘长期与热风接触逐渐被氧化,温度逐渐升高,很容易发生煤尘的自燃和爆炸。

如 2020 年 8 月 20 日,山东省肥城矿业集团梁宝寺能源有限责任公司(以下简称梁宝寺煤矿)发生较大煤尘爆炸事故,造成 7 人死亡、9 人受伤,直接经济损失 1493.68 万元。事故直接原因:该矿 35003 综放工作面采煤机在截割过程中滚筒截齿与中间巷金属支护材料(锚杆、锚索、钢带)机械摩擦产生的火花,引燃了截割中间巷松软煤体扬起的煤尘(悬浮尘),导致煤尘爆炸。

在矿井下,煤尘的自燃和爆炸关乎井下工人的生命安全,一旦发生危险事故,无论大小,都是致命的。煤尘自燃和爆炸的主要原因有:①挥发分高的煤尘容易发生爆炸,挥发分低的不易发生;②煤尘在空气中的质量浓度为 1.2~2.0 kg/m³ 时,爆炸的可能性最大,高于或低于该浓度时,爆炸的可能性小;③煤尘越细,与空气接触的面积越大,就越容易爆炸和自燃;④输送煤尘的空气中,当氧气所占比例小于15%时,煤尘不会爆炸;⑤煤尘混合物的温度高易爆炸,若低于一定温度则无爆炸危险;⑥气粉混合物在管内流速要适当,过低容易造成煤尘的沉积,过高又会引起静电火花,易爆炸,故流速一般应为 16~30 m/s;⑦系统中无煤尘自燃及其他火源时,煤尘无爆炸危险。

为了保证矿井下的安全性,应对煤尘自燃和爆炸的因素进行预处理。预防煤尘爆炸的措施主要包括减尘、降尘、消退落尘、防止煤尘引燃措施及限制煤尘爆炸范围等几个方面。

减尘措施是指煤矿井下生产过程中,通过削减煤尘产生量而降低其在井下空气中的含量,最终达到从根本上杜绝煤尘爆炸的目的。

①煤层注水。用水预先使煤体潮湿,即在煤层未开采之前打若干钻孔,通过钻孔注入压力水,使其渗入煤体内部增加煤层水分,从而减少煤尘。煤层注水的减尘作用主要有以下几个方面:煤体内的裂隙中存在原生煤尘,水进入后,可将原生煤尘潮湿,使其在破裂时失去飞扬的力量,从而有效地消除这一尘源;水进入煤体内部使之匀称潮湿,当煤体在开采中破裂时,绝大多数破裂面均有水存在,从而减少了细粒粉尘的飞扬,预防了煤尘的产生;水进入使煤体塑性增加、脆性减弱,转变了煤的物理力学性质,当煤体在开采中破裂时,脆性破裂变为塑性变形,会削减煤尘的产生量。煤层注水方式有短孔注水、深孔注水、长孔注水、巷道钻孔注水四种方式。

②采空区灌水。在开采近距离煤层群的上组煤和下分层煤层时,可以利用向采空区灌水的方法,潮湿上组煤和下分层煤层,防止开采时生成大量的煤尘。由于上层煤已开采,下层煤随着减压而次生裂隙发育,易于缓慢渗透,故潮湿煤体的范围大且匀称时防尘效果好。采空区灌水应留意水量,防止水流从采空区流向工作面或下部巷道,形成水患,因此,一般灌水量按每平方米 0.3~0.5 m³,其流量掌握在 0.5~2 m³/h,最大不得超过 5 m³/h,灌水要提前回采 1~2 个月,以便使水渗透均匀。当煤层有自燃发火危急时,要在水中加阻化剂才能进行采空区灌水。

采煤工作面降尘措施：①煤层注水；②喷雾洒水；③风流净化；④放炮用水泡泥；⑤冲洗巷道；⑥湿式打眼；⑦个体防护等。

掘进工作面降尘措施：①湿式打眼；②冲刷井壁巷帮；③水泡泥；④放炮；⑤装岩（煤）洒水；⑥净化风流；⑦个体防护。

2.1.4 粉尘浓度测试方法

矿用粉尘采样器配有两种预捕集器，现根据预捕集器的特点来说明粉尘浓度的测定方法。

（1）全尘（总粉尘）测定

1）全尘式预捕集器的使用原理：抽取一定体积的含尘空气，通过全尘预捕集器时，粉尘阻留在滤膜上并逐步积累。在采样结束后，由滤膜的增量可计算出单位体积含尘空气中所含粉尘的总质量。

2）需用器材（见图2-1）：

①粉尘采样器主机；

②预捕集器：全尘式预捕集器；

③滤膜：配有ϕ75 mm或ϕ40 mm的过氯乙烯纤维滤膜；

④天平：感量为万分之一的全自动电子分析天平；

⑤干燥器：采用普通干燥器时应置放变色硅胶，以便观察；

⑥镊子：不锈钢钟表镊子。

(a) 粉尘采样器主机　　　　　　　(b) 滤膜　　　　　　　(c) 采样器全尘预捕集器（采样头）

图2-1 全尘测定实验器材

3）测定步骤：

①首先用镊子取出干净的滤膜，除去两面的衬纸，放在天平上称量并记录，压入滤膜夹，然后放入贴好标签的样品盒内备用。当把ϕ40 mm滤膜放置在全尘预捕集器内时，应使滤膜绒面朝向进气口方向。

②现场采样时要先选好采样地点，固定采样时应打开专用三脚支架，使得粉尘采样器水平稳固地固定在三脚架平台上。

③将安装好滤膜的预捕集器紧固在采样头连接座上，并使预捕集器的进气口置于含尘

空气的气流中。

④采样时间根据现场粉尘种类、浓度及作业情况来预置。一般采样时间以 20~25 min 为宜，粉尘浓度较高的场所一般预置 2~5 min 即可。

⑤采样结束后，应将滤膜夹取出轻放在相应的样品盒内，干燥处理后称量记录。

4）总粉尘（全尘）浓度的计算：

$$T = \frac{f_1 - f_0}{(Qh)} \times 1000 \ (\mathrm{mg/m^3}) \qquad (2-1)$$

式中：T 为总粉尘浓度（全尘）（$\mathrm{mg/m^3}$）；f_0 为采样前滤膜的质量（mg）；f_1 为采样后滤膜的质量（mg）；h 为采样时间（min）；Q 为采样流量（L/min）。

5）注意事项：

①滤膜夹要擦净，预捕集器的清洗必须使用净水、脱脂棉球或纱布，切不可使用有机溶剂擦洗。

②现场采样后，要注意保护好样品，使其不受污染。

（2）呼吸性粉尘测定方法

1）冲击式预捕集器的使用原理：抽取一定体积的含尘空气，通过惯性冲击方式的分离装置，将较大较粗的粉尘颗粒撞击在涂抹硅油的玻璃捕集板上，而通过捕集板周围空腔的微细尘粒，则被阻留在滤膜上。采样以后，由玻璃捕集板及滤膜的增量，即可计算单位体积含尘空气中呼吸性粉尘、非呼吸性粉尘及总粉尘的质量。

2）需用器材（见图 2-2）：

①粉尘采样器主机；

②预捕集器：使用冲击式预捕集器。当采样流量必须为 20 L/min 时，该预捕集器的分离特性符合"BMRC"曲线标准，其前级捕集效率分别为：尘粒直径为 7.07 μm 以上的为 10%，5 μm 以上的为 50%，2.2 μm 以上的为 90%；

③玻璃捕集板：ϕ25 mm 的无色石英晶片；

④滤膜：ϕ40 mm 的过氯乙烯纤维滤膜；

⑤硅油：六万黏度的甲基硅油；

⑥天平：有条件单位使用感量为十万分之一的电子天平更佳；

⑦干燥器：当采用普通干燥器时，应置放变色硅胶，以便观色；

⑧镊子：不锈钢钟表镊子；

⑨刮刀：不锈钢小刮刀。

（a）呼吸性粉尘预捕集器（采样头）　　　（b）恒温烘干箱　　　（c）电子天平

图 2-2　呼吸性粉尘测定实验器材

3)测定步骤：

①玻璃捕集板先用中性洗涤液浸泡，除去表面污渍，经清水漂洗后，再用脱脂棉球及无水酒精擦净。

②用洁净的小刮刀蘸取少量硅油，涂抹在捕集器的圆心位置。再向侧边将硅油刮薄展开，使硅油涂成 $\phi15$ mm 的圆形。由于硅油黏度较高，数小时后才会出现均匀扩散现象，所以捕集板上涂硅油的工作应在采样前提前进行，并保证其不受污染。实验表明，将捕集板上涂抹的硅油质量控制在 0.5~5 mg，粉尘捕集效果才不受影响。

③将已涂好硅油的捕集板，放在天平上称重并做好记录备用，放入贴好标签的样品盒内。工作时，将玻璃捕集板从样品盒内取出，安装在预捕集器分离装置前部的捕集板座上，用金属卡环压紧，再旋上预捕集器的进气盖。玻璃捕集板上得到的粉尘为非呼吸性粉尘。

④将洁净的 $\phi40$ mm 滤膜，除去两面的衬纸放在天平上称量并做好记录，压入滤膜夹，放入贴好标签的样品盒内备用。工作时，将装好滤膜的滤膜夹取出，把滤膜安装在分离装置底座的金属网上，旋上已经安装好的预捕集器前段，即表明安装完毕。

⑤在选定的采样地点，将采样器牢固安装在专用三脚支架上，其高度应符合现场呼吸带高度。取出预捕集器安装在采样器上，并将进气口置于含尘空气流中。开机采样要根据现场粉尘种类及环境情况确定，一般采样时间控制在 20~25 min。粉尘浓度较高的场所，采样时间定为 2~5 min 即可。采样前应估计捕集板及滤膜上粉尘的增量，均不应少于0.5 mg 或多于 10 mg，以免影响采样准确度。

⑥采样结束后，应小心地取出粉尘样品并放入相应的样品盒。样品应进行干燥处理后再称量记录。

4)呼吸性粉尘浓度的计算：

$$R = \frac{f_1 - f_0}{Qh} \times 1000 \qquad (2-2)$$

式中：R 为呼吸性粉尘浓度（呼尘）（mg/m³）；f_0 为采样前滤膜的质量（mg）；f_1 为采样后滤膜的质量（mg）；h 为采样时间（min）；Q 为采样流量（L/min）。

5)注意事项：

①玻璃捕集器及滤膜夹要洗净擦干，预捕集器的清洗必须使用洁净水、脱脂棉球或纱布，切不可使用有机溶剂擦洗。

②现场采样后，要注意保护好样品，轻拿轻放，使其不受污染和掸落。

③采样流量应尽量采用 20 L/min 恒流量采样，否则可能影响预捕集器对呼吸性粉尘的捕集效率，影响测定的准确度。

2.1.5 现场粉尘浓度测量数据

（1）三盘区回风大巷综掘工作面粉尘浓度测试数据（见表 2-1~表 2-2）

测试时间：2020-6-9 至 2020-6-10

表 2-1　全尘(总粉尘)采样前后滤膜质量测定表(2020-6-10 测)

编号	采样前质量/mg				采样后质量/mg				浓度均值/(mg·m⁻³)	最终浓度平均值/(mg·m⁻³)
	第一次	第二次	第三次	均值	第一次	第二次	第三次	均值	/(mg·m⁻³)	/(mg·m⁻³)
A-1	65.30	65.10	65.30	65.20	73.80	73.70	73.60	73.70	141.11	
A-2	64.00	64.00	64.00	64.00	72.30	72.40	72.40	72.37	139.44	
A-3	64.10	64.30	64.30	64.20	71.820	71.90	71.80	71.84	126.78	137.41
A-4	64.20	64.00	64.30	64.20	72.60	72.50	72.70	72.60	140.56	
A-5	64.30	64.20	64.20	64.20	72.55	72.60	72.60	72.58	139.17	
B-1	64.60	64.40	65.20	64.70	70.10	69.90	70.30	70.10	134.17	
B-2	63.50	63.50	63.50	63.50	68.10	67.80	68.20	68.03	113.33	
B-3	63.60	63.60	63.60	63.60	68.70	68.70	68.70	68.70	127.50	126.67
B-4	64.40	64.20	64.70	64.40	69.50	69.60	69.60	69.57	128.33	
B-5	63.60	63.80	63.70	63.70	68.90	69.00	68.80	68.90	130.00	
C-1	64.90	64.70	64.60	64.70	68.10	68.00	67.90	68.00	81.67	
C-2	63.60	63.70	63.60	63.60	67.10	67.00	66.90	67.00	84.17	
C-3	63.60	63.50	63.60	63.60	66.50	66.60	66.60	66.57	75.00	78.67
C-4	63.90	64.10	64.10	64.00	67.00	67.10	67.10	67.07	75.83	
C-5	64.10	63.90	64.10	64.00	67.30	67.00	67.00	67.10	76.67	
D-1	64.20	64.10	64.10	64.10	68.10	68.20	68.10	68.13	66.67	
D-2	66.00	66.00	66.00	66.00	68.10	68.50	68.50	68.37	59.17	
D-3	64.70	64.70	64.70	64.70	67.40	67.50	67.70	67.53	70.83	67.17
D-4	64.30	64.20	64.80	64.40	67.50	67.30	67.30	67.37	73.33	
D-5	64.70	64.70	64.60	64.70	67.30	67.40	67.20	67.30	65.83	
E-1	65.20	65.50	65.80	65.50	67.90	67.80	67.70	67.80	38.33	
E-2	64.20	64.20	64.20	64.20	66.70	66.60	66.50	66.60	40.00	
E-3	64.20	64.20	64.20	64.20	66.50	66.40	66.50	66.47	37.78	38.00
E-4	64.10	64.00	63.90	64.00	66.20	66.20	66.20	66.20	36.67	
E-5	64.00	63.90	64.00	64.00	66.70	66.50	66.50	66.57	37.22	

表 2-2　呼吸性粉尘采样前后滤膜质量测定表（2020-6-9 测）

编号	采样前质量/mg				采样后质量/mg				浓度均值 /(mg·m⁻³)	最终浓度 平均值 /(mg·m⁻³)
	第一次	第二次	第三次	均值	第一次	第二次	第三次	均值		
A-1	64.40	64.40	64.40	64.40	67.40	67.40	67.40	67.40	50.00	
A-2	64.60	64.40	64.40	64.47	68.70	68.80	68.90	68.80	72.22	
A-3	63.80	64.30	64.20	64.10	68.00	68.00	68.00	68.00	65.00	60.44
A-4	63.60	63.20	63.40	63.40	66.90	66.40	66.70	66.67	54.44	
A-5	63.20	63.20	63.10	63.17	66.80	67.00	66.70	66.80	60.56	
B-1	63.30	63.10	63.10	63.17	67.10	67.00	67.00	67.03	64.44	
B-2	64.30	64.30	64.30	64.30	67.80	67.20	67.00	67.33	50.56	
B-3	64.50	64.50	64.30	64.43	67.30	67.30	67.60	67.40	49.44	57.10
B-4	64.50	64.50	64.50	64.50	67.70	67.60	67.60	67.63	52.22	
B-5	64.30	64.50	64.50	64.43	68.50	68.50	68.70	68.57	68.89	
C-1	65.10	65.70	65.50	65.43	67.70	67.80	67.90	67.80	39.44	
C-2	64.20	64.20	64.20	64.20	66.90	66.50	66.80	66.73	42.22	
C-3	64.20	64.00	63.90	64.03	67.00	66.90	67.20	67.03	50.00	46.40
C-4	63.40	63.20	63.20	63.27	66.40	66.20	66.30	66.30	50.56	
C-5	63.20	63.20	63.10	63.17	66.10	66.10	66.30	66.17	50.00	
D-1	64.50	64.30	64.00	64.27	66.30	65.80	66.20	66.10	30.56	
D-2	62.70	62.80	62.70	62.73	64.90	64.80	64.70	64.80	34.44	
D-3	64.30	64.30	64.30	64.30	66.80	66.60	66.40	66.60	38.33	36.20
D-4	63.60	63.70	63.60	63.63	66.10	66.10	66.10	66.10	41.11	
D-5	64.20	64.30	64.50	64.33	66.40	66.50	66.70	66.53	36.67	
E-1	64.40	64.20	64.00	64.20	65.20	65.50	65.50	65.40	20.00	
E-2	63.40	63.40	63.40	63.40	65.00	64.80	64.80	64.87	24.44	
E-3	63.50	63.60	63.80	63.63	65.10	65.00	65.20	65.10	24.44	24.90
E-4	64.00	64.00	64.00	64.00	65.90	65.80	65.50	65.73	28.89	
E-5	64.20	64.10	64.00	64.10	65.80	65.60	65.70	65.70	26.67	

（2）2304 胶运顺槽综掘工作面粉尘浓度测试数据（见表 2-3 ~ 表 2-8）

测试时间：2021-4-27 至 2021-5-4

表 2-3　全尘(总粉尘)采样前后滤膜质量测定表(2021-4-27 测)

编号	采样前质量/mg				采样后质量/mg				浓度均值 /(mg·m⁻³)	最终浓度平均值 /(mg·m⁻³)
	第一次	第二次	第三次	均值	第一次	第二次	第三次	均值		
A-1	80.30	80.30	80.20	80.27	99.10	99.60	99.50	99.40	191.33	
A-2	72.20	72.20	72.20	72.20	91.50	91.10	91.00	91.20	190.00	195.33
A-3	77.20	77.10	77.10	77.13	97.50	97.70	97.60	97.60	204.67	
B-1	80.30	80.30	80.30	80.30	91.20	91.30	91.20	91.23	109.33	
B-2	86.90	86.90	86.90	86.90	97.30	97.40	97.50	97.40	105.00	105.44
B-3	80.20	80.20	80.30	80.23	90.40	90.50	90.40	90.43	102.00	
C-1	76.70	76.60	76.60	76.63	84.50	84.50	84.40	84.47	78.33	
C-2	83.10	83.20	83.20	83.17	91.20	91.30	91.20	91.23	80.67	76.67
C-3	77.40	77.50	77.60	77.50	84.70	84.50	84.60	84.60	71.00	
D-1	84.70	84.70	84.70	84.70	89.80	90.00	89.90	89.90	52.00	
D-2	66.50	66.40	66.50	66.47	75.10	75.20	75.30	75.20	87.33	69.00
D-3	77.20	77.20	77.20	77.20	84.30	83.80	83.80	83.97	67.67	
E-1	72.70	72.70	72.70	72.70	78.10	78.10	78.00	78.07	53.67	
E-2	78.90	79.00	78.90	78.93	83.20	83.30	83.30	83.27	43.33	46.89
E-3	79.00	79.10	79.00	79.03	83.40	83.30	83.50	83.40	43.67	
F-1	71.00	71.10	71.30	71.13	75.50	75.60	75.50	75.53	44.00	
F-2	76.30	76.30	76.30	76.30	78.90	78.60	78.70	78.73	24.33	35.56
F-3	68.20	68.30	68.40	68.30	72.10	72.20	72.10	72.13	38.33	

表 2-4　呼尘采样前后滤膜质量测定表(2021-4-27 测)

编号	采样前质量/mg				采样后质量/mg				浓度均值 /(mg·m⁻³)	最终浓度平均值 /(mg·m⁻³)
	第一次	第二次	第三次	均值	第一次	第二次	第三次	均值		
A-1	82.20	82.20	82.20	82.20	92.50	92.20	92.20	92.30	101.00	
A-2	73.10	73.30	73.30	73.23	81.40	81.50	81.60	81.50	82.67	93.22
A-3	65.90	66.00	66.00	65.97	75.50	75.60	75.60	75.57	96.00	
B-1	66.10	66.20	66.20	66.17	70.10	70.20	70.10	70.13	39.67	
B-2	75.40	75.40	75.40	75.40	79.50	79.60	79.70	79.60	42.00	40.22
B-3	75.40	75.40	75.40	75.40	79.30	79.40	79.20	79.30	39.00	

续表 2-4

编号	采样前质量/mg				采样后质量/mg				浓度均值 /(mg·m⁻³)	最终浓度 平均值 /(mg·m⁻³)
	第一次	第二次	第三次	均值	第一次	第二次	第三次	均值		
C-1	77.50	77.40	77.70	77.53	81.40	81.40	81.50	81.43	39.00	
C-2	68.30	68.30	68.40	68.33	72.90	72.80	72.80	72.83	45.00	41.89
C-3	81.20	81.30	81.20	81.23	85.50	85.40	85.30	85.40	41.67	
D-1	85.40	85.70	85.40	85.50	87.40	87.40	87.70	87.50	20.00	
D-2	67.40	67.40	67.40	67.40	70.10	70.20	70.10	70.13	27.33	21.44
D-3	73.80	73.80	73.80	73.80	75.40	75.60	75.50	75.50	17.00	
E-1	87.30	87.30	87.30	87.30	89.60	89.60	89.60	89.60	23.00	
E-2	68.70	68.70	68.70	68.70	70.60	70.90	70.80	70.77	20.67	22.33
E-3	74.20	74.20	74.20	74.20	76.40	76.60	76.60	76.53	23.33	
F-1	80.60	80.70	80.80	80.70	82.90	82.90	83.10	82.97	22.67	
F-2	82.10	82.20	82.10	82.13	84.30	84.40	84.40	84.37	22.33	24.22
F-3	76.00	76.00	76.00	76.00	78.70	78.80	78.80	78.77	27.67	

表 2-5 全尘(总粉尘)采样前后滤膜质量测定表(2021-5-2 测)

编号	采样前质量/mg				采样后质量/mg				浓度均值 /(mg·m⁻³)	最终浓度 平均值 /(mg·m⁻³)
	第一次	第二次	第三次	均值	第一次	第二次	第三次	均值		
A-1	71.30	71.30	71.30	71.30	89.80	89.90	89.70	89.80	185.00	
A-2	66.00	66.10	66.10	66.07	76.10	76.20	76.10	76.13	100.67	106.11
A-3	68.10	68.20	68.10	68.13	71.50	71.40	71.30	71.40	32.67	
B-1	69.80	69.80	69.80	69.80	73.40	73.50	73.40	73.43	36.33	
B-2	66.10	66.00	66.20	66.10	75.90	75.90	75.90	75.90	98.00	60.44
B-3	86.60	86.70	86.80	86.70	91.50	91.40	91.30	91.40	47.00	
C-1	77.20	77.40	77.30	77.30	81.30	81.20	81.20	81.23	39.33	
C-2	87.30	87.30	87.30	87.30	96.30	96.20	96.20	96.23	89.33	54.89
C-3	72.00	72.00	72.00	72.00	75.60	75.50	75.70	75.60	36.00	
D-1	68.80	68.90	69.00	68.90	72.20	72.30	72.30	72.27	33.67	
D-2	64.50	64.40	64.40	64.43	71.30	71.30	71.30	71.30	68.67	42.00
D-3	76.60	76.70	76.50	76.60	79.10	78.90	78.90	78.97	23.67	

续表 2-5

编号	采样前质量/mg				采样后质量/mg				浓度均值 /(mg·m⁻³)	最终浓度 平均值 /(mg·m⁻³)
	第一次	第二次	第三次	均值	第一次	第二次	第三次	均值		
E-1	80.30	80.30	80.30	80.30	84.10	84.10	84.10	84.10	38.00	
E-2	86.90	86.90	86.90	86.90	90.20	90.00	90.10	90.10	32.00	34.11
E-3	80.20	80.20	80.30	80.23	83.50	83.50	83.40	83.47	32.33	
F-1	76.20	76.20	76.10	76.17	78.40	78.40	78.30	78.37	22.00	
F-2	66.80	66.90	66.80	66.83	69.70	69.70	69.60	69.67	28.33	24.78
F-3	70.40	70.40	70.50	70.43	72.90	72.80	72.80	72.83	24.00	

表 2-6　呼尘采样前后滤膜质量测定表(2021-5-2 测)

编号	采样前质量/mg				采样后质量/mg				浓度均值 /(mg·m⁻³)	最终浓度 平均值 /(mg·m⁻³)
	第一次	第二次	第三次	均值	第一次	第二次	第三次	均值		
A-1	78.30	78.30	78.20	78.27	82.50	82.50	82.50	82.50	42.33	
A-2	79.50	79.50	79.50	79.50	84.70	84.70	84.80	84.73	52.33	44.33
A-3	85.50	85.50	85.50	85.50	89.30	89.30	89.40	89.33	38.33	
B-1	82.70	82.70	82.70	82.70	85.80	85.80	85.80	85.80	31.00	
B-2	74.20	74.30	74.30	74.27	76.40	76.40	76.40	76.40	21.33	25.22
B-3	70.90	70.90	70.80	70.87	73.20	73.20	73.20	73.20	23.33	
C-1	85.4	85.4	85.4	85.40	88.20	88.20	88.30	88.23	28.33	
C-2	63.40	63.40	63.40	63.40	66.80	66.80	66.80	66.80	34.00	30.33
C-3	77.90	77.90	78.00	77.93	80.80	80.80	80.80	80.80	28.67	
D-1	87.10	87.10	87.10	87.10	88.70	88.70	88.70	88.70	16.00	
D-2	76.00	76.00	76.00	76.00	76.70	76.70	76.70	76.70	7.00	14.22
D-3	64.70	64.70	64.70	64.70	66.60	66.70	66.70	66.67	19.67	
E-1	75.40	75.40	75.40	75.40	76.40	76.50	76.50	76.47	10.67	
E-2	75.40	75.40	75.40	75.40	77.60	77.60	77.60	77.60	22.00	16.56
E-3	73.60	73.60	73.60	73.60	75.30	75.30	75.30	75.30	17.00	
F-1	78.70	78.80	78.80	78.77	81.40	81.30	81.30	81.33	25.67	
F-2	72.30	72.30	72.20	72.27	73.50	73.70	73.70	73.63	13.67	17.33
F-3	62.90	62.80	62.80	62.83	64.10	64.10	64.10	64.10	12.67	

表 2-7　全尘(总粉尘)采样前后滤膜质量测定表(2021-5-4 测)

编号	采样前质量/mg				采样后质量/mg				浓度均值/(mg·m⁻³)	最终浓度平均值/(mg·m⁻³)
	第一次	第二次	第三次	均值	第一次	第二次	第三次	均值		
A-1	67.20	67.20	67.20	67.20	76.30	76.20	76.20	76.23	150.56	
A-2	65.70	65.70	65.70	65.70	75.00	75.00	74.90	74.97	154.44	149.81
A-3	67.70	67.70	67.60	67.67	76.40	76.40	76.20	76.33	144.44	
B-1	65.40	65.30	65.50	65.40	70.80	70.90	71.00	70.90	91.67	
B-2	69.10	69.10	69.10	69.10	73.80	73.60	73.70	73.70	76.67	80.37
B-3	61.70	61.70	61.80	61.73	66.00	66.10	66.20	66.10	72.78	
C-1	67.70	67.60	67.70	67.67	71.00	70.90	71.00	70.97	55.00	
C-2	59.60	59.80	59.70	59.70	62.60	62.60	62.70	62.63	48.89	52.59
C-3	61.10	61.10	61.20	61.13	64.30	64.40	64.40	64.37	53.89	
D-1	59.60	59.60	59.60	59.60	62.70	62.60	62.80	62.70	51.67	
D-2	67.10	67.10	67.10	67.10	70.20	70.20	70.00	70.13	50.56	52.04
D-3	67.00	67.00	67.00	67.00	70.30	70.20	70.20	70.23	53.89	
E-1	71.40	71.30	71.20	71.30	73.40	73.50	73.40	73.43	35.56	
E-2	65.60	65.60	65.60	65.60	67.70	67.70	67.70	67.70	35.00	37.41
E-3	60.60	60.60	60.60	60.60	63.10	63.10	63.10	63.10	41.67	
F-1	60.90	60.60	60.70	60.73	62.50	62.40	62.40	62.43	28.33	
F-2	60.70	60.70	60.80	60.73	62.30	62.20	62.20	62.23	25.00	25.93
F-3	66.40	66.20	66.40	66.33	67.90	67.80	67.70	67.80	24.44	

表 2-8　呼尘采样前后滤膜质量测定表(2021-5-4 测)

编号	采样前质量/mg				采样后质量/mg				浓度均值/(mg·m⁻³)	最终浓度平均值/(mg·m⁻³)
	第一次	第二次	第三次	均值	第一次	第二次	第三次	均值		
A-1	59.80	59.40	59.60	59.60	63.30	63.20	63.20	63.23	60.56	
A-2	62.20	62.20	62.20	62.20	65.20	65.20	65.20	65.20	50.00	55.00
A-3	59.30	59.20	59.20	59.23	62.50	62.50	62.50	62.50	54.44	
B-1	58.10	58.10	58.10	58.10	60.20	60.10	60.10	60.13	33.89	
B-2	61.10	61.10	61.10	61.10	63.00	63.00	63.00	63.00	31.67	30.19
B-3	64.60	64.60	64.60	64.60	66.10	66.10	66.10	66.10	25.00	

续表 2-8

| 编号 | 采样前质量/mg | | | | 采样后质量/mg | | | | 浓度均值 /(mg·m⁻³) | 最终浓度 平均值 /(mg·m⁻³) |
	第一次	第二次	第三次	均值	第一次	第二次	第三次	均值		
C-1	64.10	64.10	64.00	64.07	66.10	66.10	66.10	66.10	33.89	
C-2	68.70	68.70	68.60	68.67	70.40	70.30	70.30	70.33	27.78	31.30
C-3	66.50	66.50	66.50	66.50	68.50	68.40	68.40	68.43	32.22	
D-1	66.40	66.40	66.40	66.40	67.40	67.50	67.40	67.43	17.22	
D-2	66.30	66.30	66.30	66.30	67.10	67.10	67.10	67.10	13.33	15.93
D-3	59.10	59.10	59.10	59.10	60.10	60.10	60.20	60.13	17.22	
E-1	65.50	65.50	65.50	65.50	66.30	66.30	66.30	66.30	13.33	
E-2	57.90	57.90	57.90	57.90	58.80	58.70	58.70	58.73	13.89	12.78
E-3	61.40	61.30	61.30	61.33	62.00	62.00	62.00	62.00	11.11	
F-1	67.00	67.10	67.00	67.03	68.20	68.10	68.20	68.17	18.89	
F-2	58.00	57.90	58.00	57.97	58.90	58.80	58.90	58.87	15.00	17.59
F-3	57.00	57.00	57.00	57.00	58.20	58.10	58.00	58.13	18.89	

2.2 尘源特性测试与分析

2.2.1 三盘区回风大巷概况

三盘区回风大巷，即二盘区辅运大巷的向东延伸，西起二盘区辅运大巷正头，自西向东，前方为未揭露的三盘区实煤体。向南依次为三盘区胶运大巷、三盘区辅运大巷，巷间距为 40 m。

该掘进工作面巷道长 1500 m，煤层厚度为 3.15~3.34 m，平均 3.27 m，埋深为 292~350 m；巷道的掘进宽度为 5.84 m，掘进高度为 3.27 m，断面积为 19.1 m²。煤层硬度 $f=1.43$，坚固程度为 6~7 级，属中硬至软煤层。煤层视密度为 1.31 g/cm³；工作面采用两台（一台备用）FBD№7.1/2×30 局部通风机，局部通风机前期安设于二盘区回风大巷里程 2370 m 处，最大送风距离为 920 m，后期安设于二盘区回风大巷里程 3050 m 处，最大送风距离为 1580 m。局部通风机吸风量为 500 m³/min，迎头风量为 320 m³/min。

2.2.2 三盘区回风大巷的除尘技术

三盘区回风大巷综掘机有内外喷雾装置，内喷雾压力为 2 MPa，外喷雾压力为 4 MPa。主要尘源点有掘进机处、转载点处、喷浆作业点处、回风巷等作业地点等，如图 2-3 所示。

（1）防尘供水

三盘区回风大巷掘进工作面总供水量为 0.0038 m³/s，供水管路选用 DN50 无缝钢管。

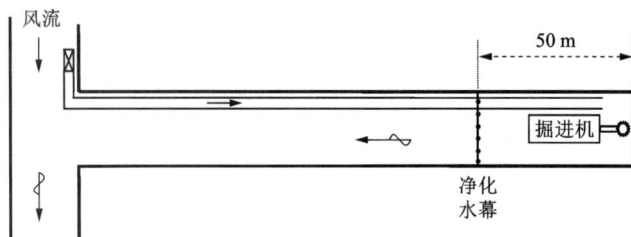

图 2-3　三盘区回风大巷综掘工作面概况

生产用水通过二盘区辅运大巷 DN50 管路延伸到三盘区回风大巷掘进工作面。供水管距离底板 1300 mm，供水管与迎头的距离不得大于 50 m。在巷道开口处安装总闸阀，每延伸 200 m 安装一个闸阀，每延伸 50 m 安装一组 DN25 支管。供水路线：主斜井→中央胶运大巷(DN150)→联络巷→中央辅运大巷(DN100)→二盘区回风大巷(DN100)→联络巷→二盘区辅运大巷(DN50)→三盘区回风大巷(DN50)→各用水点。

（2）防尘技术

三盘区回风大巷综掘工作面现有的除尘系统与方法主要有以下几种：

①防尘管路敷设：三盘区回风大巷每 50 m 设置一个三通截止阀，管路的接头、三通不得有流线性漏水，三通截止阀必须上手轮。

②净化水幕：在距工作面 50 m 范围内安装一道全断面净化水幕，随工作面的延伸及时前移。净化水幕的连接均为截止阀→净化水幕，截止阀及所有连接处均不得有流线性漏水。净化水幕水管的长度不得小于 20 cm 的巷道宽度；水管安装在距顶板不超过 20 cm 的位置。净化水幕水管喷嘴方向与风流方向相反；喷嘴方向略向下，与巷道顶板形成一定的夹角，但夹角不能大于 45°。

③转载点喷雾：所有运输设备转载点都必须有喷雾设施，连接喷嘴设施时，必须连接截止阀、喷雾设施、管路接头，三通不得有流线性漏水，截止阀必须安装在人行道侧。喷嘴高度在距转载点 40~50 cm、宽度为 20 cm 的位置，而且喷嘴必须正对转载出煤点。各转载点要进行封闭并设置水幕，水幕设置在转载点下风侧 3~5 m 处并能封闭巷道全断面。所有喷雾必须呈雾状。

④综掘机内外喷雾：综掘机必须有内外喷雾，内喷雾压力为 2 MPa，外喷雾压力为 4 MPa，同时要求每班清洗除尘风机过滤器，保证除尘效果。喷雾装置必须使用引射器，喷雾直径不得低于 0.6 m，以确保喷雾能覆盖滚筒。

⑤巷道冲洗：及时清扫巷道浮煤和积尘，工作面正头 50 m 内每班冲洗巷道一次，50 m 以外每周至少冲洗一次。作业人员必须加强个体防护，入井即戴防尘口罩。工作面的巷道要保持湿润，做到走路时煤尘不飞扬，巷道口的水管、风管、风筒、电缆、迎风面的煤尘厚度不得超过 2 mm，巷道底板的煤尘厚度不得超过 2 mm，连续堆积不得超过 5 m，必须设置专用防尘供水阀门，用于冲洗巷道和降尘。

2.2.3　三盘区回风大巷取样

为了了解试验场所煤尘的固有特性，在具备采样条件以后，项目组成员在三盘区回风大巷掘进工作面进行了粉尘取样，取样位置如表 2-9 所示。

表 2-9　煤尘取样位置

取样工作面	试样编号	取样地点	测试组别
三盘区回风大巷综掘工作面	1#	100 m 范围内巷帮收集空气煤粉	1-1
			1-2
			1-3
	2#	掘进工作面迎头处小碎煤	2-1
			2-2
			2-3
	3#	掘进司机位置	3-1
			3-2
			3-3
	4#	距司机位置 10 m	4-1
			4-2
			4-3
	5#	距司机位置 20 m	5-1
			5-2
			5-3
	6#	距司机位置 40 m	6-1
			6-2
			6-3
	7#	距司机位置 80 m	7-1
			7-2
			7-3
	8#	距司机位置 100 m	8-1
			8-2
			8-3

采用两种方法取样：一种方法是将制备的取样盘挂置于巷帮侧距离巷底部 1.5 m 左右处进行粉尘收集，直到第二天再下井回收粉尘试样，回收后的粉尘煤样采用专用的塑封袋进行包装，煤样标定为 1#煤样；第二种方法是直接取该掘进面迎头，掘进司机位置，分别距司机位置 10 m、20 m、40 m、80 m、100 m 处的煤样，煤样标定为 2#~8#煤样。把取样后的 1#~8#煤样带至学校进行 SiO$_2$ 含量和湿润特性的测试。所取样品如图 2-4 所示。

(a) 1#煤样　　　(b) 2#煤样

图 2-4　三盘区回风大巷煤样

2.2.4 2304 胶运顺槽概况

2304 胶运顺槽设计长度为 3703 m。巷道沿煤层顶板掘进,巷道性质为煤巷,煤层厚度为 3.34~3.72 m,平均为 3.52 m。煤为黑色半暗淡型煤,条痕褐黑色,沥青光泽,参差状断口,硬度中等($f=1.43$),性较脆,内外生裂隙均不发育,裂隙常被方解石和黄铁矿薄膜充填,可见黄铁矿颗粒,条带状结构,层状构造。饱水抗压强度为 8.8~19.1 MPa,坚固程度为 6~7 级,属中硬至软煤煤层,煤层视密度为 1.31 g/cm³。整体构造为倾向北西西的单斜构造,倾角小于 1°,近似水平构造,局部受古地形及沉积环境影响会有宽缓的波状起伏,波幅较小。煤层结构简单,无断层、陷落柱、褶皱等不良地质构造;煤层较稳定,煤层厚度由巷道口至中部逐渐增厚,中部至切眼有逐渐变薄的趋势。

2.2.5 2304 胶运顺槽的除尘技术

(1)防尘供水

2304 胶运顺槽掘进工作面供水量为 0.0038 m³/s,供水管路选用 DN100 涂塑钢管。生产、消防用水引自 2303 胶运的消防供水管路,通过 DN100 无缝钢管接到 2304 辅撤架巷,再到 2304 胶运顺槽掘进工作面。在掘进过程中,随着掘进巷道的推进,供水管安装必须紧跟推进,供水管距离底板 1500 mm,供水管与迎头的距离不得大于 100 m。2304 胶运顺槽供水采用消防洒水供水,用于巷道防尘用水。2304 胶运顺槽掘进工作面供水线路:地面反渗透水水池→主斜井(DN200)→中央胶运大巷(DN200)→二盘区胶运大巷(DN200)→2303 胶运顺槽(DN100)→2304 辅撤架巷(DN100)→2304 胶运顺槽(DN100)→各用水点。

(2)防尘技术

①防尘管路敷设:2304 胶运顺槽每 50 m 设置一个三通截止阀,管路的接头、三通不得有流线性漏水,三通截止阀必须上手轮。

②净化水幕:在距工作面不大于 60 m 范围内各安装两道全断面净化水幕,随工作面推进前移。净化水幕的连接均为截止阀→净化水幕,截止阀及所有连接处均不得有流线性漏水。净化水幕水管的长度不得小于 20 cm 的巷道宽度;水管安装在距顶板不超过 20 cm 的位置。净化水幕水管喷嘴方向与风流方向相反;喷嘴方向略向下,与巷道顶板形成一定的夹角,夹角不能大于 45°。

③转载点喷雾:所有运输巷的转载点都必须有喷雾设施,连接喷嘴设施时,必须连接截止阀、喷雾设施、管路接头,三通不得有流线性漏水,截止阀必须安装在人行道侧。喷嘴高度在距转载点 40~50 cm、宽度为 20 cm 的位置,而且喷嘴必须正对转载出煤点。

④综掘机内外喷雾:综掘机必须有内外喷雾,内喷雾压力为 2 MPa,外喷雾压力为 4 MPa,同时要求每班清洗除尘风机过滤器,保证除尘效果。喷雾装置必须使用引射器,喷雾直径不得低于 0.6 m,以确保喷雾能覆盖滚筒。

⑤巷道冲洗:及时清扫巷道浮煤和积尘,工作面正头 50 m 内每班冲洗巷道一次,50 m 以外每周至少冲洗一次。作业人员必须加强个体防护,入井即戴防尘口罩。工作面的巷道要保持湿润,做到走路时煤尘不飞扬,煤尘厚度不得超过 2 mm,连续不得超过 5 m,必须设置专用防尘供水阀门,用于冲洗巷道和降尘。

2.2.6　2304 胶运顺槽掘进工作面取样

在具备采样条件以后，项目组成员在 2304 胶运顺槽掘进工作面进行了粉尘取样。直接取自该掘进面迎头、掘进司机位置、距掘进工作面迎头 11~15 m、二运皮带转载点、距全断面喷雾系统 30 m 位置的小碎煤，煤样标定为 1#~5#煤样。把取样后的 1#~5#煤样带至学校进行 SiO_2 含量的测试。同时，从 2021 年 5 月 2 日和 5 月 4 日粉尘浓度测试 4 点班和 0 点班各选取了 10 个滤膜进行了粉尘分散度测试。

2.3　游离二氧化硅含量测试

2.3.1　测试方案

粉尘中游离 SiO_2 的含量越高，越容易导致尘肺病的发生。粉尘中游离 SiO_2 的含量也因此成为评价粉尘危害性的一个重要指标。《煤矿安全规程》中关于作业场所粉尘浓度的规定就是以游离 SiO_2 含量进行分级的，如表 2-10 所示。

表 2-10　煤矿作业场所空气中粉尘浓度

粉尘种类	游离 SiO_2 含量/%	时间加权平均容许浓度/$(mg \cdot m^{-3})$	
		总粉尘（总尘）	呼吸性粉尘（呼尘）
煤尘	<10	4	2.5
矽尘	10~50	1	0.7
	50~80	0.7	0.3
	≥80	0.5	0.2
水泥尘	<10	4	1.5

时间加权平均容许浓度是指以时间加权数规定的 8 h 工作日、40 h 工作周的平均容许接触浓度。

（1）测试方法与原理

依据 GBZ/T 192.4—2007《工作场所空气中粉尘测定第 4 部分：游离二氧化硅含量》，为了了解矿尘的 SiO_2 含量，本次实验采用的测定方法为焦磷酸法，焦磷酸法测定游离二氧化硅的原理是粉尘中的硅酸盐及金属氧化物能溶于 245~250 ℃ 的焦磷酸中，而游离二氧化硅几乎不溶，从而实现分离。

（2）测试步骤

①采样：按照 GBZ/T 159 的采样规范到魏墙煤矿采集粉尘样品两份，分别编号为 1#和 2#。

②溶解粉尘样品于 50 mL 烧杯中，加入 15 mL 焦磷酸及数毫克硝酸铵，搅拌，使样品全部湿润。将锥形瓶放在可调电炉上，迅速加热到 245~250 ℃，同时用带有温度计的玻璃

棒不断搅拌，保持 15 min。

③过滤，取下烧杯，在室温下冷却至 40~50 ℃，加 50~80 ℃的蒸馏水至 40~45 mL，一边加蒸馏水一边搅拌均匀。将锥形瓶中的内容物小心转移入烧杯，并用热蒸馏水冲洗温度计、玻璃棒和锥形瓶，将洗液倒入烧杯中，加蒸馏水至 150~200 mL。取慢速定量滤纸折叠成漏斗状，放入漏斗并用蒸馏水湿润。将烧杯放在电炉上煮沸内容物，稍静置，待混悬物略沉降，趁热过滤，滤液不超过滤纸的 2、3 处。过滤后，用 0.1 mol 盐酸洗涤烧杯，并移入漏斗中，将滤纸上的沉渣冲洗 3~5 次，再用热蒸馏水洗至无酸性反应。

④碳化。将有沉渣的滤纸折叠数次，放入缺少碳化过程称至恒量。

⑤灰化。将坩埚放入高温电炉内，在 800~900 ℃灰化 30 min；取出，室温下稍冷后，放入干燥器中冷却 1 h，在电子天平上称至恒量，并记录。

2.3.2 三盘区回风大巷的煤样测试结果

从三盘区回风大巷掘进工作面采集了 8 组粉尘样品，利用焦磷酸法进行游离 SiO_2 含量测试，结果如表 2-11 所示。

表 2-11 SiO_2 含量测试结果表

采样工作面	试样编号	取样地点	测试组别	游离 SiO_2 含量/%	平均值/%
三盘区回风大巷综掘工作面	1#	100 m 范围内巷帮收集空气煤粉	1-1	3.32	3.18
			1-2	3.05	
			1-3	3.17	
	2#	掘进工作面迎头处小碎煤	2-1	3.56	3.68
			2-2	3.59	
			2-3	3.89	
	3#	掘进司机位置	3-1	3.28	3.31
			3-2	3.06	
			3-3	3.59	
	4#	距司机位置 10 m	4-1	3.96	4.08
			4-2	4.32	
			4-3	3.95	
	5#	距司机位置 20 m	5-1	3.03	3.11
			5-2	3.21	
			5-3	3.09	
	6#	距司机位置 40 m	6-1	2.75	2.81
			6-2	2.70	
			6-3	2.98	

续表 2-11

采样工作面	试样编号	取样地点	测试组别	游离 SiO_2 含量/%	平均值/%
三盘区回风大巷综掘工作面	7#	距司机位置 80 m	7-1	2.87	3.01
			7-2	3.03	
			7-3	3.13	
	8#	距司机位置 100 m	8-1	2.94	2.60
			8-2	2.37	
			8-3	2.50	

　　粉尘中的游离 SiO_2 含量直接决定着其对人体的危害程度，它是引起并促进尘肺病及病情发展的主要因素，即粉尘中含游离 SiO_2 的量越高，危害越严重。从表 2-11 中可以看出，粉尘中的游离 SiO_2 含量范围为 2.60%～4.08%，其含量均小于 10%。

2.3.3　2304 胶运顺槽掘进工作面的煤样测试结果

　　在魏墙煤矿 2304 胶运顺槽掘进工作面共采集了 5 组沉积煤尘样品，按照 GBZ/T 192.4—2007《工作场所空气中粉尘测定　第 4 部分：游离二氧化硅含量》要求，采用焦磷酸法进行了游离 SiO_2 含量测试，测试结果如表 2-12 所示。

表 2-12　2304 胶运综掘工作面煤尘游离二氧化硅含量

采样工作面	试样编号	取样地点	测试组别	游离 SiO_2 含量/%	均值/%
2304 胶运综掘工作面	1#	掘进工作面迎头处小碎煤	1-1	2.24	2.29
			1-2	2.54	
			1-3	2.08	
	2#	掘进司机位置	2-1	2.34	2.22
			2-2	2.12	
			2-3	2.21	
	3#	距离掘进工作面迎头 11～15 m	3-1	1.98	2.05
			3-2	2.03	
			3-3	2.14	
	4#	二运皮带转载点	4-1	1.89	1.98
			4-2	1.98	
			4-3	2.08	
	5#	距全断面喷雾系统 30 m	5-1	2.12	2.04
			5-2	2.04	
			5-3	1.96	

由表 2-12 可见，魏墙煤矿 2304 胶运顺槽掘进工作面所有测试结果中，游离 SiO_2 含量最低为 1.98%，最高为 2.54%。这 5 组样品煤尘的游离 SiO_2 含量平均为 1.98% ~ 2.29%。

2.3　湿润特性测试

（1）实验原理

当液滴自由地处于不受力场影响的空间时，其由于界面张力的存在而呈圆球状。但是，当液滴与固体平面接触时，其最终形状取决于液滴内部的内聚力和液滴与固体间的黏附力的相对大小。当一粒液滴放置在固体平面上时，其能自动地在固体表面铺展开来，或以与固体表面成一定接触角的形状存在，如图 2-5 所示。

对于理想的固体平面，当液滴在表面达到平衡后，只有一个符合 Young 方程的接触角。但实际固体表面是非理想的，因而会出现滞后现象，致使接触角的测量往往很难重复。但经过精心制备和处理的表面，有可能得到较重复的数据，特别是高分子的表面。

（2）实验仪器和样品处理

本次接触角测量实验采用的是 Camtel Ltd. 生产的 CCA-100 接触角表面张力仪，如图 2-6 所示。实验的煤样在真空干燥箱内 50 ℃状态下干燥 24 h 后，取出经过研磨筛制成 0.74 mm 以下粒径的煤粉，并称量 200 mg 样品用压片机在 20 MPa 压力下压制成高度 1 mm、直径 1 mm 的小圆柱体煤片，本次接触角测量实验使用的是圆柱片的光滑表面。

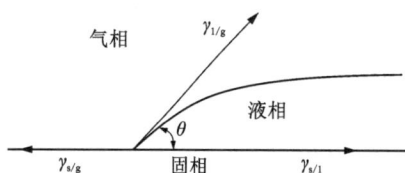

图 2-5　接触角

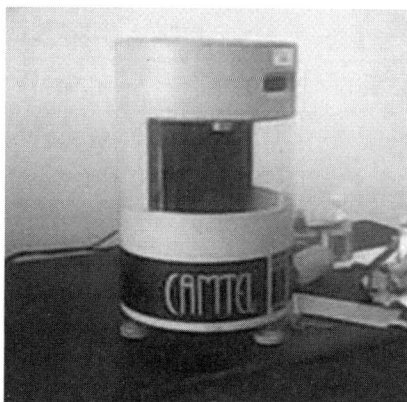

图 2-6　接触角表面张力仪

（3）实验步骤

①调节仪器。

实验开始时完成对仪器的检查，将注射器调节到合适的位置，校正摄像头的焦距和背景光源的强度，以便于完美成像，完成实验的准备工作。

②放入样品。

将准备好的样片装入测量仪，准备测试。

③滴液。

控制仪器的注射器，将液体滴在样品表面。

④冻结图像并保存。

观察样品表面的液滴，当液滴停下时点击冻结图像，保存冻结后的图像。

⑤测量图像并记录。

在影像分析法中调出保存的图像进行分析，计算出接触角并同时记录。

（4）实验结果

接触角实验结果可以反映出样品的亲水性或疏水性，对研究煤层注水具有重要的指导意义。经过对魏墙煤矿三盘区回风大巷综掘工作面现场煤尘的接触角的测定，得到的图像如图 2-7 所示。接触角测试结果如表 2-13 所示。

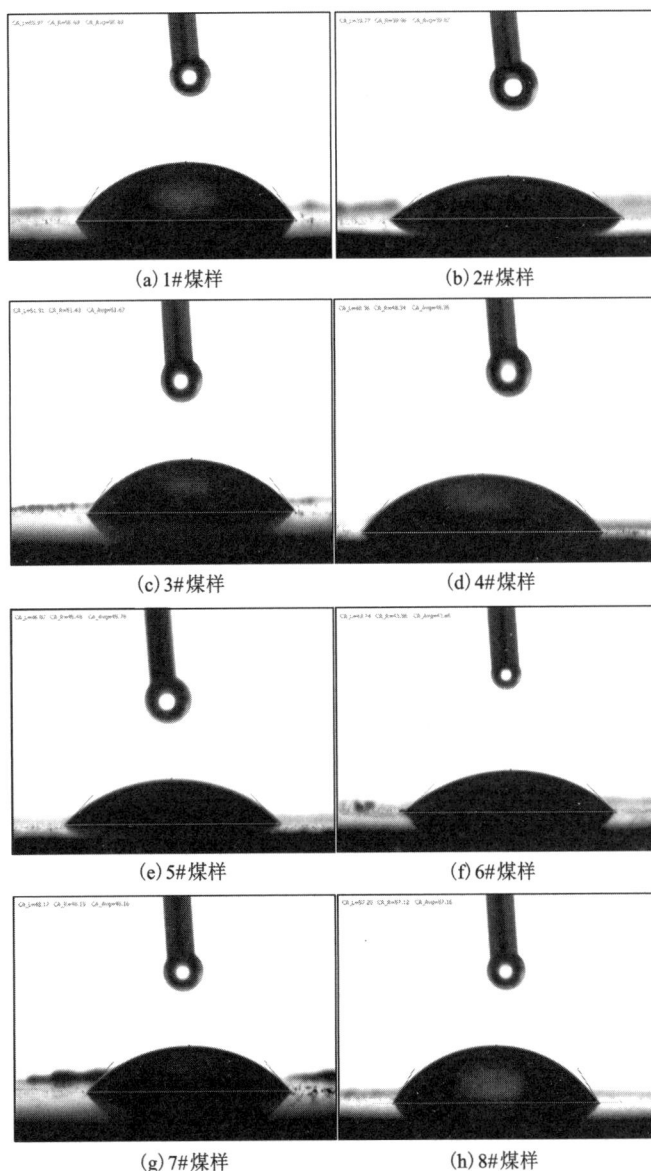

(a) 1#煤样　　(b) 2#煤样

(c) 3#煤样　　(d) 4#煤样

(e) 5#煤样　　(f) 6#煤样

(g) 7#煤样　　(h) 8#煤样

图 2-7　接触角测定图像

表 2-13 接触角测定结果

试样编号	取样地点	接触角/(°)		
		左角	右角	平均值
1#	100 m 范围内巷帮收集空气煤粉	48.17	48.15	48.16
2#	掘进工作面迎头处小碎煤	57.20	57.12	57.16
3#	掘进司机位置	46.07	45.48	45.78
4#	距司机位置 10 m	43.74	43.56	43.65
5#	距司机位置 20 m	51.91	51.43	51.67
6#	距司机位置 40 m	48.36	48.34	48.35
7#	距司机位置 80 m	55.97	55.69	55.83
8#	距司机位置 100 m	39.77	39.96	39.87

煤尘一般都具有疏水性，其湿润性一般，但从表 2-13 可以看出，1#~8#煤粉所测煤尘的湿润角平均值最小为 39.87°，最大为 57.16°，说明收集的煤粉和小碎煤研磨煤粉的湿润角存在一定的差异性，这可能是因为煤尘在掘进工作面飘浮的过程中，本身也会受到环境的影响，如空气环境中油脂的影响，也可能是因为落尘中混入了大量的灰分。

8 个取样地点煤尘的湿润角均小于 60°，煤尘的湿润性一般，降尘难度一般，因此若采用湿式除尘，可考虑添加一些湿润剂，以提高煤的亲水性。

2.4 粉尘分散度测定

2.4.1 测试方案

粒度是用来描述颗粒大小的，一般用粒径和粒度分布两种指标来表示。粒径通常用来描述单一颗粒的大小，而粒度分布则是对颗粒群而言的，是对所有范围的粒度进行的总体描述。对于大小一致、形状规则的单分散度颗粒群，如粉状金属、制造玻璃球等特殊颗粒系统，用粒径或者等效粒径便可表示所有颗粒的粒度特性，但对于大小不一、形状不规范的多分散度颗粒群，单独的粒径参数就不足以准确表示该颗粒群的整体特性了，这就有必要对颗粒系统全部范围的粒度进行测定，即用粒度分布来表示不同粒径的颗粒占颗粒系统的百分比。

井下煤尘是典型的多分散度粉尘群，它们的粒度较小、表面积较大，并且由于具有较强的吸附空气的能力，表面能够形成一层空气膜。另外，它们的质量很小，可长时间漂浮于巷道空气中。煤尘的物理化学性质，会随着其粒度的不同而不同，并且煤尘粒度对除尘装置的性能、除尘效率的影响较大。因此，煤尘粒度的测定是研究煤尘湿润性所不可缺少的工作之一。

（1）测试原理与方法

本次分散度测试采用滤膜溶解涂片法。将采集有粉尘的过氯乙烯滤膜溶于有机溶剂中，形成粉尘颗粒的混悬液，制成标本，在显微镜下测量粉尘的大小及数量，计算不同大小粉尘颗粒的百分比。

（2）测试仪器

① 瓷坩埚或烧杯，25 mL；

② 载物玻片，75 mm×25 mm×1 mm；

③ 显微镜；

④ 目镜测微尺；

⑤ 物镜测微尺，它是一标准尺度，其总长为 1 mm，分为 100 等分刻度，每一分度值为 0.01 mm，即 10 μm。

2.4.2　三盘区回风大巷的煤样测试结果

在滤膜采集的三盘区回风大巷空气中的粉尘样品中，选取了 24 个滤膜（见图 2-8），图 2-9 所示为三盘区回风大巷掘进工作面呼吸性粉尘粒径观测图。利用工作场所空气中粉尘测定 GBZ/T 192.3—2007 方法对粉尘分散度进行测试，结果如表 2-14 所示。

图 2-8　三盘区回风大巷掘进工作面呼吸性粉尘分散度测试样品

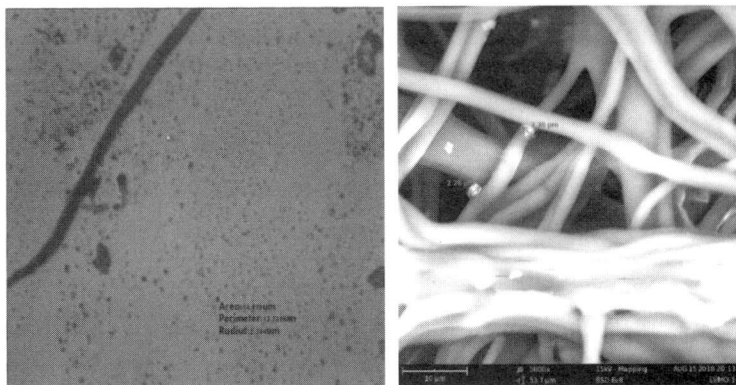

图 2-9　三盘区回风大巷掘进工作面呼吸性粉尘粒径观测图

表 2-14　煤尘的粒度参数表

采样工作面	试样编号	取样地点	测试组别	粉尘粒径(μm)颗粒占矿尘的百分数/%			
				<2 μm	2~5 μm	5~10 μm	>10 μm
三盘区回风大巷综掘工作面	1#	100 m 范围内巷帮收集空气煤粉	1-1	56.14	33.33	8.77	1.75
			1-2	55.27	34.52	8.58	1.63
			1-3	54.19	34.95	9.04	1.82
	2#	掘进工作面迎头处小碎煤	2-1	59.29	28.83	9.16	2.72
			2-2	59.52	28.50	9.51	2.47
			2-3	55.62	31.73	9.98	2.67
	3#	掘进司机位置	3-1	59.79	28.88	9.69	1.64
			3-2	58.05	30.59	9.67	1.69
			3-3	61.60	27.04	9.58	1.78
	4#	距司机位置 10 m	4-1	60.64	26.96	10.11	2.29
			4-2	61.65	26.51	9.55	2.29
			4-3	60.30	27.83	9.34	2.54
	5#	距司机位置 20 m	5-1	58.18	28.08	12.19	1.56
			5-2	58.32	28.47	11.59	1.62
			5-3	58.22	27.91	12.20	1.67
	6#	距司机位置 40 m	6-1	58.91	28.86	10.51	1.72
			6-2	59.46	27.50	11.22	1.82
			6-3	58.66	28.46	10.99	1.89
	7#	距司机位置 80 m	7-1	60.43	28.08	9.94	1.55
			7-2	58.33	30.49	9.64	1.54
			7-3	59.75	28.68	10.17	1.40
	8#	距司机位置 100 m	8-1	64.31	30.70	3.53	1.46
			8-2	63.84	30.48	4.31	1.37
			8-3	64.49	29.57	4.59	1.35
均值				59.37	29.46	9.33	1.84

一方面，粒径大于 10 μm 的颗粒，由于重力作用，一般在静止空气中飘浮数分钟就可降落下去。而粒径小于 10 μm 的颗粒，由于空气的摩擦阻力，在空气中浮游的时间就很长，如 1 μm 的石英尘粒从 1.5~2.0 m 的高处降落到地面需要 5~7 h。

另一方面，吸入人体的粉尘，粒径大于 5 μm 的颗粒容易被呼吸道阻留，一部分阻留在口、鼻中，一部分阻留在气管和支气管中。粒径为 2~5 μm 的颗粒大都阻留在气管和支气管中。粒径为 1~2 μm 的粉尘致病力强，而粒径在 0.5 μm 以下的尘粒由于质量极小，吸入肺部后，又常可随呼气排出，因而危害性降低。

从表 2-14 可以看出，粉尘粒径小于 2 μm 的矿尘占了 54.19%~64.49%，而粒径为 1~2 μm 的这部分粉尘容易随呼吸气流进入肺中并滞留在肺泡内，其中游离二氧化硅 (SiO_2) 会对巨噬细胞造成伤害，导致肺部组织发生弥漫性纤维化病变；粉尘粒径为 2~5 μm 的矿尘占 26.51%~34.95%，而这部分粉尘容易滞留在呼吸道中，损伤呼吸道黏膜，随后细菌通过损伤的黏膜侵入呼吸道组织造成感染，即使不造成损伤也往往会引起黏膜充血肿胀、分泌亢进，导致其他炎症。

2.4.3　2304 胶运顺槽掘进工作面的煤样测试结果

采用矿用 CCZ-20A 粉尘浓度采样器采集的呼吸性粉尘样品中，对 4 点班和 0 点班各选取了 10 个滤膜(见图 2-10)，按照 GBZ/T 192.4—2007《工作场所空气中粉尘测定　第 3 部分：粉尘分散度》要求，对滤膜上的粉尘进行了粉尘分散度的测试，测试结果如表 2-15、表 2-16 所示。

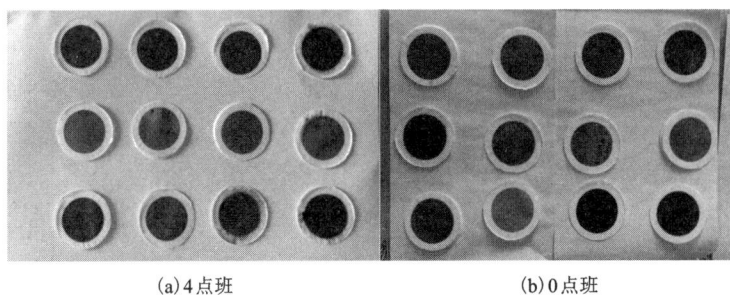

(a) 4 点班　　　　　　　　　　　(b) 0 点班

图 2-10　呼吸性粉尘采集滤膜

表 2-15　综掘工作面粉尘采样分散度(4 点班)

%

次数	粉尘粒径			
	<2 μm	2~5 μm	5~10 μm	≥10 μm
1	80.16	14.41	5.2	0.23
2	78.47	16.27	5.26	0
3	77.78	16.67	5.55	0
4	79.8	17.24	1.97	0.99
5	71.8	21.6	6.6	0
6	76.41	19	4.02	0.57
7	79.09	17	3.01	0.9

续表 2-15

次数	粉尘粒径			
	<2 μm	2~5 μm	5~10 μm	≥10 μm
8	81.62	15.04	3.34	0
9	77.78	15.94	6.28	0
10	76.87	17.99	5.14	0
11	82.43	13.95	3.62	0
12	73.15	19.56	7.29	0
平均值	77.95	17.06	4.77	0.22

表 2-16　综掘工作面粉尘采样分散度(0点班)

%

次数	<2 μm	2~5 μm	5~10 μm	≥10 μm
1	75.13	18.02	6.85	0
2	80.3	17.3	2.4	0
3	73.46	18.4	8.14	0
4	79.52	16.52	3.96	0
5	76.1	18.39	5.51	0
6	75.66	16.89	7.45	0
7	76.87	15.59	7.54	0
8	78.65	14.88	6.47	0
9	79.12	16.47	4.41	0
10	83.64	12.15	4.21	0
11	84.13	12.02	3.85	0
12	82.86	15.71	1.43	0
平均值	78.79	16.03	5.19	0.00

由表 2-15、表 2-16 可知, 在魏墙煤矿 2304 胶运顺槽掘进工作面采集的呼吸性粉尘样本中, 粒径<2 μm 的粉尘占绝大部分, 4点班平均占比为 77.95%, 0点班平均占比为 78.79%; 粒径为 2~5 μm 的粉尘占比居于其次, 4点班平均占比为 17.06%, 0点班平均占比为 16.03%; 粒径为 5~10 μm 的粉尘占比很少, 4点班平均占比为 4.77%, 0点班平均占比为 5.19%。另外, 2304 胶运顺槽采样滤膜上仅有少量粒径>10 μm 的粉尘出现。

2.5　本章小结

　　本章主要介绍了煤尘的理化性质，同时在魏墙煤矿现有的工艺条件下，对综掘工作面尘源及其产生粉尘的粒径、浓度、游离二氧化硅含量等物性参数进行了测试，并获得了煤样亲疏水性特征，对粉尘的产尘强度、空间分布规律及尘源分布状态进行了详细测量和研究。同时对矿井现有工艺条件下三盘区回风大巷综掘工作面的粉尘浓度参数进行了测试，并对空间分布规律进行了详细测量和研究，建立了三盘区回风大巷综掘工作面不同粒径粉尘的动力学演化数值仿真模型，分析了综掘工作面流场等对粉尘运移及空间分布的影响。

　　总结得出以下结论：

　　①通过对综掘工作面粉尘浓度进行采样测试，得出了在掘进司机处的粉尘浓度最高，全尘达到了 137 mg/m³，为规程规定的 34 倍；呼吸性粉尘也达到了 60.4 mg/m³，为规程规定的 24 倍，说明该工作面的全尘和呼吸性粉尘浓度都非常高。

　　②随着与司机的距离拉远，粉尘浓度分布有所下降，全尘下降幅度明显高于呼吸性粉尘，由此也验证了粉尘粒径越小，越容易在空中飘浮的规律。

　　③对实测粉尘浓度数据与模拟仿真数据进行对比分析，得出模拟获得的距综掘机司机 0 m、10 m、20 m 处的粉尘浓度分布值与现场实测值的变化趋势基本一致，且平均相对误差为 3.16%。

第 3 章

煤矿工作面粉尘浓度的检测方法

本章主要介绍了两种对粉尘浓度进行检测的方法。第一，经过调研发现，滤膜称重法存在着操作步骤繁琐、无法实现在线监测等问题，故根据当前粉尘检测技术的不足提出了一种基于称重法的粉尘自动检测装置，在此通过对其不足之处进行详细分析，确定粉尘浓度监测装置所要实现的功能，探讨粉尘浓度监测装置的设计方案，并要确保其关键部件机械结构设计的合理性。第二，阐述了一种基于 Yolov5 改进的粉尘检测算法：首先对 Yolov5 算法检测目标原理进行了简单交代；然后介绍了几种常见轻量化模型，将 Yolov5 的主干网络替换为 Ghost 模型，以提高算法的轻量化，对改进的算法添加注意力机制，再次提高检测精度；最后通过实验验证，主要从以下两个检测标准说明了本算法的优越性，一是检测速度 FPS，二是检测精度 mAP。本算法对检测的准确性、实时性、检测速度等均有所提高，有效地提高了粉尘的识别能力。

3.1　粉尘检测方法概述

随着我国政府对粉尘危害防控工作的日益重视，粉尘浓度监测伴随着粉尘综合治理逐渐发展起来[53]。利用科学手段，开展作业场所粉尘含量检测工作是实现环境保护与科学研究的必然前提，是制定粉尘治理措施进行尘肺病防控的必要途径和重要依据。因此，从根本上解决粉尘所带来的职业健康危害是当前的首要任务，而提高井下粉尘浓度的检测精度则是尘肺病防治攻坚行动的重中之重。目前国内普遍使用的煤矿井下粉尘检测设备存在操作较为复杂、检测精度较低、受环境影响大等问题，无法完全满足煤矿井下粉尘检测需求。为了保障煤矿的安全生产、维护矿工的健康、消除井下作业的安全隐患，粉尘检测成为实现自动化降尘的关键步骤。粉尘来源与组成复杂，准确检测的难度相对较大。现有的粉尘浓度检测方法多种多样，通过粉尘浓度检测时得出数据的原理差别可分为取样法和非取样法[54]，其分类情况如图 3-1 所示。

3.1.1　取样法

取样法是将粉尘沉降下来进行检测的方法，即抽取一定量的含尘样本空气，通过滤膜、滤纸带等过滤装置将样本空气中的目标颗粒分离，然后通过其他技术手段计算出粉尘浓度。现在对取样法中普遍使用的几种检测方法进行介绍。

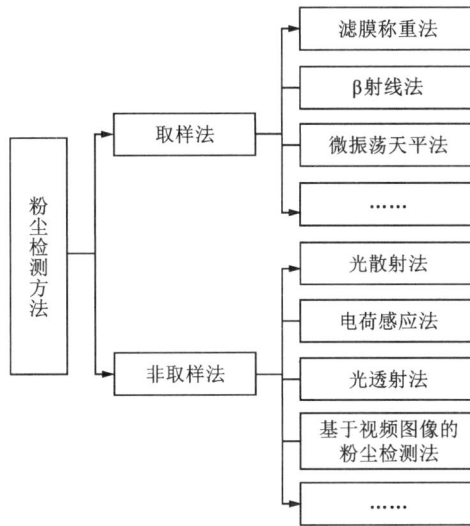

图 3-1 粉尘检测方法分类

(1)滤膜称重法

滤膜称重法是国际普遍认可的粉尘浓度检测的基准方法,也是最直接可靠的检测方法。在待测粉尘质量浓度的环境中抽取一部分体积为 V 的气体,通过已知质量的滤膜对样本空气进行过滤,实现气固分离,然后在恒温恒湿环境中利用天平称重得到过滤后样本的粉尘颗粒质量 m,根据下方公式计算得到粉尘浓度 C:

$$C = m/V \tag{3-1}$$

滤膜称重法测得的是粉尘的绝对质量浓度,误差小,精度高,不受粉尘物理化学特性的影响,高浓度、低浓度的粉尘环境都适用[55]。但是其操作步骤复杂且耗时长,实时性差,人为操作误差影响大,无法实现连续检测,因此通常适用于仪器标定和实时性要求不高的应用场合[56-57]。

(2)β 射线法

β 射线法是利用原子核衰变衰减时产生的高能电子流穿过滤带时发生的能量衰减来进行粉尘浓度检测的方法。β 射线在一定条件下能量恒定时,随着滤纸带上粉尘颗粒的堆积,其厚度逐渐增加,β 射线的能量也随之衰减,且符合一定的衰减规律。在进行粉尘浓度检测时,将含有粉尘的样本空气经采样泵抽吸后,封闭的气路将使粉尘颗粒截留在滤纸带上,经 β 射线照射后,通过测量 β 射线的衰减程度即可以获得空气中粉尘的质量浓度[58]。β 射线法与粉尘颗粒质量有关,不受粉尘颗粒其他物化性质的影响,且检测过程中的操作较为简单,与粉尘颗粒没有直接接触的需求,检测精度较高,稳定性较好,使用后的维护量较小。但是该方法响应速度较慢,检测时间较长,放射物的稳定性会影响检测结果的准确性,且滤纸带在高湿度的空气环境下容易断裂[59-60],实际应用中仍存在较大的故障率。

(3)微振荡天平法

微振荡天平法是基于石英振荡管的振荡特性展开的,振荡管为空心锥形管,振荡管底部相对顶部较粗,用夹具夹紧固定,顶部细端装有滤膜片,用来对样本空气中的粉尘颗粒进行收集,其结构如图 3-2 所示。

工作时,粉尘颗粒被滤膜片截流,顶部细端在电场的作用下会发生振荡,且振荡频率会随着顶部细端负重的增加而发生改变,根据天平振荡系数与粉尘颗粒质量的变化情况与样本空气的采样流量来计算颗粒的物质的量浓度。微量振荡天平粉尘浓度测量具有一定的实时性和准确性,目前普遍应用于污染浓度较低的区域或精密实验研究项目[61]。但在进行测量工作时,振荡管对其表面质量的变化十分敏感,受环境温度和样本空气、水汽含量的影响较大;当检测仪

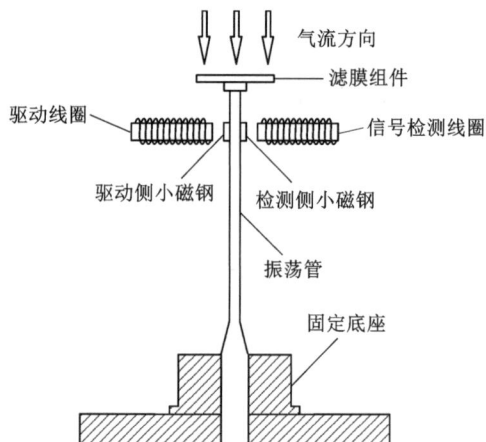

图 3-2 微振荡天平质量传感器结构

器的工作环境温度在 50 ℃ 以上时,粉尘颗粒物中挥发性物质易丢失,使得实际粉尘浓度与测量所得浓度产生偏差[62]。

3.1.2 非取样法

非取样法指的是不需要进行沉降取样,而是通过含尘气体中粉尘的物理化学性质等,间接地测量出烟气中烟尘浓度的方法,目前普遍使用的非取样法有光散射法、电荷感应法、光透射法等。

3.1.2.1 光散射法

光散射法以 MIE 理论为基础,当含有粉尘的样本空气受到某一恒定波长的单色光照射时,该光在固定散射角内的光强度会随着该光强度的变化而进行正向变化[63-64]。依照 MIE 理论,将选定波长和强度的光源对某一参数确定的气室内部进行照射,经该气室内的粉尘颗粒折射后,对确定角度范围的散射角内的光强进行强度检测,通过推敲强度检测结果与气室内粉尘浓度的关联性,继而求得样本空气中的粉尘浓度[65]。光散射法作为近几年粉尘检测方向的研究热点,得到了一定的发展,以光散射法为基本原理的检测设备体型小巧,方便携带,操作过程简便且噪声污染低,稳定性好,能对待测样本进行连续检测,可直读粉尘浓度测定结果。但是测定结果与粉尘颗粒本身物理性质及化学组成有关,且在使用时易受其他因素如相对湿度的影响[66-67],这使其使用范围受到了限制,同时该类仪器后期维护、清洁较为复杂,存在光学窗口污染,导致测量精度不够高,可靠性相对较差[68]。

3.1.2.2 电荷感应法

电荷感应法是通过对粉尘静电感应所带的电荷量进行直接测量,从而根据测量结果来间接确定其质量的方法[69]。进行粉尘浓度检测,将金属探头探入样本空气时,由于带电粉尘颗粒与探头会在狭小的空间内发生碰撞、摩擦和静电感应,这些动作会使探头上的电荷量发生变化,其中积累的大部分电荷量由静电感应产生,且电荷量的大小与粉尘颗粒的流量成正相关[70],可通过对金属探头表面电荷量的测量来获得检测结果。电荷感应法对粉尘灵敏度高,测量速度快,能够实现对粉尘浓度的在线监测,探头沾染粉尘颗粒后不影响其灵敏度,免维护、免清理。但由于颗粒之间、颗粒与气流之间、颗粒与探头之间产生的

电荷量难以区分,在进行样本空气粉尘浓度检测前需要对检测设备重新标定。不同来源的粉尘颗粒带电荷量不同,含尘气流流速对电荷法测量也会产生影响,流速过低时会对测量稳定性产生影响[71]。由于低速气流粉尘颗粒不能达到电荷感应法对粉尘颗粒与金属探头的碰撞要求,测量有效范围相对较小[72]。

3.1.2.3 光透射法

光透射法以朗伯-比尔定律为基本原理[73],当用光透射某一粉尘颗粒区域时,出射光会在粉尘颗粒对光的吸收和散射作用下发生强度衰减,光强衰减量与粉尘粒径分布、浓度有关联,通过对光强衰减程度的检测可进一步检测粉尘颗粒物浓度[74]。光透射法相比于光散射法,测量装置较为简单,进行高浓度粉尘检测时光透射法测量精度也相对较高,但由于在小空间内光的衰减对待测粉尘浓度的灵敏度不高,动态范围较小,不适用于粉尘浓度较低的场合[75]。而井下环境复杂,湿度较大,煤尘颗粒黏附在晶体表面不容易被清理,需要定期检查其洁净情况。

3.1.2.4 基于视频图像的粉尘检测法

视觉是人类感知外部的重要途径。机器视觉系统在组成上一般包括工业相机、负责采集图像的软件、图像处理的软件、判断与执行这几个部分[76]。其中视觉技术最为基础的就是图像采集,采集模块主要由摄像头和视频传输网络等组成;智能图像处理模块和决策模块是机器视觉中比较重要的部分。

以本书研究的粉尘检测算法系统为例,其主要包括了工业相机、处理数据模块和粉尘检测算法识别软件,最后是上位机软件接收粉尘相关信号,再去输出信号控制执行后续的降尘等操作。

显微成像分析法所涉及的测量设备主要是由两个部分所构成:一是下位机,主要用途为收集粉尘图片,并通过设计建立粉尘收集系统,在设备内安置了显微镜头,并通过放大粉尘颗粒,进而通过 CCD 摄像头收集了经显微放大后的粉尘图片[77];二是图像分析上位机,主要用于分析采集到的粉尘图像,其中分析粉尘图像的主要操作包括滤波处理、像素增强、阈值分割、运动模糊恢复等,经过以上图像处理后同时分析粉尘图像,然后在上位机上面显示[78]。

图像处理算法是机器视觉技术的核心,针对如何获得图像形态特征的问题,我们可以采用两种方法,一是传统算法,二是深度学习算法。对于传统图像处理算法来说,大致包括三个步骤:一是图像预处理与目标特征区域选择,二是使用特征算子进行特征提取,三是借助分类器进行特征筛选和目标识别[79]。目前深度学习的目标检测应用非常广泛,如在行人检测方面[80]、煤矸石识别[81]、口罩检测[82]方面都得到了应用。

Grasa 等[83]发现了粉尘浓度和图像的灰度值有关系,后通过实验发现其是对数关系;Obregón 等[84]从粉尘颗粒不满足 MIE 散射理论进行研究,得出一种新的粉尘浓度计算方法;吴婕萍[85]提出粉尘质量浓度和图像透光率是负相关的关系,她尝试用这种方式来测量粉尘浓度,通过实验验证得到了图像透光率特性可以应用于粉尘浓度测量的结论,最后证明该方法可以降低两大外界影响对视觉测量精度的影响,包括光散射和粉尘颗粒遮挡;陈峰[86]结合图像成像原理,推导出图像灰度值与质量浓度呈线性关系,并确定了其标定关系和标定系数。

针对视频图像只需要对相机做防爆处理,而且使用视频图像处理具有直观、非接触、视角范围广等优点，更容易做到实时性，加上近年来深度学习算法发展较快，目标检测算法也在不断进行更新迭代，这使得利用深度学习算法进行粉尘检测成为了可能，大大降低了视觉检测的门槛。

接下来介绍煤矿粉尘视觉检测系统采用 Yolov5 的目标检测方法：①摄像头安装方便，能够避免其他粉尘传感器安装附带的设备体积的增大，而防爆相机体积相对较小，粉尘检测中的图像采集与检测粉尘主要由相机完成，同时负责人员可以通过相机传回来的画面查看现场工作情况，方便对设备运转进行干预，也能观察到井下的安全状况；②近年来深度学习算法日益发展，与传统的机器视觉技术相比较，深度学习算法会有更好的泛化性，同时在鲁棒性上也有一个较大的提高，因此尝试将深度学习算法用于粉尘检测，来完成本次的任务。

机器视觉在我国的研究开发和应用相对较晚，近几年，一些机器视觉产业发展迅速，相应的设备和设施也得到了蓬勃发展，同时工业对智能化和自动化的要求非常迫切，促使相关技术进入了快速发展的时期。在此过程中，"机器视觉"也得到了很多企业的支持，图像处理与分析的手段越来越多，附带的产品也是越来越多样化，摆脱了特殊场合才能使用的弊端，也慢慢形成了一套完整的产业链，涉及行业的各个方面。当前机器视觉技术有以下几个趋势：

①未来将会应用到嵌入式产品中[53]。以微处理器为核心的系统不断开发，比如以 DSP、FPGA 等为基础的视觉系统。而且嵌入式系统利用 C 语言进行开发，移植性强，接口丰富，运行简单且效率高，非常适合对视觉系统进行开发。

②与 AI 融合的趋势[87]。由于视觉系统在运行时会产生大量数据，对系统造成大量负荷，而且近几年深度学习算法的应用越来越成熟，智能优化算法发展迅速，高性能图像处理芯片出现并被应用，AI 技术将会使视觉系统主动感知环境的能力加强，以快速找到有用信息，做出更为准确的判断，减少数据的产生。

③机器视觉的产品越来越智能化、数字化和实时化[53]。机器视觉在前期处理过程中，需要将采集的图像转变成数字化的表现方式，经过处理之后的控制与执行模块需要进一步智能化，另外在处理时需要进一步提升实时性。

煤矿粉尘在视觉上会展现出自身的形态与颜色特征，因此可以通过摄像机等视觉设备捕获到粉尘图像，再由相关的图像处理算法实现对粉尘图像的处理，获得我们想要的粉尘特征。

3.2 基于改进 Yolov5 的粉尘检测系统的设计研究

对使用的 Yolov5 目标检测方法原理进行了阐述，对各部分组成进行了详尽的说明，在此基础上对算法进行了改进，提高了粉尘目标的检测精度，最后通过实验验证了本书改进算法的准确性和实时性；通过性能测试验证了算法的有限性，证明了改进的算法能够用于实际的粉尘检测场景中。

3.2.1 Yolov5 网络结构及检测原理

Yolov5 有 4 个版本，分别是 Yolov5s、Yolov5m、Yolov5l 和 Yolovx。本节以 Yolov5s 为基础进行说明，对模型的改进也是基于此版本进行的，另外几种结构原理与之相似，改进是在 Yolov5s 的基础上对网络结构进行的更改。Yolov5s 的输入图像大小为 640×640，下面将从各个组成部分介绍 Yolov5 的网络结构。

3.2.1.1　Yolov5 网络结构

①CBL 模块：主要是由卷积 Conv、批量归一化层和激活函数（Leaky-Relu[88]）三部分组成，如图 3-3 所示。

②Focus 模块：如图 3-4 所示，该模块是将输入的图像进行 slice，可以理解为切片操作，然后再将结果拼接，最后连接一个 CBL 模块。

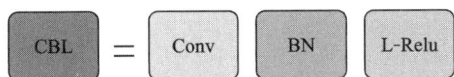

图 3-3　CBL 模块

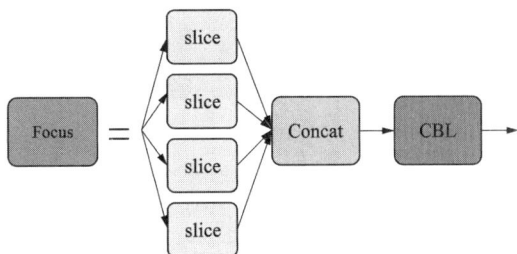

图 3-4　Focus 模块

与 Yolov4 结构相比，Focus 结构是 Yolov5 中新加入的结构，其重点是对输入图像进行切片操作。Focus 结构的重点是优先处理未进入主干网络的图像，相当于是预处理操作，具体流程是对像素点做隔取操作，这样一张图像就变成四张，可以理解成下采样。最终结果是图像尺寸由 640×640×3 变成 320×320×12，这就意味着，此过程将 3 通道转化成了 12 通道，这样图像原本的信息就过渡到了通道空间。最后经过图 3 的卷积操作，得到 320×320×32 的下采样特征图。Focus 结构具体流程过程如图 3-5 所示。

③SPP 模块：如图 3-6 所示，SPP 模块主要采用最大池化操作，池化分别是 1×1、5×5、9×9 和 13×13，在此之前先经过 CBL 模块，最后再将所得结果拼接，得到融合后的结果。

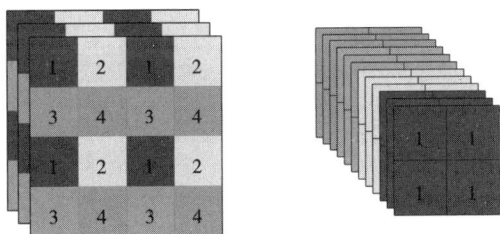

图 3-5　Focus 结构中切片操作过程

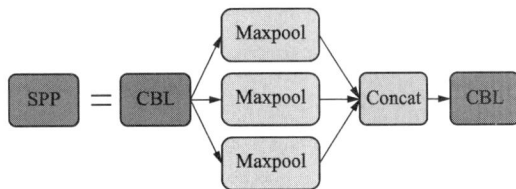

图 3-6　SPP 模块

④CSP1 和 CSP2 模块：思想来源于 CSPNet，由 CNN、CBL 和 Res Unit 模块构成。其中 Res Unit 模块来源于 ResNet，由两个 CBL 组成，如图 3-7 所示。

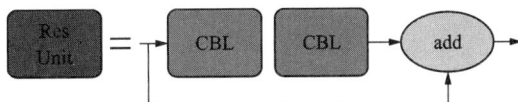

图 3-7　Res Unit 模块

CSPNet 设计的目的是能够有效降低检测时的推理时间[89]。CSPNet 结构的具体改进如下：首先是提高卷积神经网络的学习能力，然后再保证网络的准确性，同时确保轻量化；减少内存消耗以及训练瓶颈。CSPNet 将位于最下层的特征图分成两部分，这是在通道维度上进行的，一部分要经过稠密块处理，这部分主要是全连接层去处理，另一部分直接与上层的特征图结合，这样能大大减少模型计算量，而且能保证检测时的准确性和推理速度。CSP1_X 和 CSP2_X 的模块结构如图 3-8 所示。

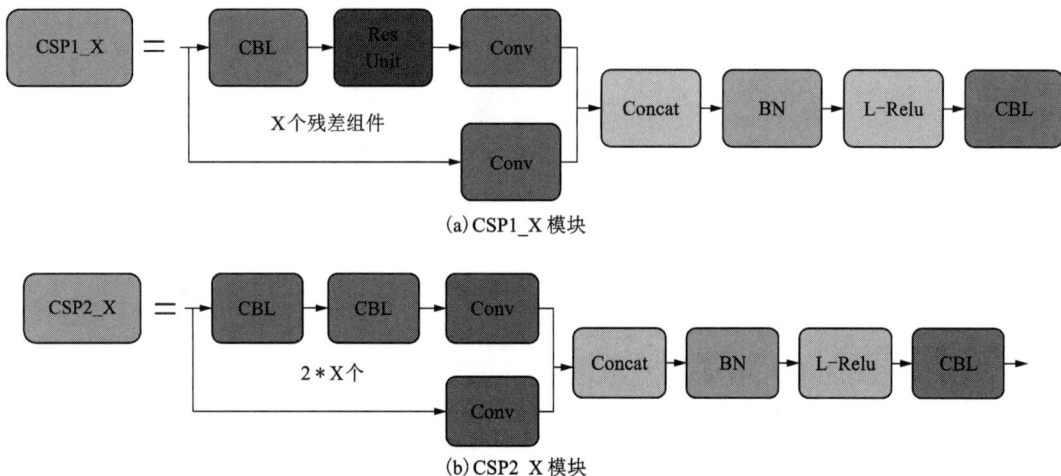

(a)CSP1_X 模块

(b)CSP2_X 模块

图 3-8　CSP 结构

不仅 Yolov4 保留了这种思想，Yolov5 网络结构中也继续沿用。Yolov4 将 CSPNet 用在了主干网络中，而 Yolov5 不仅将此结构用在了主干中，而且用到了 Neck 中，网络的继续沿用主要是为了加强网络的学习能力，使之能学习到更多的物体特征。

在面对目标检测性能问题时，能将 CSPNet 作为改进骨干网络的主要方法，该方法能够提升目标检测时的性能，还能减少计算量，提升推理的速度[90]。图 3-9 是 Yolov5 的整体结构。

从图 3-9 中可以看出，Yolov5 由输入端、Backbone、Neck 和 Prediction 四部分组成。在 Backbone 中，Yolov5 首先经过 Focus 模块，对输入图像进行预处理操作，就是通过切片操作将输入图像通道扩张为原来的 4 倍，再经过 CBL 模块，这样有利于减少计算量，提高计算速度。利用 CSP 模块增强网络检测性能，减少计算量，最后利用 SPP 模块扩大主干特征的提取范围。Neck 部分主要包括 FPN 和 PAN 结构，FPN 和 PANet 在上一小节有详细介绍，此处不再赘述。网络中的语义信息是通过 Neck 的特征金字塔传递的，传递方向是自上而下，PAN 则与之相反，传递信息自下而上，然后聚合在一起，最后将提取到的语义信息和定位信息融合，同时再与主干特征层进行特征融合，丰富模型特征信息。为了更直观地表示融合过程，绘制了如图 3-10 所示的结构图。

Neck 部分接受来自如图 3-10 中主干网络虚线层的输出，其输出的特征图分别为输入图像的 1/8、1/16 和 1/32。假设输入图像为 3×640×640，输出到 Neck 中的分别为 128×80×80、256×40×40 和 512×20×20，则 Neck 部分会将主干网络输出的特征图进行上采样操作，

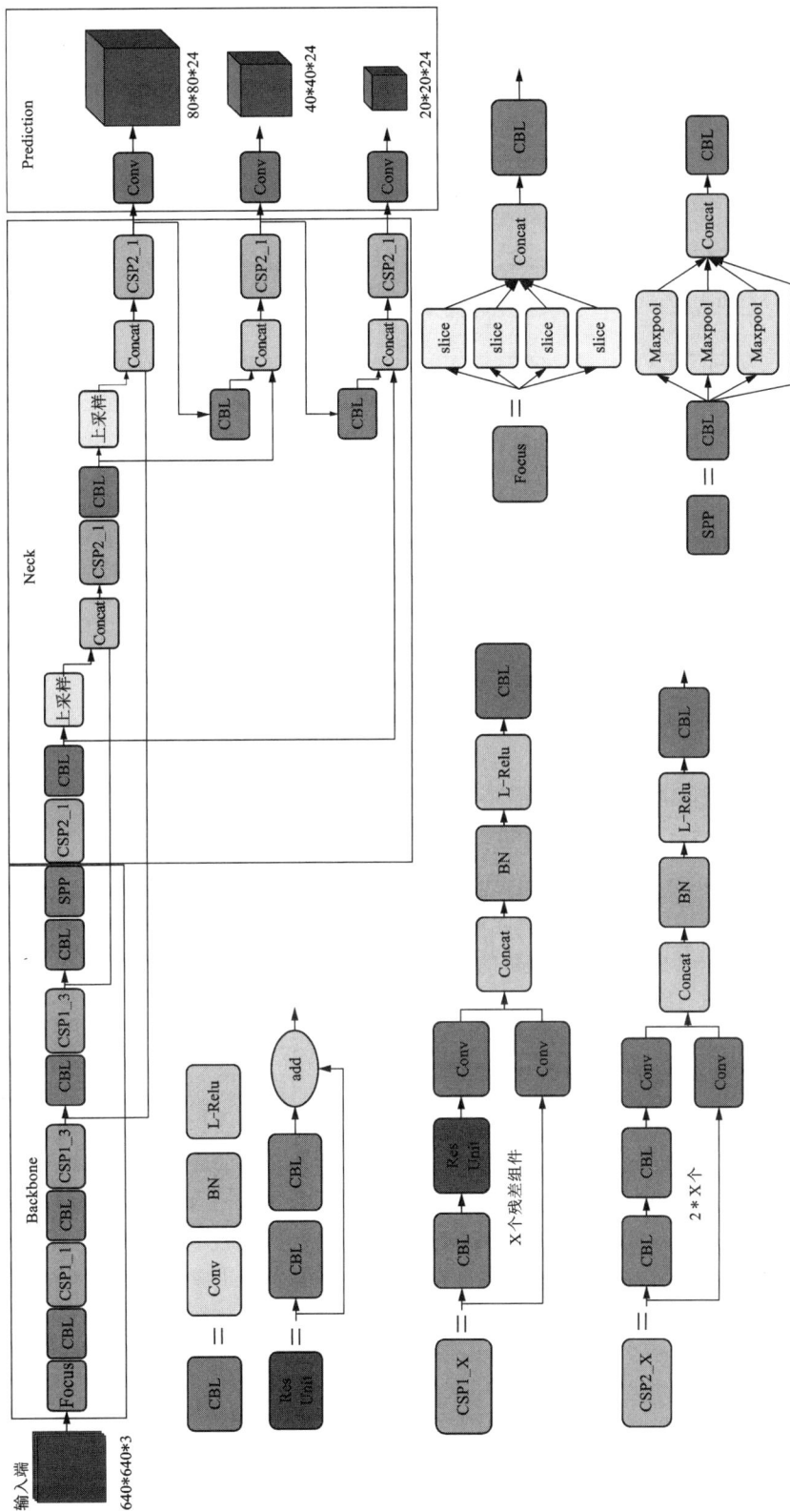

图 3-9　Yolov5 网络整体结构

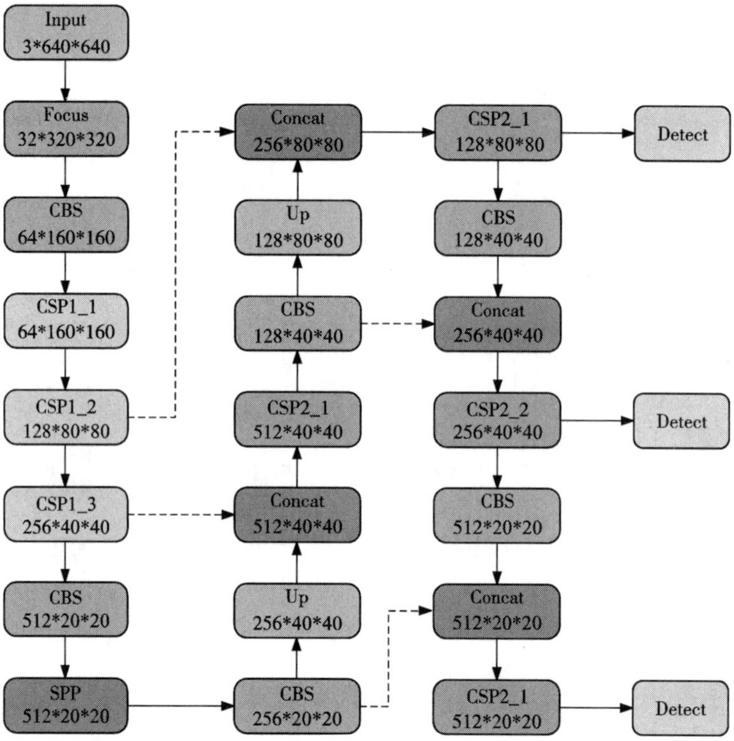

图 3-10 Yolov5 网络结构(FPN 和 PAN)

上采样的方式是将最深层次的特征图进行操作,然后去和其他的特征图进行拼接,之后继续提取特征,不断地将深层次的小分辨率特征图融合到较高分辨率的特征图中,最后将得到的三个融合结果输出到检测头(Detect)中。

检测头的作用是输出图像目标的识别结果,其中主要就是进行卷积操作,将经过主干网络和 Neck 网络得到的特征图大小转变成我们需要的分类数量,也就是改变通道数,使之适合输出的类别数,即通道数量变换成了 $na×(5+nc)$,其中 na 代表框的总数,nc 为本书数据集中的粉尘分类的数量。

3.2.1.2 Yolov5 检测原理

①输入端:对输入进来的图像进行尺寸上的调整,主要是方便做回归处理。尺寸调整的大小是网络上人为提前设置好的,但是不对数据集的图片尺寸进行限制,然后将图像切割成 S×S 的网格,在输出层得到目标的置信度以及目标类别。在 Yolov5 中,输入图片尺寸为 640×640,三个检测层输出不变,这三个检测层将图片尺寸划分为 20×20、40×40 和 80×80。Yolov5s 网络在输入端设置了图像自动调整函数,可以自动地调整好我们需要的图像尺寸。我们将图片的大小设置为 640×640,因此经过自动调整函数后,数据集中的图片就会变成 640×640。具体的公式表示如式(3-2)所示,式中 w_i 和 h_i 表示宽高,w_o 和 h_o 代表人为设置的大小。

$$scale = \min\left(\frac{w_i}{w_o}, \frac{h_i}{h_o}\right) \qquad (3-2)$$

②输出层和损失函数:输出层旨在对目标进行识别,主要是输出目标的分类情况和置

信度。损失函数的使用主要是为了判定网络模型训练结束时能否收敛。损失函数的选择在一定程度上能够判断网络性能的好坏。所以在训练神经网络时,要选择合适的损失函数,并且还能使损失函数变得低,直到稳定到一个较小的值,也就是稳定状态——收敛。

其中,损失主要有置信度和类别两个方面的损失,如式(3-3)所示,公式中包含了两部分,分别是存在目标和不存在目标两类损失,相加到一起,构成总损失。

$$\sum_{b=0}^{B}\sum_{s=0}^{S*S}I_{bs}^{obj}\left[\widehat{C}_{bs}\lg(C_{bs})+(1-\widehat{C}_{bs})\lg(1-C_{bs})\right]$$

$$\text{Loss}_{nobj}=-\gamma_{nobj}\sum_{b=0}^{B}\sum_{s=0}^{S*S}I_{bs}^{nobj}\left[\widehat{C}_{bs}\lg(C_{bs})+(1-\widehat{C}_{bs})\lg(1-C_{bs})\right] \tag{3-3}$$

式中:I_{bs}^{obj} 表示图像中的预测框是否存在目标,主要是负责该网格对分类的预测;$\widehat{C}_{bs}$ 代表该网络的整体预测,负责为1,不负责为0;C_{bs} 表示置信度;I_{bs}^{nobj} 表示图像中的预测框无目标分类。

式(3-3)为分类目标的类别损失,采用的计算方式是交叉熵。如果图像中有我们标注的分类信息,就会在输出层输出这个分类的概率,但是有时候会出现多个预测结果,这时就需要取最大的结果为最终的结果。

$$\text{Loss}_{pre}=-\sum_{s=0}^{S*S}I_{s}^{obj}\sum_{c=\text{preclass}}\{\widehat{P}_{s}(c)\lg[P_{s}(c)]+[1-\widehat{P}_{s}(c)]\lg[1-P_{s}(c)]\} \tag{3-4}$$

式中:I_{s}^{obj} 表示预测的目标;preclass 表示目标分类的种类数;$\widehat{P}_{s}(c)$ 代表判断是否正确;$P_{s}(c)$ 为分类的概率,且这个值越大表示损失越小。

从图 3-10 中可以看出,Yolov5 网络是输出了三个维度的预测向量,即输出的分类目标的所有结果。使用相同的卷积进行计算,如式(3-5)所示,3 代表两个缩放尺度和两个偏移尺度,1 代表分类目标所属的预测框的概率,classes 为粉尘数据集中的分类数,网络输出预测框所代表的目标类别的检测概率,输出其中的最大值。图 3-10 输入的数据集类别数为 3,因此最终输出为 $S*S*24$。

$$D=3*(4+1+\text{classes}) \tag{3-5}$$

3.2.2　改进 Yolov5 网络结构及模型搭建

在每个神经网络中都会有负责提取特征的主干网络,当神经网络中输入图像时,就会通过卷积网络等结构进行图像特征的提取,提取的特征会根据网络层次的不同分为浅层特征和深层特征。浅层特征就如图像中目标物的边缘、颜色或者纹理等;深层特征就如一些比较抽象的信息,比如语义信息。我们要获取这些特征,一个好的主干网络是不可缺少的。但是我们将这些复杂的神经网络应用到实际当中时,总会发生一些问题,比如精度达不到预期的结果。究其原因主要是因为网络模型首先是来自实验室,并没有真正用到工业中;其次就是一些训练网络的设备资源是极其有限的,这就导致了训练过程会很慢,应用到实际中时,性能就会较差。基于此,降低模型参数量,进行模型轻量化研究有重要意义。比如轻量级的网络 Mobilenet、Shufflenet 和 Ghostnet[97] 等,这些网络的出现就是为了解决上述问题,首先会大幅度减少网络的计算量,检测时的时间也会减少,FPS 也会越来越大,实时性也越来越强。Mobilenet 能大幅度减少计算量,同时还能保证对目标检测的精度,所以轻量级网络更适用于计算资源不是很好的场合。

3.2.2.1 MobileNet 网络结构

MobileNet 网络最核心的优势就是能够降低运算量, 加快计算速度, 其体积小、速度快的特点保证了它最核心的优势能够发挥出来, 而且还能够将网络部署到嵌入式设备上。其主要特点是深度可分离卷积的设计, 这包含了深度卷积和点卷积两部分, 深度卷积 (depth-wise) 是在通道上提取特征, 提取到的特征会被点卷积 (point-wise) 融合到一起, 这样信息就会在通道之间进行交流, 用这样的组合方式代替普通卷积, 这样的设计能使模型的参数量有效降低, 最终网络的计算量和参数量能够减少 1/9, 深度可分离卷积已经介绍过, 这里不再赘述。

MobileNet 网络结构如表 3-1 所示, 表中具体展示了每一层的具体结构操作, 其中 Conv 表示进行卷积操作。

表 3-1　MobileNet 网络相关数据

Type/Stride	Filter Shape	Input Size
Conv/s2	3 * 3 * 3 * 32	224 * 224 * 3
Convdw/s1	3 * 3 * 3 * 32dw	112 * 112 * 32
Con/s1	1 * 1 * 32 * 34	112 * 112 * 32
Convdw/s1	3 * 3 * 64dw	112 * 112 * 64
Conv/s1	1 * 1 * 64 * 128	56 * 56 * 64
Convdw/s2	3 * 3 * 128dw	56 * 56 * 128
Conv/s1	1 * 1 * 128 * 28	56 * 56 * 128
Convdw/s2	3 * 3 * 128dw	56 * 56 * 128
Conv/s1	1 * 1 * 128 * 28	28 * 28 * 128
Convdw/s1	3 * 3 * 128dw	28 * 28 * 256
Conv/s1	1 * 1 * 128 * 256	28 * 28 * 256
Convdw/s2	3 * 3 * 256dw	128 * 28 * 256
Conv/s1	1 * 1 * 256 * 512	14 * 14 * 256
5 * Convdw/s1	3 * 3 * 512dw	14 * 14 * 512
Conv/s1	1 * 1 * 512 * 512	14 * 14 * 512
Convdw/s2	33512dw	14 * 14 * 512
Conv/s1	1 * 1 * 512 * 1024	7 * 7 * 512
Convdw/s2	3 * 3 * 1024dw	7 * 7 * 1024
Conv/s1	1 * 1 * 1024 * 1024	7 * 7 * 1024
Avg Pool/s1	Pool7 * 7	7 * 7 * 1024
FC/s1	1024 * 100	1 * 1 * 1024
Softmax/s1	Classifier	1 * 1 * 1000

随后 MobileNetv2 引入倒残差模块和线性瓶颈结构[91]，保留了高维的特征空间，这样做的目的是减少激活函数产生的影响。MobileNetv2 的具体结构和倒残差的 bottleneck 结构如图 3-11 所示，MobileNetv2 的网络结构如表 3-2 所示。

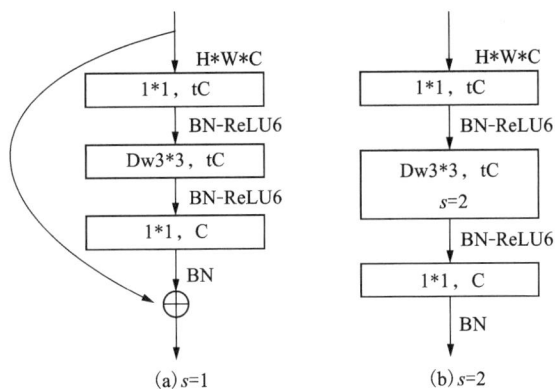

图 3-11　MobileNetv2 的倒残差 bottleneck 结构

表 3-2　MobileNetv2 的网络结构

滤波器	输入尺寸	扩张倍数	输出通道数	迭代次数	步长
Conv	224×224×3	—	32	1	2
bottleneck	112×112×32	1	16	1	1
bottleneck	112×112×16	6	24	2	2
bottleneck	56×56×24	6	32	3	2
bottleneck	28×28×32	6	64	4	2
bottleneck	14×14×64	6	96	3	1
bottleneck	14×14×96	6	160	3	2
bottleneck	7×7×160	6	320	1	1
Conv(1 * 1)	7×7×320	—	1280	1	1
AvgPool(7 * 7)	17×7×1280	—	—	1	—
Conv(1 * 1)	1×1×1280	—	—	—	—

MobileNetv3 作为 MobileNet 系列的第三个版本，被 Google 公司率先提出[92]。作为一种新的轻量化网络，它的性能较之前两代有了很大的提升，网络结构与前两代相比也做了很大改进，它包括两种模型结构——MobileNetv3-Large 和 MobileNetv3-Small，两者都是基于非极大值 NMS 实现的，分别为网络参数量大的模型和参数量小的模型，我们可以根据实际情况选用网络结构。

MobileNetv3 中比较重要的结构，称为 bottleneck 层，如图 3-12 所示，每层有三个卷积层，当进行计算时先经过逐点卷积层 PW1，对输出的结果进行归一化处理后，再添加非线

性激活函数；位于第二层的深度卷积 DW 与第一层处理过程相似，都是加入了标准化和非
线性激活函数；最后一层的 PW2 逐点卷积层，与前面两层的不同之处在于激活函数换成
了线性激活函数，bottleneck 层的模型结构如图 3-12 所示，它主要有四个特点：

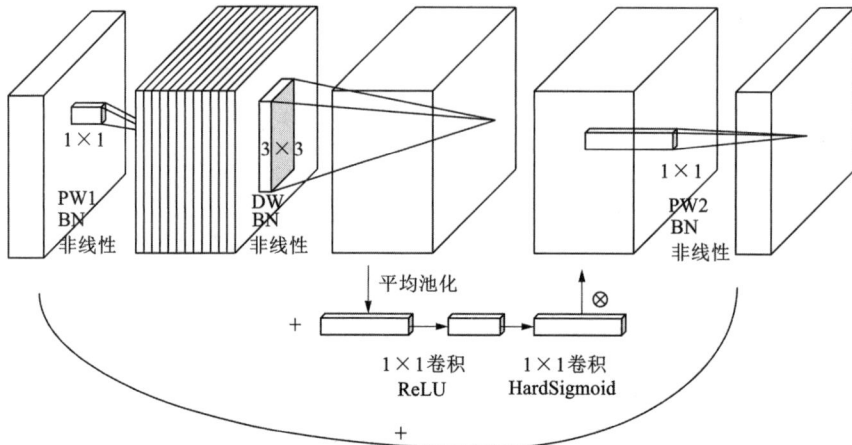

图 3-12 具有线性瓶颈的倒残差结构

①首先增加输入特征的维度，方式是采用逐点卷积，这是在进入深度可分离卷积之前
必须进行的，MobileNetv2 中就是使用这种方法使特征图维度提高的，这样能使模型学习到
更多的数据，即充分体现输入进来的输入图像的细节信息，提高模型性能。

②线性激活，最后一层相反，换成了线性激活函数而不是非线性激活。假如在实验中
在卷积层后面加入 Relu 激活函数，实验测试表明，模型中会存在无效神经网络。PW2 层
不使用激活函数，直接进行下一步操作，能够避免出现无效神经元，并提高模型性能。

③跳跃连接，该结构的设计往往出现在网络结构较深的情况下，因为在深层的网络中
容易出现梯度消失问题，该结构设计的目的就是防止梯度消失，使训练进程得以加快。具
体做法是，判断 bottleneck 层的输入特征图尺寸，当尺寸和最终的特征图一致时（这里的一
致也包括通道数），再将两者通过 PW2 层相加，输出到另一个 bottleneck 层。

还有比较重要的一点是引入了 SE 模块，其想法来自 SENet。SE 模块的计算步骤如下：
设 DW 层输出设置为，DW 层是先进行计算，同时池化采用平均池化；然后是两个 1×1 的
卷积，这里有一个前提，即保证输出是 1×1，才能保证后续计算不会出错，主要是由第二个
1×1 的卷积保证计算结果的正确性；然后再与原有的层进行乘法计算，这是在通道上得出
的计算结果，可以理解成权重的计算，重要的权重较大；然后进行下一层的计算。上面计
算的核心要点是第二个 1×1 卷积，通过控制它确定输出的结果大小，然后再做乘法运算，
与 DW 层相乘，为下面的输入做准备，从而把握特征图上重要的细节，削弱不重要特征的
关注度，即专门注意我们想要关注的信息，从而有较强的针对性。同时还要理解 Squeeze
操作，其是使用平均池化，得到的一个尺度因子，但是这个尺度因子是伪尺度因子，真实
的尺度因子是通过网络训练得出的，不是单独的 batchsize，这也是会在末尾使用全连接层
的原因。

④网络结构改进，为保证提高检测精度和减少推理时间两者之间的平衡，MobileNetv3 对

网络进行了改进。首先，调整增加维度的 1×1 卷积的位置，由原来放在平均池化之前调整到之后。结果是，特征图先是通过 7×7 的卷积核进行降维，方便后面计算，然后再通过 1×1 的卷积进行升维，最终计算量能够减少 49 倍。其次，为进一步减少网络的计算量，MobileNetv3 删除了瓶颈结构中的 3×3 和 1×1 的卷积。最后，在不降低检测精度的前提下，MobileNetv3 将原来头部的通道数进行了降维操作，由 32×3×3 的卷积核降成了 16×3×3，这样做的好处是降低了 3 ms 的网络推理速度。MobileNetv3 具体网络结构如图 3-13 所示。

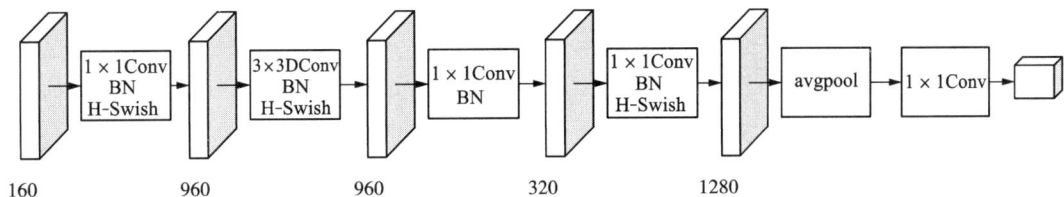

(a) MobileNetv2 最后网络结构

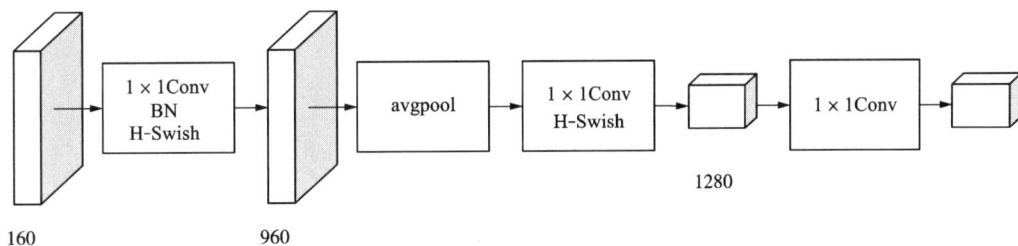

(b) MobileNetv3 最后网络结构

图 3-13　网络结构改进

图中的 H-Swish 是改进后激活函数，特点是对非线性比较敏感，可以有效提高精度，如式 (3-6) 所示：

$$\text{H-Swish}\,[x] = \frac{x \cdot \text{ReLU6}(x+3)}{6} \qquad (3-6)$$

其中 Swish 函数如式 (3-7) 所示：

$$\text{Swish}(x) = x \cdot \sigma(x) \qquad (3-7)$$

综上，MobileNetv3 在经过以上改进后，能在检测任务中表现出较高的准确性和较快的检测速度。与传统的神经网络相比较，MobileNetv3 的模型尺寸做得更小，这为其用于嵌入式设备和移动端设备提供了良好的基础。表 3-3 为 MobileNetv3 的网络结构表。

表 3-3　MobileNetv3 网络结构

Input	Operator	Exp size	Out	SE
402×3	Conv		16	
402×16	Bneck，3×3	16	16	

续表 3-3

Input	Operator	Exp size	Out	SE
402×16	Bneck, 3×3	64	24	
202×24	Bneck, 3×3	72	24	
202×24	Bneck, 3×3	72	40	√
102×40	Bneck, 3×3	120	40	√
102×40	Bneck, 3×3	120	40	√
102×40	Bneck, 3×3	240	80	
52×80	Bneck, 3×3	200	80	
52×80	Bneck, 3×3	184	80	
52×80	Bneck, 3×3	184	80	
52×80	Bneck, 3×3	480	112	√
52×112	Bneck, 3×3	672	112	√
52×112	Bneck, 3×3	672	160	√
32×112	Bneck, 3×3	960	160	√
32×160	Bneck, 3×3	960	160	√
32×160	Conv, 1×1		960	
32×960	Avgpool, 2×2		960	

3.2.2.2 GhostNet 网络结构

GhostNet 于 2020 年由华为团队的 Kai Han 提出。MobileNet 中为减少模型参数量采用了逐点卷积的方式[93]，但是 Kai Han 认为在使用 1×1 卷积时仍会产生一些额外的计算量，并且在使用多次卷积后会产生特征冗余，因此，Ghost 基本单元被提出用来解决以上问题。

一般情况下，特征图是由卷积层计算得到的，而 GhostNet 网络中的特征图是由基本单元提取的，也就是 Ghost，其利用的核心思想是线性变换，采用这种方式来减少训练过程中的计算量，如图 3-14 所示，图 3-14(a)为传统卷积方式生成图，图 3-14(b)为 Ghost 生成特征图方式。

假设设置的数据为 $X \in \hat{R}(c \times h \times w)$，其中 c 是通道数，h、w 分别为高和宽，滤波器为 $f \in \hat{R}(c \times k \times k \times n)$。假设卷积核大小为 k，卷积核数量一共是 n，偏置项设为 b，$*$ 代表卷积操作，输出有 n 个通道的特征图用表示。可用式(3-8)计算普通卷积：

$$Y = X * f + b \tag{3-8}$$

其中 FLOP 计算量为 $X * f$。在实际的模型中 n 和 c 往往都会非常大，那么 FLOP 数量将会非常巨大，从而产生巨大的计算量。上面提到的在普通卷积中会产生冗余，假定减少冗余，采用更少的卷积核生成不带冗余的特征图，设这种方式的卷积核为 $f' \in \hat{R}(c \times k \times k \times m)$，$m \leqslant n$，同时去掉偏置项 b 从而简化操作，$Y' \in R'(h' \times w' \times m)$ 表示简化后生成的特征图，可用式(3-9)表示这种过程：

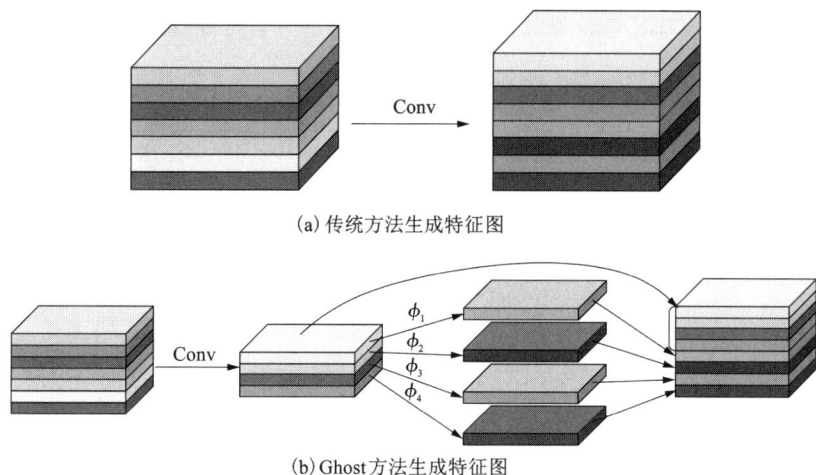

(a) 传统方法生成特征图

(b) Ghost方法生成特征图

图 3-14　传统卷积和 GhostNet 生成特征图的方式

$$Y' = X * f' \tag{3-9}$$

之后对得到的结果做一系列的线性运算,得到 L 个特征图,生成 Ghost 特征图,公式如式(3-10)所示:

$$y_{i,j} = \phi_{i,j}(y_i'), \ \forall i = 1, \cdots, m, j = 1, \cdots, l \tag{3-10}$$

式中 y_i' 为特征图第 i 个特征图, $\phi_{i,j}$ 表示生成的 j 个 Ghost 特征图 $y_{i,j}$ 的第 j 个线性操作。利用公式(3-10)可以得到 $n = m×l$ 个特征图 $Y = [y_{11}, y_{12}, \cdots y_{ml}]$,最终利用 Ghost 模块计算量为 $m×h'×w'×c×k×k$,线性操作的计算量为 $(l-1) \ m×h'×w'×d×d$, $m≪n$,且 $n = m×l$,推导出 GhostNet 最终计算量公式(3-11)为:

$$\frac{n×h'×w'×c×k×k}{\frac{n}{l}×h'×w'×c×k×k+(l-1)×\frac{n}{l}×h'×w'×d×d} \approx \frac{c×l}{l+c-1} \approx l \tag{3-11}$$

可以得出 GhostNet 计算量比普通卷积少很多。

GhostNet 网络结构在 Ghost 单元的基础上设计了 Ghost bottleneck (G-bneck)结构,如图 3-15 所示,其基本组成单位是两个 Ghost 基本单元,其中第一个是为了增加通道数和膨胀层,膨胀比例由输出通道与输入通道的比值确定;第二个主要是对宽高进行压缩,变为原来的 1/2,进行通道匹配。

GhostNet 以 Ghost 为基础组件的网络结构,如表 3-4 所示,其在一些 Ghost 中使用了 SE 注意力模块,从

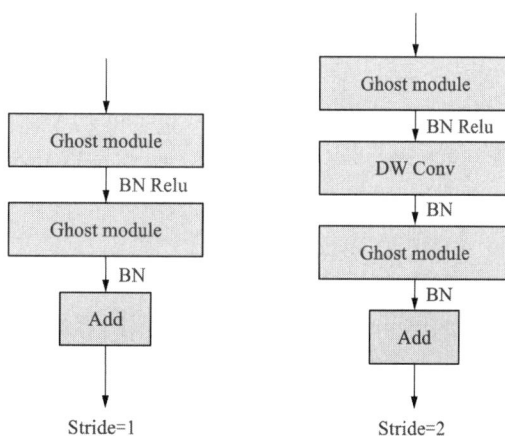

图 3-15　Ghost bottleneck 模块结构示意图

表中可以看出，首先进行的是标准卷积层的计算，之后利用 G-bneck 实现通道数量的增加，然后利用全局平均池化和标准卷积改变特征图的尺寸，将尺寸变为 1×1×1280。

表 3-4   GhostNet 网络结构

Input	Operator	Exp size	Out	SE	s
224×224×3	Conv2d		16		2
112×112×16	G-bneck	16	16		1
112×112×16	G-bneck	64	24		2
56×56×24	G-bneck	72	24	√	1
56×56×24	G-bneck	72	40	√	2
28×28×40	G-bneck	240	40		1
28×28×40	G-bneck	240	40		2
28×28×40	G-bneck	184	80		1
14×14×80	G-bneck	184	80		1
14×14×80	G-bneck	480	80		1
14×14×80	G-bneck	672	80	√	1
14×14×80	G-bneck	672	112	√	1
14×14×112	G-bneck	960	112	√	2
14×14×112	G-bneck	960	160		1
7×7×160	G-bneck	960	160	√	1
7×7×160	G-bneck	960	160		1
7×7×160	Conv2d		960	√	1
7×7×960	Pool7×7				
1×1×960	Conv2d		1280		1
1×1×1280	FC		1000		

3.2.2.3 注意力机制的添加

在目标检测的深度学习网络中，特征图的表示方式是 $B×C×H×W$。在已有的神经网络上，通过建模特征通道间的相互关系，或不同空间位置之间的相互依赖关系，可在目标检测网络中实现基于注意力的机制[94]。

（1）通道注意力模块

图像的细节信息往往是由特征图的不同通道所确定的，比如纹理、形状、目标方向、颜色、空间关系等，这些基础图像特征就是包含在不同通道中的，这些信息通常用浅层特征图表示；而深层次特征图代表的往往是更加深层次的抽象表达，需要挖掘更加深层的通道信息；深层次的网络通道维度能达到 512 甚至 1024，上面提到的细节特征往往都是公平对待的。然而，在实际的目标检测任务中，我们不需要特征图提取到全部的特征细节，往往只需要关注我们想要检测的特征,这些我们想要的特征对检测结果起着重要的甚至是决定性的作用。因此,通过注意力模块可以学习我们认为更加重要的参数,而减少不必要参数的学习,通过这样的方式可以得到每一部分的权重,根据得到的权重去抑制不必要的特征,加强重要特征所发挥的作用。

通道注意力模块具体结构如图 3-16 所示,其中 r 为缩放比例。实现的具体步骤主要有:减小输入的特征图的尺寸,也可以理解成降维,分成两种方式,一种是 maxpool 最大池化,另一种是 avgpool 平均池化,通过这两种方式得到下一步的 FC 层,FC 层包含得到的全局信息。接着学习通道与特征之间的关系,由图中可以看出,采用的是全连接层和 Relu 激活函数,Relu 后面又添加了一层 FC 层,这样就组成了共享 FC 层。全连接层的作用是使特征在通道之间的传递畅通无阻,而非线

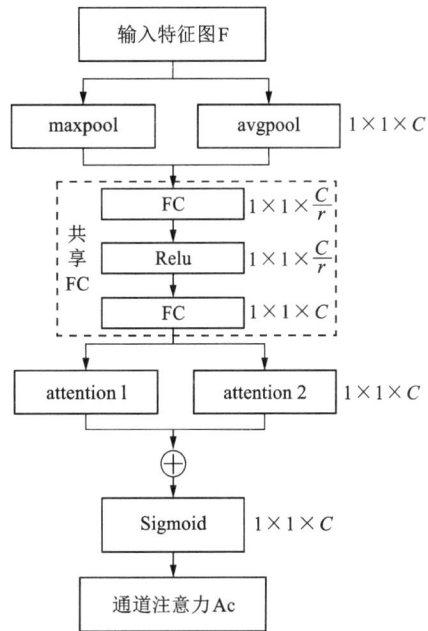

图 3-16　通道注意力模块

性加强了网络的泛化能力。Sigmoid 归一化,将上一步的数值归一化到 [0, 1] 之间,再乘上原有的特征图,这样通道维度注意力就搭建完成了,数学表达式如式(3-12)和(3-13)所示:

$$A_C(F) = \text{Sigmoid}\{MLP[\text{maxpool}(F)] + MLP[\text{avgpool}(F)]\} \tag{3-12}$$

$$MLP(F) = W_2[W_1(F)] \tag{3-13}$$

式中:W_1 和 W_2 代表前后两个全连接层权重。

(2)空间注意力模块

目标检测网络模型会输出物体的位置信息,空间注意力就是更加注重目标,而忽略其他信息。具体而言,就是将输入的图像尺寸逐渐变小,特征提取越来越深,图像的维度逐渐加深,但是与原图像相应特征的空间位置比较,能够保持相对的位置关系,不会发生改变。在通常情况下,像素的不同位置所对应的特征对最后输出的类别结果的影响是一样的,也就是说不会区别对待。然而,绝大多数情况下,我们是在整张图像中标注我们需要的目标的,不可避免地会有其他内容的干扰,有时还会从复杂的背景中提取我们需要的目标,比如这次的粉尘检测任务,井下环境恶劣,对目标提取会造成干扰,从而出现较多的无效特征。因此,空间注意力模块通过将整张图像中不同粉尘类别的不同位置的重要程度分别建模,排除图像背景的干扰因素和其他不必要的特征信息,从而能够更好地利用特征,实现粉尘目标的检测任务。

空间注意力模块表示如图 3-17 所示。实现的一般步骤为:对输入特征图也是两种处理方式,一种是 maxpool 最大池化,另一种是 avgpool 平均池化,这两种都是在通道的基础上对输入图像进行操作,最后将结果进行拼接,得到关于目标的分类信息,以及这些分类信息在空间图像上的位置信息,这样就获得了分类目标的全局信息。通过卷积操作,卷积

核的大小被设置为7，这样做的好处是能够充分融合上一步的 attention，得到空间位置上关于目标的注意力权重。与通道注意力机制操作相同，利用 Sigmoid 归一化，将上一步的数值归一化到[0，1]之间，再乘上原有的特征图，从而实现注意力机制。

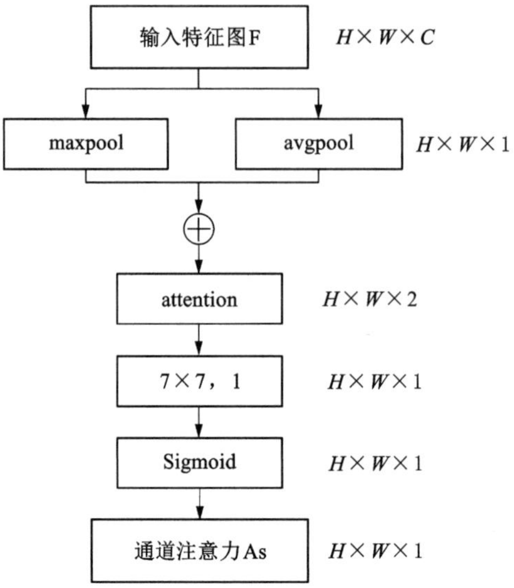

图示（流程图）：

输入特征图F $H \times W \times C$

maxpool   avgpool $H \times W \times 1$

$\oplus$

attention $H \times W \times 2$

7×7，1 $H \times W \times 1$

Sigmoid $H \times W \times 1$

通道注意力As $H \times W \times 1$

图 3-17　空间注意力模块

空间注意力模块对应的数学表达式如式（3-14）所示：

$$A_S(F) = \text{Sigmoid}(\text{conv}_{7 \times 7}([\text{maxpool}(F), \text{avgpool}(F)])) \tag{3-14}$$

式中：$\text{conv}_{7 \times 7}$ 代表大小为7×7的卷积操作。

这里重点介绍两种注意力机制：一种是 ECANet[95]，另一种是 CA。ECANet 是通道注意力的一种，是对 SENet[96] 的一种扩展和改进，避免了 SENet 中的降维和升维操作，在 SENet 中模型采取全局平均池化操作，这是在通道上进行的，再接两个全连接层获得非线性的跨通道信息，在两个全连接层中完成了降维与升维的操作，先是将高维度映射到低维度，然后再将低维度映射回高维度，使模型的复杂度得以降低，最后通过 Sigmoid 函数生成不同的权重，这样的操作隔绝了权重与通道之间的关系，SENet 的结构图如图 3-18 所示。

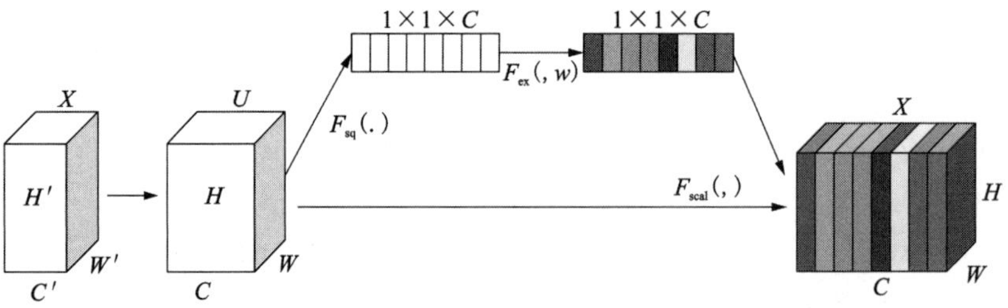

图示（SENet结构）：

$1 \times 1 \times C$ $1 \times 1 \times C$

X U $F_{ex}(\cdot, w)$ X

H' H $F_{sq}(\cdot)$ H

C' W' C W $F_{scal}(\cdot, \cdot)$ C W

图 3-18　SENet 结构

ECANet 是在全局平均池化后，重点考虑通道之间的相互信息，具体的是单个通道以及与它相邻的 K 个通道，这样操作能在避免降维的同时达到获取跨通道交互信息的目的，

ECANet 结构如图 3-19 所示。

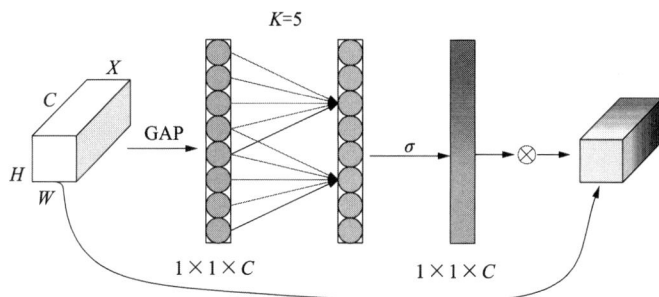

图 3-19 ECANet 结构图

根据图 3-19 可知，ECANet 在经过全局平均池化（GAP）之后会得到一个 的特征图。卷积核 k 由自适应计算得到，从而得到一个覆盖跨越通道交流信息的范围，最终确定 k 个邻居来计算注意力。经过 Sigmoid 函数获得不同的权重再重新分配。

上面提到 k 的值是自适应得到的，因为要适应不同的网络架构以及不同的卷积方式，避免手动调整消耗大量计算资源。为了解决这个问题，需设计一个自适应函数来得到 k 值，又由于卷积核大小和通道数 C 成正比，一维卷积核大小可以由式（3-15）自适应得到。

$$k = \psi(C) = \left| \frac{\lg_2(C)}{r} + \frac{b}{r} \right|_{odd} \tag{3-15}$$

其中 $|r|odd$ 表示距离卷积核最近的奇数邻居个数，r 为 2，b 为 1。同时注意到特征 y 没有经过降维操作，通道的权重可以由式（3-16）表示：

$$w = \sigma(Wy) \tag{3-16}$$

式中：σ 表示 sigmoid 函数，W 为 $C \times C$ 的矩阵，y 是特征矩阵。ECANet 使用一种波段矩阵 W_K[97]：

$$\begin{bmatrix} w^{1,1} & \cdots & w^{1,k} & 0 & 0 & \cdots & \cdots & 0 \\ 0 & w^{2,2} & \cdots & w^{2,k+1} & 0 & \cdots & \cdots & 0 \\ \vdots & \vdots & \vdots & \vdots & \ddots & \vdots & \vdots & \vdots \\ 0 & \cdots & 0 & 0 & w^{C,C-k+1} & \cdots & w^{C,C} \end{bmatrix} \tag{3-17}$$

式中：y_i 的权重 w_i 由本身及其相邻的 K 个元素计算得到，表达式如式（3-18）所示：

$$w_i = \sigma\left(\sum_{j=1}^{k} w^j y^j \right), \ y_i^j \in \Omega_i^k \tag{3-18}$$

式中：Ω_i^k 表示 y_i 的 k 个相邻通道。

再利用卷积核为 k 的一维卷积实现通道共享学习参数，如式（3-19）所示：

$$w = \sigma[C1D_k(y)] \tag{3-19}$$

式中：$C1D$ 表示一维卷积。

SENet 在工作时是通过全局平均池化实现通道信息聚合的，即使用通道内像素点的均值代替整个通道，而且没有考虑位置信息。

位置注意力（Coordinate Attention，CA[98]）结构如图 3-20 所示，输入特征图尺寸为 $H \times$

$W×C$，从图中可以看出，CA 分别对 x 和 y 方向进行平均池化，得到了对应的一维向量，从而使特征沿着两个方向聚合，根据初始输入向量的高度 H 与宽度 W 进行 $(H，1)$ 和 $(1，W)$ 的池化核编码，获得嵌入有关位置信息的特征图表达式如下：

$$z_c^h(h) = \frac{1}{W} \sum_{0 \leqslant i \leqslant W} x_c(h，i) \tag{3-20}$$

$$z_c^w(w) = \frac{1}{H} \sum_{0 \leqslant j \leqslant H} x_c(j，w) \tag{3-21}$$

式中：x_c 为输入特征向量，z_c 为高度 h 下的输出变量，z_c^w 为宽度 j 下的输出变量，c 是通道数。

这种操作既保留了空间方向的特征信息，又保留了另一空间的位置信息，再加以辅助网络的精准定位，便于目标检测。在嵌入信息的同时也生成注意力，首先将上面提到的两个特征图级联，其次共享一个 1×1 的卷积进行变换 F_1，最后通过 BN 和非线性链接激活，计算公式如式(3-22)所示：

$$f = \delta(F_1[z^h，z^w]) \tag{3-22}$$

式中：$f \in R^{Clr \times (H+W)}$ 是水平与垂直方向的中间特征图；r 为下采样比例，主要用来控制模块的大小；δ 表示非线性激活函数。

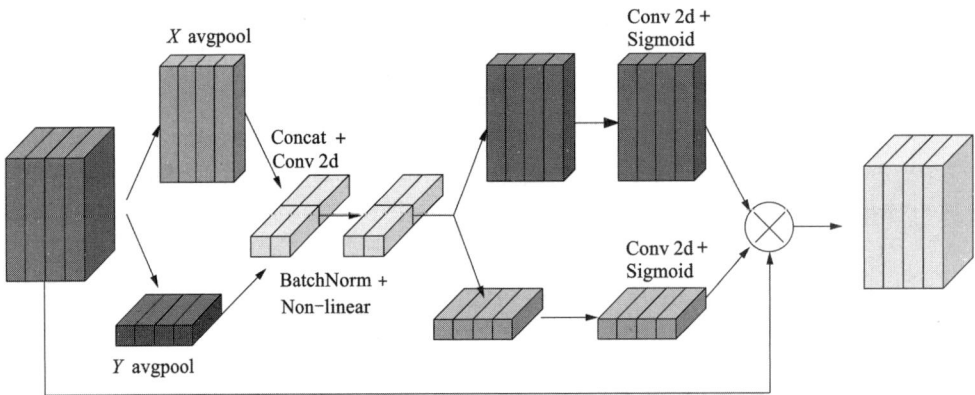

图 3-20 CA 结构

接着对于包含水平与垂直方向的特征图，使用卷积核大小为 1 的卷积操作恢复至输入时的通道数量，再使用 Sigmoid 函数激活，对应的注意力权重矩阵如式(3-23)所示：

$$\begin{cases} g^h = \sigma[F_h(f^h)] \\ g^w = \sigma[F_w(f^w)] \end{cases} \tag{3-23}$$

最后再将原始特征图与权重矩阵相乘，得到最后的输出 y，如式(3-24)所示：

$$y_c(i，j) = x_c(i，j) \times g_c^h(i) \times g_c^w(i) \tag{3-24}$$

坐标注意力将位置信息嵌入通道注意力中，使模型有了更强的表征能力，提升了检测性能。

3.2.2.4 模型框架搭建

本节内容主要介绍整体网络架构组成，重点是将轻量级网络与注意力机制融合到 Yolov5 网络中，首先是将 Yolov5 中的 Backbone 替换成 GhostNet 作为数据集训练识别特征网络，Yolov5 中原有的 Backbone 中的 darknet 网络比 GhostNet 网络在体积和计算的总浮点数上要大很多,因此,要用 GhostNet 替换原有的网络。在算法框架搭建的同时将每一层输出的通道数与 GhostNet 网络相匹配,假如输入的图片尺寸为 640×640×3,则将主干提取到的三个特征网络添加注意力机制,三个特征网络分别是 80×80×40、40×40×112 和 20×20×160,模型整体结构如图 3-21 所示。

如图 3-21 所示,在主干网络提取特征后将会输出三个特征层,这三个特征层的提取位置与原网络位置相同,主要是方便后续 Neck 部分构建的通道匹配能够顺利进行。这三个特征层主要是为了后续的预测而存在。然后对其施加注意力机制,使得网络增大我们关注目标的权重值,以更好地进行粉尘检测,然后将添加注意力机制后的三个特征图输入到 Neck 部分进行后续特征融合网络的构建。将替换的 backbone 与原网络进行对比,进一步验证模型改进的有效性,即进行消融性实验,另外再设置对比实验,与上文提到的目标检测算法进行对比,进一步验证改进算法的性能,相关测试将在下一小节进行详细介绍;在此基础上将 Neck 网络中的 CSP 结构更换成 Ghost CSP,以进一步增强网络的轻量化。

将更换后的网络模型与参数量进行相关的测试,主要包括三个主要参数,一是总参数量(Total params),二是浮点计算量(Total FLOPS),三是参数尺寸(Params size)。测试条件如下:输入图片尺寸为 640×640×3,权重模型选择最小,然后进行测试。测试结果如表 3-5 所示。

表 3-5　模型参数量测试

模型	Total params/MB	Total FLOPS/GB	Params size/MB
Yolov5	7.277	17.060	27.76
MobileNetv1	6.484	16.253	24.73
MobileNetv2	4.773	10.797	18.21
MobileNetv3	5.742	9.441	21.9
GhostNet	5.442	8.015	20.76

从表中数据可以看出,不论是 MobileNet 系列还是 GhostNet,网络都可以将模型参数量降低,下降百分比为 10% 到 34%。其中 MobileNetv2 减少模型参数量幅度最大,降低了 34.4% 左右,只有 4.773M,GhostNet 次之,为 5.442M,降低了 25.2%。MobileNetv3 在参数上并没有取得最好的结果,比 MobileNetv2 多了不到 1M,原因可能是网络中加入了注意力机制,这对后续算法测试的性能改进上有借鉴的地方,说明 MobileNetv3 的性能会重点增加在模型的检测精度上,这对后续注意力机制的添加有着指导意义,参数量的增长能不能带来精度上的增长,在下一小节介绍。从浮点运算数量可以看出,加入 GhostNet 网络的模型减少最多,只有 8.015,相比于原网络降低了 57.12%,说明 GhostNet 中的线性操作对降低模型的浮点运算有着优秀的效果,这对于网络后续训练与检测都大有裨益,意味着相同的服务器有着更好的训练速度,也证明了更换为轻量化网络有着较大的提升。从参数的尺寸上可以看出,加入 GhostNet 结构并没有使尺寸最小,最好的是 MobileNetv2,尺寸大小为 18.21MB,但是相比于原网络 GhostNet 也降低了 25%,尺寸大小为 20.76MB,针对算法的检测性能将在下一小节介绍。

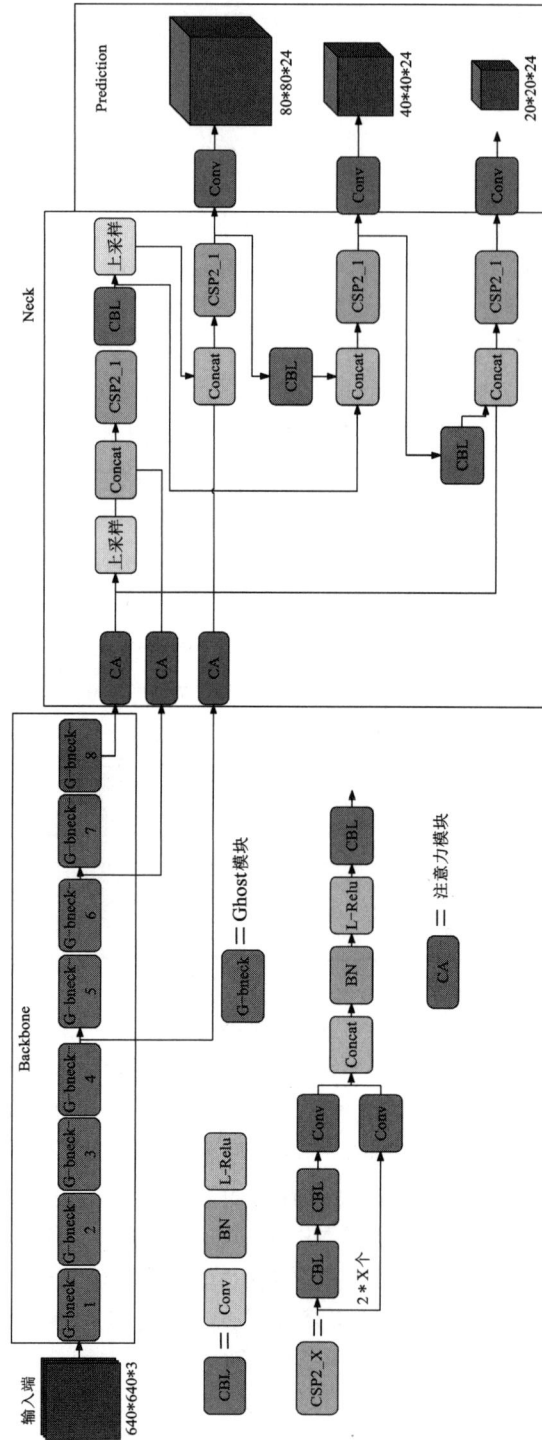

图3-21 改进网络结构示意图

之后再来看看加入注意力机制之后上述各参数的对比情况，如表 3-6 所示。

表 3-6　加入注意力机制的模型参数量测试

模型	Total params/MB	Total FLOPS/GB	Params size/MB
Yolov5	7.277	17.060	27.76
MobileNetv1-ECA	6.584	16.070	24.73
MobileNetv1-CA	6.742	16.084	25.72
MobileNetv2-ECA	4.783	10.559	18.21
MobileNetv2-CA	4.794	10.559	18.29
MobileNetv3-ECA	5.752	9.277	21.90
MobileNetv3-CA	5.750	9.277	21.93
GhostNet-ECA	5.449	8.152	20.79
GhostNet-CA	5.448	8.015	20.73

观察表 3-6 可以看到，加入 ECA 和 CA 注意力机制后，模型参数量有一定的增加，这也证明了前文提到的注意力机制会带来模型参数上的增加，但是增加幅度不大的结论，接下来就要重点看加入注意力机制后能不能提高模型的检测精度；而浮点计算数量相比于不加入注意力机制时有一定的增加或者减少，但是幅度都较小，无法进一步比较加入注意力后算法的速度性能和检测性能，接下来将在下一小节介绍粉尘检测算法的测试实验，重点从模型的检测精度和速度两方面分析改进后的模型性能。

3.2.3　算法参数设置及实验结果

测试实验使用的环境为 AMD 3700X CPU @ 3.60 GHz 处理器，内存 16 GB，在 Windows 10 操作系统下进行测试，使用一张 NVIDIA GeForce RTX 3080ti 显卡提高计算速度，缩短训练时长，并利用 CUDA 11.3、CUDNN 8.2.1 对其进行运算加速。算法运行的框架是 Pytorch，Pytorch 版本为 1.10，软件环境为 Python 3.8，编译器选择 Visual Studio Code，然后结合 OpenCV 库，实现整个算法的开发和后续的训练。

（1）实验参数设置

利用已有的网络预训练模型去训练，可以加快改进后模型算法的收敛速度，同时可以避免包括梯度消失或者梯度爆炸在内的一些问题，这些问题大都是由网络初始化不当造成的，使用预训练模型不至于使模型训练失败。然后将粉尘数据集输入到改进后的 Yolov5 算法中，对粉尘数据集进行迭代训练，训练周期设置为 300 个 Epoch，不断调整训练参数，通过反向传播算法更新参数，得到关于粉尘目标检测效果最好的参数。训练过程中所用到的随机梯度下降算法是 SGD 算法，并且是基于动量的，在训练过程中采用冻结方式训练，先训练主干部分，以加快训练速度，再训练 100 个 Epoch，等主干训练完成后再训练整个模型，部分训练参数如表 3-7 所示。

表 3-7 部分训练参数

参数名称	参数值
最大学习率（lr_l）	10^{-3}
最小学习率（lr_s）	10^{-5}
动量（momentum）	0.937
权重衰减（weight_decay）	10^{-5}
冻结训练（epoch）	50
解冻训练（epoch）	300
冻结主干批次（batchsize）	224
解冻批次（batchsize）	96

进行训练时将输入图像设置为640×640，这里的输入图像尺寸是网络调整后的，并不是数据集图像尺寸，当处于冻结训练时将 batchsize 设置为224对主干网络进行训练，当处于解冻训练时加载整个模型网络，将 batchsize 设置为96，训练时学习率是动态变化的，可根据 cos 调整策略进行调整；同时设置权重衰减参数，这样做的目的是减小网络在训练过程中出现过拟合的概率，从而保证训练结果能够收敛，方便后续的粉尘检测任务。

在训练过程中，每10个 epoch 保存一次训练权重，并输出网络损失（loss）以及平均精度（mAP）等信息的日志，可根据日志绘制动态变换曲线，训练持续时间约10 h。

（2）测试实验结果

本书对验证算法的测试实验，主要是分成两个部分，一是消融实验，二是对比实验，两方面相结合验证改进算法的性能。消融实验是为了确定不同模块对算法的影响程度，对比实验是为了确定改进后的算法与其他算法的优劣，判断其是否有优越性。表3-8为消融实验对比表。

表 3-8 消融实验对比表

Yolov5	GhostNet	ECA	CA	1类AP	2类AP	3类AP	mAP/%	FPS
√				96.7	93.6	91.18	93.82	22
	√			97.31	87.96	92.12	92.46	35
		√		93.8	91.5	85.7	90.3	26
			√	94.5	92.2	85.9	90.87	25
√		√		96.49	84.56	89.17	90.07	34
√			√	97.23	89.18	89.94	92.11	37

本书所做的消融实验中涉及不同参数对网络性能的影响，均在一个粉尘数据集上训练测试，测试模型包括 GhostNet、CA 和 ECA。如表3-8所示，一类AP 指的是 hdust，二类AP 指的是 ldust，三类AP 指的是 edust，同时对比每个部分所得到的 mAP 值和 FPS。从每

个部分对网络模型的影响来看，单独融合 GhostNet 对网络精度提高的比例最大，mAP 值为 92.46，比原网络值降低了 1.36%，其他两部分分别是 90.3% 和 90.87%；在 FPS 方面，这三个部分都能提高网络模型的检测速度，但是单独加入注意力提高得并不明显，加入 GhostNet 则提升显著，达到了 35FPS，能够满足实时性要求，也证明了轻量化网络对模型检测速度有较大的影响。

上面是单独融合网络分析，接下来将从整体上分析改进后的算法，从表 3-8 中可以得到，加入 GhostNet 和 CA 的算法 mAP 值为 92.11%，FPS 为 37，mAP 值相对于原始算法降低了 1.72%，但是 FPS 提高了 15，这对于有实时性检测的场合无疑有较大的作用。与其他模块相比也是各有优劣，GhostNet 和 ECA 注意力机制融合到改进的算法中，算法的 mAP 值和 FPS 均有较大提高，其中 mAP 值为 90.07%，FPS 达到了 34，模型性能也比原网络有了极大的提高。融合注意力机制和轻量化网络对粉尘检测任务有巨大的帮助，使网络能够同时保证比较高的检测精度和检测速度。综合表中数据可以看出，不同模块对算法均有不同程度的影响，这一点可以通过 FPS 和 mAP 值得到。

为了进一步验证改进 Yolov5 算法检测粉尘性能的优劣，选择 SSD、FasterRcnn 以及 MobileNet 系列进行粉尘检测性能对比实验，为了保证公平性，设置与消融实验相同的训练环境，得到结果如表 3-9 所示。

从表 3-9 中可以看出，Yolov5-mobilenetv3 的 mAP 值最高达到了 93.54%，经过改进后的算法 mAP 值最高为 92.11%，尽管 mAP 值下降了，但是检测速度为 37，高于 Yolov5-mobilenetv3 的 27，能够同时照顾到粉尘检测的精度与速度，证明本书改进的算法是可行的，能够达到实时检测的目的。

表 3-9　对比试验图

Model	FPS	mAP/%
Yolov5	22	93.82
Yolov5-mobilenetv1	24	91.24
Yolov5-mobilenetv2	26	92.36
Yolov5-mobilenetv3	27	93.54
SSD	17	93.27
FasterRcnn	6	93.09
Yolov5-GhostNet	35	92.46
Yolov5-GhostNet-ECA	34	90.07
Yolov5-GhostNet-CA（本书）	37	92.11

3.2.4　算法评价指标及实验分析

（1）评价指标

在对实验模型进行评价之前需要对一些评价指标的基础概念有所了解，主要是 TP、FP、FN、TN、召回率以及 AP，另外，混淆矩阵也是一个重要概念，它们之间的关系如

图 3-22 所示。

①TP(True Positives)：当粉尘检测类别的交并比(IOU)不小于 50%，即可视为预测正确，表示检测出来的粉尘是正确的。

②FP(False Positives)：具体表现为多个预测框出现在一个物体上，此时 IOU 的值小于 0.5，TP 的值由这些检测框中置信度最高的决定，其余的检测框定义为 FP，尽管可能出现了个别大于 0.5 的框，也将它视为 FP。其中 IOU 的意思是交并比，指的是预测框与标注框之间的一种位置关系计算。IOU 越大表示检测的准确率越高，算法的性能也就越好，假定预测框为 M，标注框为 N，则 IOU 计算公式如式(3-25)所示：

$$IOU = \frac{M \cap N}{M \cup N} \tag{3-25}$$

③FN(False Negatives)：指没有检测到真实框，反而将正确的检测成了错误的。

④TN(True Negatives)：指正确检测负样本。

⑤精确率(Precision/Pre)：

$$Precision = \frac{TP}{TP+FP} \tag{3-26}$$

⑥召回率(Recall)：

$$Recall = \frac{TP}{TP+FN} \tag{3-27}$$

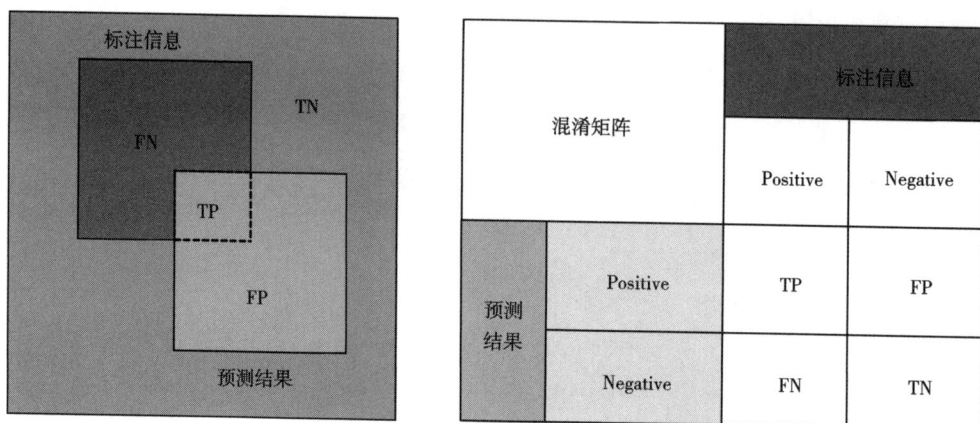

图 3-22　FP、TP、FN、TN 以及混淆矩阵的关系

⑦平均精确度(Average Precision)：指的是 P-R 曲线的积分面积，即以预测值作为纵坐标，召回率作为横坐标的二维曲线。AP 曲线同时兼顾了 Precision 和 recall 这两个指标，是目标检测中常用的评价指标。mAP 即平均 AP 值，定义为多个待检目标的一个平均值，在目标检测中是最常用的指标，用来评估算法的性能，在粉尘检测过程中不只检测一类目标，只用单一类别 AP 评价不能够很好地描述模型，因此采用 mAP，具体的计算公式如式(3-28)所示：

$$mAP = \frac{\sum_{i=1}^{C} AP_i}{C} \tag{3-28}$$

式中: C 代表类别总数。

对改进算法进行测试, 分别求出对应算法的 P-R 曲线, 三类 P-R 曲线如图 3-23 所示。

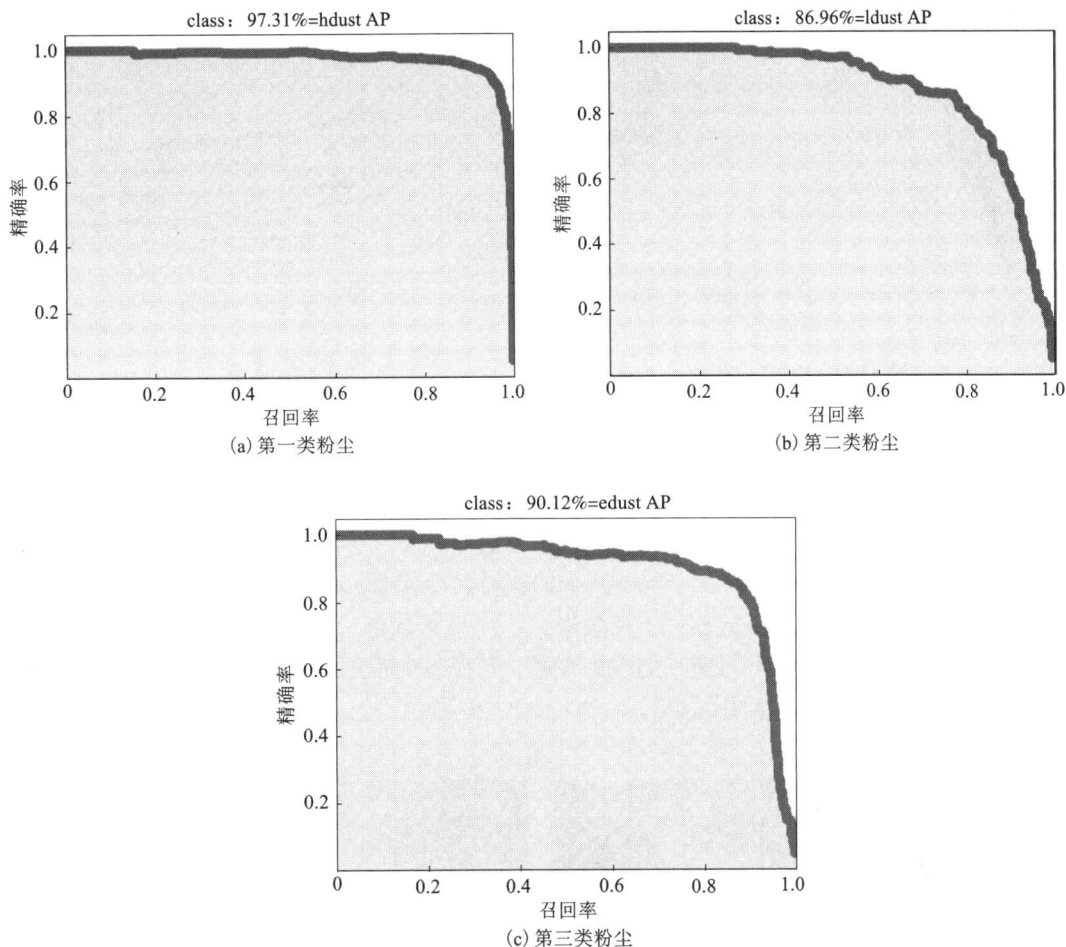

(a) 第一类粉尘

(b) 第二类粉尘

(c) 第三类粉尘

图 3-23 三类粉尘 P-R 曲线

从图中可以看出每类粉尘的 AP 值。

(2)实验分析

从消融实验中可以看出, 更换主干网络和添加注意力机制后, 虽然并没有在每一类粉尘检测中均达到最优的性能, 但是与其他算法相差并不大, 相反, 改进后的算法在帧率测试上能达到很好的效果, 能达到实时效果。

由于第一类粉尘(hdust)是工作面的原始粉尘, 距离设备较近, 检测最为容易, 检测精度也达到了 97.23%。而第二类粉尘(ldust)的检测精度并没有达到 90% 以上, 出现这种情况的原因可能是将 ldust 定义为接近设备, 算法极易将其定义为 hdust, 这也是 hdust 检测精度过于好的原因。要注意的是, 注意力机制的添加对粉尘检测产生一定的影响, 并且能够提高检测的实时性。第三类粉尘(edust)的检测精度也没有达到 90% 以上, 原因是第三类粉尘过于分散, 不易被检测到。但总体上检测精度能达到任务要求。图 3-24 是模型训练过程中生成的 mAP 曲线, 图 3-25 是随迭代过程产生的损失曲线。

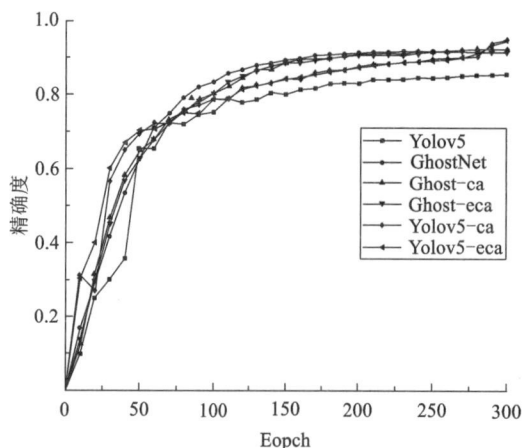

图 3-24 mAP 曲线

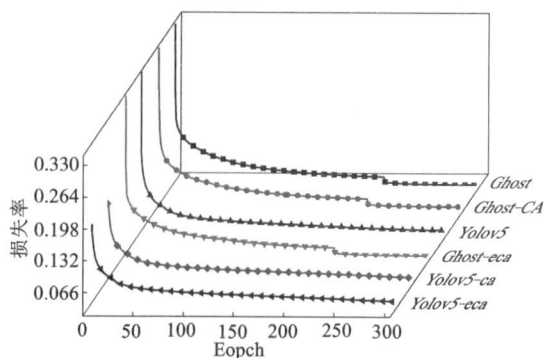

图 3-25 Loss 曲线

3.2.5 检测效果评估

为了更好地观察改进 Yolov5 算法对三类粉尘的实际检测效果，集中选取了具有一定代表性的粉尘图像进行测试。测试集图像来源是煤矿现场开采时的粉尘视频，因为资源问题和实际情况，无法获得井下粉尘现场开采的实时监控录像，所以对改进的粉尘检测算法性能测试的视频采用现场回放视频，视频来自陕煤集团红柳林煤矿 15218 综掘工作面，待检测的视频一共包含四类不同场景的粉尘视频，先将粉尘视频做抽帧处理，再将视频文件转换成图像文件，具体测试图像如图 3-26~图 3-28 所示。

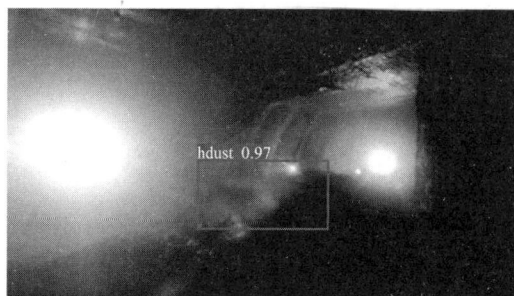

图 3-26 第一类粉尘检测结果

图 3-27 第二类粉尘检测结果

其中，图 3-26 是检测的第一类粉尘（图中表示为 hdust），粉尘检测的置信度达到了 97%；图 3-27 主要检测的粉尘为第二类粉尘（图中表示为 ldust），粉尘检测的置信度为 95%；图 3-28 中除了检测到第三类粉尘（图中表示为 edust）外，还检测到了第一类粉尘，其置信度分别为 95% 和 85%。从图中可以看到，此类场景

图 3-28 第一、三类粉尘检测结果

视野较小，摄像头安装位置距离作业地点较远，但仍能检测到粉尘目标并做出分类，其置信度仍有较高的识别率，表明本书改进的算法精度较好。

接下来进行 FPS 测试实验，将训练好的模型权值文件加载到计算 FPS 的文件当中，选择粉尘视频进行检测，图 3-29 是粉尘视频的 FPS 检测结果。

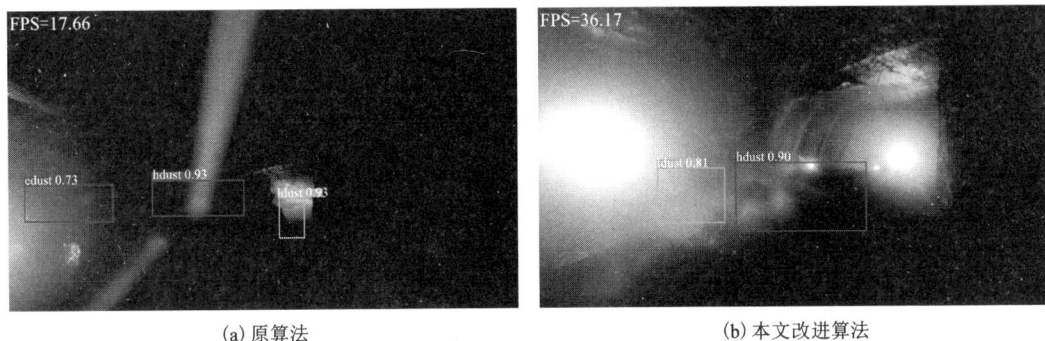

(a) 原算法　　　　　　　　　　　　　　　(b) 本文改进算法

图 3-29　FPS 测试

从图中对比可以看出，视频测试也有较好的检测效果，FPS 测试显示是 36.17，能达到实时性检测要求。

3.3　基于滤膜称重法的粉尘浓度监测方法的研究

经过调研之后发现，滤膜称重法虽然存在操作步骤繁琐、无法实现在线监测等不足，但仍是当前粉尘检测方法中精度较高且检测原理较为简单的检测方法，故最终将其作为本装置的基本原理。为了弥补当前的不足，在此先对其不足之处进行了详细分析，然后确定粉尘浓度监测装置所要实现的功能，进行粉尘浓度监测装置的设计，同时要确保其关键部件机械结构设计的合理性。

3.3.1　粉尘浓度监测装置的检测原理

由标准 HJ 656—2013[99]可知，滤膜称重法的基本原理是采样器通过采样泵对待采样空间内的空气以恒定的流量进行抽取，样本中的粉尘颗粒在吸取的过程中会被已知质量的干燥滤膜截留，获得滤膜截留粉尘颗粒前后的质量变化量和整个采样过程中抽取的样本空气的总体积后，可计算出粉尘浓度，其计算公式如下：

$$\rho = \frac{m_2 - m_1}{V} \times 1000 \qquad (3-29)$$

式中：ρ 为粉尘质量浓度，mg/m^3；m_2 为采样后滤膜的质量，g；m_1 为采样前滤膜的质量，g；V 为标准状态下的采样体积，m^3。

在采样器完成采样之后，需要对采样后的滤膜进行烘干处理，确保排除湿度对采样结果的影响。因此，为了简化传统称重法的操作步骤，提高以滤膜称重法为基本原理的装置的连续性并拓宽其使用范围，现以滤膜称重法基本原理为基础，通过对待测样本空气温、湿度进行测量，计算得到样本空气中的含湿量，将样本气体中的含湿量直接去除，由采样前后滤膜的变化质量与样本空气含湿量之差计算粉尘质量浓度，经修改设计之后的计算公式为：

$$\rho = \frac{m_2 - m_1 - X_{SW}}{V} \times 1000 \tag{3-30}$$

式中：X_{SW} 为含湿量，g。

标准状态下采样体积为：

$$V = Q_n \times t \tag{3-31}$$

而

$$Q_n = Q \times \frac{P \times 273.15}{101.325 \times T} \tag{3-32}$$

将式(3-31)代入式(3-32)得：

$$V = Q \times \frac{P \times 273.15}{101.325 \times T} \times t \tag{3-33}$$

式中：Q 为采样流量，m³/min；P 为环境大气压，kPa；T 为绝对环境温度，K；t 为采样时间，min。

含湿量公式计算为：

$$X_{SW} = \frac{d \times V \times \rho_T}{1000} \tag{3-34}$$

$$d = 0.621945 \times e_w \times RH / (1013.25 - e_w \times RH) \tag{3-35}$$

$$e_w = e_{ws} \exp\left[13.3185 \times (1 - T_S/T) - 1.9760 \times (1 - T_S/T)^2 - \right.$$
$$\left. 0.6445 \times (1 - T_S/T)^3 - 0.1299 \times (1 - T_S/T)^4 \right] \tag{3-36}$$

$$\rho_T = 1.293 \times \frac{P}{101.325} \times \frac{273.15}{T} \tag{3-37}$$

式中：d 为含湿量，g/kg；RH 为相对湿度，%；e_w 为纯水平面饱和水汽压，hPa；T_S 为绝对温度时的沸点温度，其值为 373.16 K；e_{ws} 为沸点温度时的饱和水汽压，其值为 1013.25 hPa；ρ_T 为空气密度，kg/m³。

3.3.2　粉尘浓度监测装置的需求分析

3.3.2.1　功能要求

目前普遍使用的煤矿井下粉尘监测仪器为粉尘浓度采样器和粉尘浓度直读快速测量仪。粉尘浓度采样器结构十分简单，以称重法为基本原理，测得的粉尘浓度较为准确，但其采样过程较为复杂并且会受到人为因素的干扰，不能实时监测出当前环境下的粉尘浓度。而粉尘浓度直读快速测量仪能够直接读出当前监测环境中的粉尘质量浓度，使用起来十分方便，但是准确度不如粉尘浓度采样器高，受井下空气环境影响较大。因此，现有的监测仪器设备仍有些许不足：

(1)受环境影响较大

由于井下环境复杂，在粉尘监测过程中，待测空气中成分复杂，监测环境湿度过高，粉尘浓度过高或湿度过高，都会对粉尘监测设备的精确度造成影响。

(2)二次污染或样品丢失

由于滤膜截留粉尘颗粒前、后的质量都比较小，在换膜、样品转移等操作过程中会无法避免地对空白滤膜或采样后的带尘滤膜造成二次污染和监测样品的部分丢失，使得监测结果与实际情况存在偏差，因此要采取一定的措施确保滤膜在此过程中的洁净。

（3）人工误差

就现役的监测精度较高的井下粉尘监测装置而言，其在监测过程中的操作步骤较为繁琐，在完成粉尘采集之后需要将带尘滤膜从采样仪中取出，采取一定的方法进行保存、运输、处理、称重等操作，在整个过程中不可避免的风险就是无法充分采取措施来防止操作人员失误造成的一定干扰。

基于以上分析，滤膜称重法作为井下粉尘浓度监测的基准方法，在进行粉尘浓度质量监测时由于空白滤膜和带尘滤膜质量都相对较小，因此采样环境、采样过程、滤膜运输、称重等任何因素都会对监测结果的准确性造成影响[100]，本书综合机械、材料、控制等多学科知识，以机电控制和单片机控制原理为基础，提出并设计了一种基于称重法的煤矿工作面智能化粉尘浓度监测装置，首先需要考虑的是该装置的功能以及待解决的实际问题。通过多方面调研以及煤矿粉尘浓度监测的实际需求，确定了以下功能：

1）降低人为误差。

在采用重量法手工操作时，由于滤膜的转移、运输、称重等人工行为会造成粉尘样本颗粒的丢失或者受到污染，使得粉尘质量数据产生误差。因此，实现滤膜自动更换、电子天平自动称重，以减少或者避免粉尘质量监测过程中人工参与的工作量，从源头上解决了人为误差产生的影响。

2）简化操作步骤。

重量法手工操作步骤包括称重、采样、烘干、二次称重、计算粉尘浓度，尤其是在采样完成之后还需要对带尘滤膜进行运输，整个过程步骤繁琐，涉及仪器较多，需要花费大量的人力、物力和时间。通过在装置中设置自动换膜模块、自动采样模块、自动称重模块，只需控制装置的启停即可在采样装置内完成自动采样、滤膜称重等自动操作，简化操作步骤、节省资源的同时能避免带尘滤膜运输过程中的损耗。

3）数据处理。

通过数据采集装置，将采集到的温湿度、空白滤膜质量、带尘滤膜质量进行记录、存储，并由上位机对数据进行处理，同时进行粉尘质量浓度的计算。

3.3.2.2 性能要求

本装置用于实现粉尘质量浓度的实时在线监测，实现自动换膜、采样、称重和质量浓度计算等一系列自动化操作，实现智能化粉尘采集与数据处理，并在满足以上功能要求的同时，还要满足以下几个性能要求：

（1）运行的稳定性

装置运行时必须保证其稳定性，才能确保数据采集与处理时的准确性和可靠性。

（2）操作的便捷性

装置操作流程简洁，易上手，便于使用人员的学习、操作。

（3）使用的经济性

装置在运行时，能够节省人力物力，且不会产生污染，具有一定的经济适用性。

3.3.3 粉尘浓度监测装置的工作流程

装置开启前应确保电气安全，控制开关打开之后，读取预捕捉器状态，若预捕捉器为打开状态，则由自动称重模块与自动换膜模块共同完成空白滤膜的称重，电子天平读数稳定之后将承重数据发送至单片机，由主控制器完成处理之后通过串口发送至上位机，进行数据的记录与存储。称重完成之后，主控制器控制预捕捉器闭合，开启采样泵，由采样泵进行样本空气的抽取，同时进行样本空气温湿度的测量，抽取完成之后，预捕捉器再次受控打开，进行带尘滤膜的称重，称重完成之后，由主控制器将处理好的带尘滤膜质量数据与温湿度数据发送至上位机，再次进行数据的记录与存储。数据接收完成之后，将记录的数据通过既定的程序计算出样本空气中的粉尘质量浓度。

3.3.4 实验结果与分析

为了对粉尘浓度检测装置的性能进行研究，根据设计方案对样机进行了组装，如图 3-30 所示，并对其进行了调试。在完成了调试工作后，将其与滤膜称重法在安徽理工大学安全学院大厅进行了比对实验研究，并根据实验检测数据对粉尘浓度检测装置进行了一致性分析、误差分析、不确定度分析，以验证装置的可靠性。

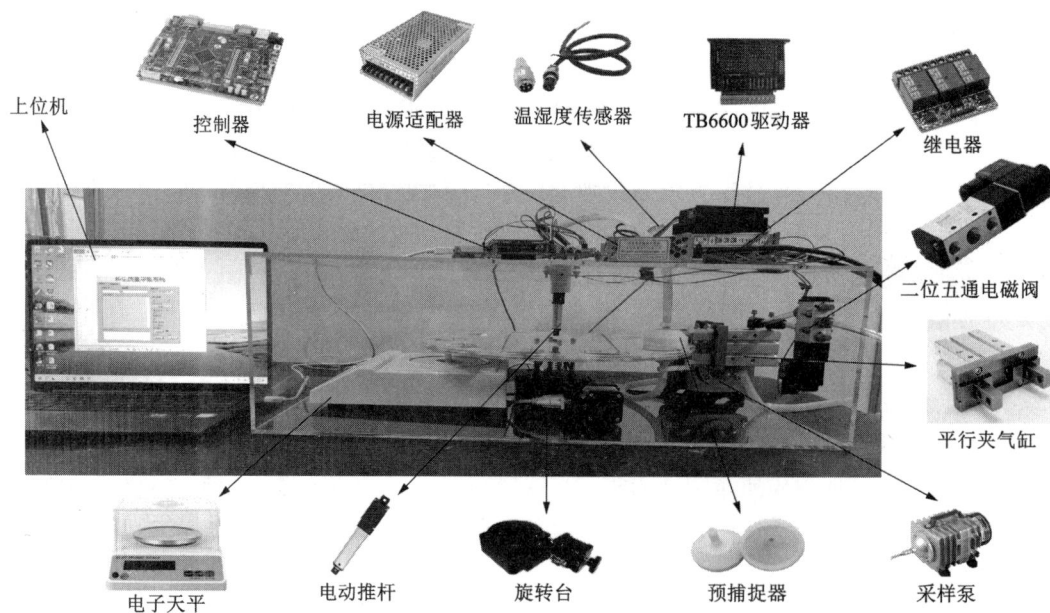

图 3-30　煤矿工作面智能化粉尘浓度监测装置

3.3.4.1 实验准备

（1）实验材料

①粉尘：为保证实验精度，贴近实际环境，实验所用的煤尘需通过烘干、破碎、筛选处理，以满足实验要求。

②滤膜：本装置使用的滤膜是直径为 50 mm 且孔径为 1.0 μm 的 PTFE 膜，滤膜称重

法选择的是直径为 40 mm 的通用丙纶纤维滤膜。

（2）实验仪器

①采样仪器：粉尘采样器选择的是 CCZ-20A 型粉尘采样器，它能通过搭配不同的采样头进行全尘、呼尘的分别采样，在本次比对实验中，采样还包括采样头、滤膜夹、滤膜盒等设备，其实物如图 3-31 所示，其中为了确保采样前后的空白滤膜与带尘滤膜为同一片滤膜，需要对滤膜盒进行标号，以免计算时出现差错，使得粉尘质量检测结果出现巨大误差。

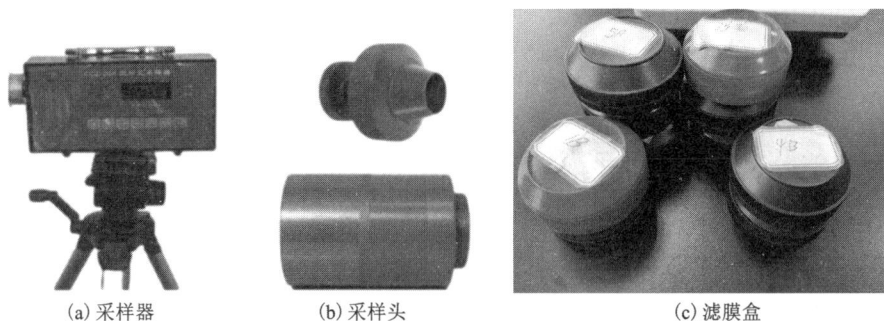

(a) 采样器　　　　　　　(b) 采样头　　　　　　　(c) 滤膜盒

图 3-31　CCZ-20A 型采样器、采样头及滤膜盒

②烘干设备：在采样前和采样后需要对滤膜进行烘干处理，以降低空气湿度及含尘气流对含水量的影响，在此选用 101-2 型电热鼓风恒温干燥箱进行以上操作，其实物如图 3-32 所示，可通过参数设置选择烘烤的温度和烘烤的时间，操作简便且安全系数高。

③质量称重设备：滤膜烘干之后需要对其质量进行称重，而滤膜的质量十分小，因此电子天平的精度对测量结果存在较大的影响，本次比对实验选择的是精度为 0.1 mg 的电子天平，其实物如图 3-33 所示，为了避免称重环境内气流波动对称重结果的影响，在实际操作过程中要配合防风罩一同使用。同时，在每片滤膜称重前，都需要进行清零操作，尤其是对带尘滤膜的质量进行称重时，以避免滤膜放置和拿取时抖落的粉尘颗粒对下次称重结果造成影响。

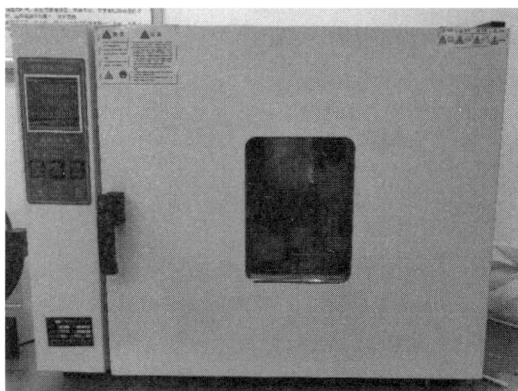

图 3-32　101-2 型电热鼓风恒温干燥箱

图 3-33　电子天平

（3）实验平台

比对实验以风水联动除尘器实验台为平台展开[101]，通过试验台进行粉尘弥散模拟实验，在模拟巷道的两侧加入粉尘检测装置，分别进行粉尘浓度的测量，设备放置情况如图 3-34 所示，其中风水联动除尘器实验台仅进行了部分展示，具体情况见参考文献。参照标准 HJ 618[102]、HJ 653[103]，将本装置与 CCZ-20A 型粉尘采样器在相同的时间、地点进行粉尘浓度监测的比对实验时，由于采样泵的抽吸量为 20 L/min，两种检测装置的进气口高度应一致，且水平距离在 0.5 m 左右。在模拟巷道壁面上打出高度一致的平行孔，然后插入皮托管，以此达到标准 HJ 653 的要求。

图 3-34 粉尘检测装置性能测试比对实验

为了更清晰地展现本装置操作过程的简便，在此以表格的形式将其与滤膜称重法的实验方法与步骤进行描述，具体内容如表 3-10 所示。

表 3-10 比对实验方法与步骤

实验步骤	实验内容	
	粉尘检测装置	CCZ-20A 型粉尘采样器
实验前	将洁净的滤膜压入滤膜夹，然后进行烘干处理，处理完成之后将滤膜压入滤膜夹，放入滤膜存储盘，关闭试验箱，接入电源	对滤膜进行烘干处理，处理完成之后用电子天平进行干燥滤膜的质量称重，并由操作人员将其质量记为 m_1，然后将滤膜压入滤膜夹，放入滤膜盒中标号备用

实验步骤	实验内容	
	粉尘检测装置	CCZ-20A 型粉尘采样器
实验中	向粉尘发射器的添加装置中添加粉尘，打开粉尘发生器，待粉尘稳定后，开启粉尘检测装置工作开关	向粉尘发射器的添加装置中加入粉尘，打开粉尘发射器；将滤膜盒中的干燥滤膜夹放入采样头中，将采样头紧固在采样器的连接座上，对采样时间进行设定；待粉尘稳定后，打开 CCZ-20A 型粉尘采样器工作开关，进行采样
实验后	关闭粉尘发射器，通过上位机读取监测所得的各参数，计算粉尘折算浓度	关闭粉尘发射器，将采样头中的滤膜夹取出，放入对应滤膜盒中，再次经过恒温干燥处理，处理完成后用电子天平完成带尘滤膜的质量称重，并由操作人员进行称重数据的记录，记为 m_2。根据操作人员记录的 m_1、m_2 及其采样流量、采样时间，采用有关公式，完成质量浓度的计算

3.3.4.2 粉尘检测实验结果分析

（1）粉尘检测结果分析

经测量得到实验室室内温度为 32.5 ℃，湿度为 79 RH%，以 20 L/min 的恒定流量进行采样，两装置安装在距粉尘进气口 0.5 m 左右，采样时间设定为 3 min，比对实验完成之后对用滤膜称重法获得的滤膜质量、粉尘浓度与装置检测获得的滤膜质量、粉尘浓度进行记录，具体数据如表 3-11 所示。

表 3-11 比对实验检测数据

序号	装置检测结果			手工检测结果		
	m_1/g	m_2/g	粉尘浓度 /(mg·m^{-3})	m_1/g	m_2/g	粉尘浓度 /(mg·m^{-3})
1	1.3901	1.3961	69.6667	0.0512	0.0561	81.6667
2	1.4021	1.4111	121.6667	0.0478	0.0560	136.6667
3	1.3969	1.4048	99.6667	0.0480	0.0547	111.6667
4	1.4180	1.4240	70.0000	0.0506	0.0553	78.3333
5	1.4019	1.4078	65.3333	0.0498	0.0544	76.6667
6	1.3905	1.3985	113.3333	0.0495	0.0564	115.0000
7	1.4013	1.4099	123.3333	0.0469	0.0546	128.3333
8	1.3950	1.4019	85.0000	0.0503	0.0560	95.0000

续表 3-11

序号	装置检测结果			手工检测结果		
	m_1/g	m_2/g	粉尘浓度 /(mg·m^{-3})	m_1/g	m_2/g	粉尘浓度 /(mg·m^{-3})
9	1.4007	1.4102	134.3333	0.0463	0.0549	143.3333
10	1.3969	1.4054	111.6667	0.0481	0.0557	126.6667
11	1.3921	1.3994	93.3333	0.0487	0.0550	104.3887
12	1.3995	1.4066	88.3333	0.0496	0.0555	98.0559
13	1.4092	1.4171	101.6667	0.0484	0.0552	113.3888
14	1.3998	1.4082	111.6667	0.0485	0.0558	124.2706
15	1.4092	1.4178	113.3333	0.0484	0.0561	128.8087
16	1.4213	1.4280	81.6667	0.0510	0.0566	92.5150
17	1.4172	1.4240	85.0000	0.0497	0.0553	95.5693
18	1.3953	1.4031	101.6667	0.0497	0.0564	110.9604
19	1.3976	1.4070	126.6667	0.0495	0.0579	139.8338
20	1.4125	1.4198	91.6667	0.0502	0.0564	103.3836
21	1.4050	1.4142	123.3333	0.0480	0.0563	138.8780
22	1.4219	1.4285	80.0000	0.0499	0.0553	90.3393
23	1.3990	1.4081	123.3333	0.0512	0.0561	138.8094

由表 3-11 易知，滤膜称重法得到的粉尘对比浓度数据比本装置监测得到的粉尘折算浓度高，通过对各组数据进行标准偏差计算后得到对比浓度标准偏差为 21.0725，折算浓度标准偏差为 20.3083，两组数据标准偏差的误差为 3.6264%，参照标准 HJ 653[104] 中连续监测比对实验的测量结果标准偏差的误差在 5% 以内的要求，本次实验两组数据标准偏差的误差在要求范围内，实验数据有效。

现对滤膜称重法结果与装置检测结果进行一元线性回归分析，拟合结果如图 3-35 所示。根据拟合后的一元线性回归方程可知，其斜率为 1.0250、截距为 8.6560、相关系数为 0.97461，参照标准 HJ 653 中两组比对实验测量数据线性回归拟合后方程的要求，即斜率为 1±0.15、截距为 (0±10)μm/m³、相关系数大于 0.93，本次拟合满足要求，比对实验结果之间的一致性较好。通过以上分析，本次实验虽然存在一定的误差，但整体上本次比对实验装置检测结果与滤膜称重法结果具有较高的一致性，本装置检测结果较为可靠。

此外，因受地理环境和实验条件影响，以上结论仅是本装置在安徽淮南夏季八月温度为 29~33 ℃、湿度为 75%~96% RH 的环境条件下的测试结论，在不同地点、季节、环境条件下的性能有待进一步实验确证。

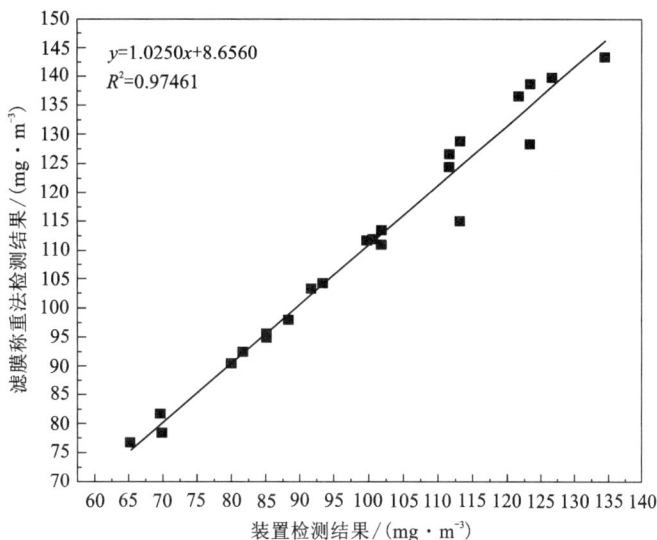

图 3-35　浓度对比折线图

3.3.4.3　粉尘检测误差分析

结合检测结果和装置在实际使用中的具体情况,现就可能会造成误差的原因进行分析。

(1)零件加工影响

预捕捉器与滤膜存储盘在采样时必须组成相对密封的空间,预捕捉器与滤膜存储盘加工精度不够,而采样泵在抽吸的过程中由于装置的气密性不够,会导致采样泵对样本空气的抽吸流量小于 20 L/min。

(2)自动称重模块机械运动影响

自动称重模块在称重过程中涉及多个机械运动,预捕捉器开合、电动推杆推动滤膜存储盘下移的过程中可能会存在粉尘颗粒抖落的情况从而带来误差;电子天平较为敏感,一旦受到振动和风的影响,也会对称量结果造成影响,出现误差。

(3)温湿度传感器精度影响

本次选择的温湿度传感器湿度精度为±4%RH(60%RH, 25 ℃),温度精度为±0.5 ℃,在比对实验当天温度较高,模拟巷道湿度也相对较高,传感器对湿度测量的误差范围增大,进一步影响了粉尘检测浓度的测量结果。

3.3.4.4　粉尘检测不确定度分析

为了进一步全面评估本装置的性能,引入了不确定度对其测量结果进行分析。对不确定度的分析通常包括以下四类:①A 类不确定度以数学统计学理论为基础,对在特定测量条件下获得的目标值进行重复性分析,通过数据对各分量的评定做出判断;②B 类不确定度通过基础经验、权威机构发布的量值或仪器说明书等信息来源获得有价值的参考量,基于此进行分析;③合成标准不确定度则通过对多种输入量之间相关性的分析,确定相关系数,然后将各标准测量不确定度进行有效合成;④扩展不确定度则为合成不确定度与置信区间对应包含因子的乘积,使得实际评定值尽可能在同一区间内。在实际应用中,应选取适当的不确定度分析方法对影响因素进行分析,对各个影响因素的权重进行判断。

为了准确判断滤膜称重质量对粉尘测量结果的影响，选择 A 类不确定度分析法对其进行分析。对粉尘进行多次重复测量，统计分析标准偏差值，以算术平均值作为滤膜质量估计值，则 A 类标准不确定度可由以下公式计算得到。

算术平均值 $\bar{x}$ 为：

$$\bar{x} = \frac{1}{n}\sum_{k=1}^{n} x_k \tag{3-38}$$

残差 v_k 为：

$$v_k = x_k - \bar{x} \tag{3-39}$$

标准偏差 $s(x_k)$ 为：

$$s(x_k) = \sqrt{\frac{1}{n-1}\sum_{k=1}^{n} v_k^2} \tag{3-40}$$

A 类标准不确定度 $u(\bar{x})$ 为：

$$u(\bar{x}) = \sqrt{\frac{s(x_k)}{n}} = \sqrt[4]{\frac{1}{n(n-1)}\sum_{k=1}^{n}\left(x_k - \frac{1}{n}\sum_{k=1}^{n} x_k\right)^2} \tag{3-41}$$

式中：n 为采样次数；x_k 为第 k 次滤膜质量。

在本装置中，粉尘浓度受采样流量、环境大气压、环境温度、相对湿度以及采样时间等的影响，而几项影响因素的主要信息来源是生产厂家的设备说明书或校准确认书等，对这几项的测量不确定度进行分析需采用标准不确定度的 B 类评定方法进行不确定度的评定。确定测量值的误差区间，并假设被测量的值的概率分布，通过要求的置信水平估计包含因子 k，则 B 类标准不确定度为：

$$u_B = \frac{\alpha}{k} \tag{3-42}$$

式中：α 为区间的半宽度；k 为置信因子。

（1）滤膜称重引入的不确定度

根据测量标准要求，滤膜进行质量称量之前要对其进行平衡处理，平衡之后对同一片滤膜的质量进行 10 次称重，记为 m_1。采样完成之后，再次在相同温湿度环境下对滤膜进行处理，然后再次进行滤膜质量称重，记为 m_2。具体情况如表 3-12 所示。

表 3-12　滤膜质量称重结果

序号	滤膜质量 m_1/g	滤膜质量 m_2/g
1	0.0512	0.0561
2	0.0511	0.0560
3	0.0512	0.0561
4	0.0511	0.0560
5	0.0513	0.0562
6	0.0513	0.0562
7	0.0512	0.0561

续表 3-12

序号	滤膜质量 m_1/g	滤膜质量 m_2/g
8	0.0513	0.0563
9	0.0514	0.0563
10	0.0515	0.0564
均值	0.0513	0.0562

m_1 的 A 类标准不确定度为 0.0000423 g，m_2 的 A 类标准不确定度为 0.0000416 g。

用于本次称重实验的电子天平精度为 0.1 mg，其最大容许误差为 0.1%，服从均匀分布，通过公式计算，其不确定度为：

$$u_B(m) = \frac{\alpha}{k} = \frac{0.0001}{\sqrt{3}} = 0.000058 \text{ g}$$

对于 m_1 来说，将 $u_B(m)$ 与 $s(m_1)$ 引起的不确定度合成，得：

$$u_{m_1} = \sqrt{u_B(m)^2 + s(m_1)^2} = 0.0000718 \text{ g}$$

对于 m_2 来说，将 $u_B(m)$ 与 $s(m_2)$ 引起的不确定度合成，得：

$$u_{m_2} = \sqrt{u_B(m)^2 + s(m_2)^2} = 0.0000714 \text{ g}$$

现令 $\Delta m = m_2 - m_1$，则 Δm 的合成标准不确定度（按不确定度传播率）为：

$$u_{\Delta m} = \sqrt{(u_{m_1})^2 + (u_{m_2})^2 + 2r(u_{m_1}, u_{m_2})(u_{m_1})(u_{m_2})} \quad (3\text{-}43)$$

因滤膜的质量称重都是由同一台电子天平完成的，所以其具有相关性。参照标准 JJF 1059.1—2012[105]，当两个量均与同一个量有关时，协方差的估计算法为：

$$r(u_{m_1}, u_{m_2}) = u(u_{m_1}, u_{m_2}) = \frac{\partial u_{m_1}}{\partial u} \cdot \frac{\partial u_{m_2}}{\partial u} u^2 \quad (3\text{-}44)$$

其中，$\partial u_{m_1}/\partial u$、$\partial u_{m_2}/\partial u$ 为电子天平对质量称重结果的影响量，皆为 1，则有：

$$u(u_{m_1}, u_{m_2}) = u^2 \quad (3\text{-}45)$$

$$u_{\Delta m} = \sqrt{(0.0000718)^2 + (0.0000714)^2 + 2(0.000058)^2} = 0.000130 \text{ g}$$

其相对标准不确定度为：

$$u_{rel} = \frac{u_{\Delta m}}{x_{m_2} - x_{m_1}} = \frac{0.0001303}{0.0562 - 0.0513} = 2.65\% \quad (3\text{-}46)$$

（2）采样流量引入的不确定度

采样流量的不确定度由测量所用的流量标准测量仪器的最大允许误差决定，根据测量标准要求，测量结果的最大误差为 ±1.0%，服从正态分布[106]，通过公式计算，其不确定度为：

$$u_B(Q) = \frac{\alpha}{k} = \frac{1.0\%}{\sqrt{3}} = 0.58\% \quad (3\text{-}47)$$

（3）环境气压引入的不确定度

环境气压引入的不确定度由大气压力表的最大允许误差决定，根据测量标准要求，测量结果的最大误差为 ±0.2，标准大气压 101.325 kPa 下的最大误差为 ±0.02%，服从均匀分布，通过公式计算，其不确定度为：

$$u_B(P) = \frac{\alpha}{k} = \frac{0.02\%}{\sqrt{3}} = 0.01\% \qquad (3-48)$$

（4）温度引入的不确定度

环境温度的测量不确定度由温度检测仪器的最大允许误差决定，根据测量标准要求，测量结果的最大误差为±0.2℃，相对于绝对零值的最大误差为±0.07%，服从均匀分布，通过公式计算，其不确定度为：

$$u_B(T) = \frac{\alpha}{k} = \frac{0.07\%}{\sqrt{3}} = 0.04\% \qquad (3-49)$$

（5）相对湿度引入的不确定度

相对湿度的不确定度由湿度检测仪器的最大允许误差决定，根据测量标准要求，测量结果的最大误差为±5%RH，服从均匀分布，通过公式计算，其不确定度为：

$$u_B(RH) = \frac{\alpha}{k} = \frac{5\%}{\sqrt{3}} = 2.88\%RH \qquad (3-50)$$

（6）采样时间引入的不确定度

采样时间测量的不确定度由计时器的最大允许误差决定，根据测量标准要求，测量结果的最大误差在±0.002 s之内，服从均匀分布，通过公式计算，其不确定度为：

$$u_B(t) = \frac{\alpha}{k} = \frac{0.002}{\sqrt{3}} = 0.0012 \text{ s} \qquad (3-51)$$

假设采样时间为3 min，则采样时间测量的不确定度为：

$$u_B(t) = \frac{0.0012 \text{ s}}{3 \times 60} \times 100\% = 0.0007\% \qquad (3-52)$$

本装置粉尘浓度测量的结果主要取决于采样流量、环境大气压、温度、相对湿度、采样时间、滤膜称重质量等参数引入的不确定度，具体情况如表3-13所示，通过对各影响因素的不确定度进行分析后得知，滤膜质量称重以及相对湿度对测量结果的影响较大，其他因素带来的影响较小，可以忽略不计。

表 3-13 粉尘浓度监测装置不确定度分析一览表

序号	不确定度分量	不确定度来源	标准不确定度数值
1	u_{rel}	滤膜称重	2.65%
2	$u_B(Q)$	采样流量	0.58%
3	$u_B(P)$	环境气压	0.01%
4	$u_B(T)$	温度	0.04%
5	$u_B(RH)$	相对湿度	2.88%RH
6	$u_B(t)$	采样时间	0.0007%

3.4　本章小结

本章详细介绍了对煤矿工作面进行粉尘检测的几种传统方法，并对每种方法的优缺点进行了简单论述。提出了两种当前比较先进的粉尘检测方法，分别是基于 Yolov5 的粉尘监测系统以及煤矿工作面智能化粉尘浓度监测装置，并对这两种方法开展了实验验证，还对得出的结果进行了误差分析以及检测效果评估。实验表明，提出的这两种检测方法相较于传统意义上的检测有较好的检测精度，而且可以实现实时性检测，完全符合工业要求。

研究工作虽然取得了一些收获，但是由于实验条件及时间的限制，还有很多问题需要进一步的改善与研究。

对于 Yolov5 的粉尘检测系统可以做如下改善：

①传统粉尘图像识别方面尝试以其他算法提高图像的增强效果，由于环境的特殊性，一些粉尘经过改进的算法之后，尽管图像有一定的增强但是并没有一个很大的提升，还需要进一步研究。

②针对深度学习算法的粉尘视频检测，在粉尘数据集方面还有待加强，比如在本书划分三类检测目标的同时，将相机的视野平面加入检测过程，根据粉尘类别占整个相机视野的比重重新划分目标种类，实现粉尘检测目标特征的细化；同时算法的实时性检测还有待加强。

③粉尘检测系统的一些细节还有待提升，现在只是完成了一个初步测试，将来还需要整体形成闭环，实现煤矿井下粉尘检测与智能降尘。

对于以滤膜法为基础的粉尘浓度检测可以进行如下改善：

①本装置目前设计的预捕捉器只能进行全尘的采集，无法对样本空气中的粉尘颗粒进行有效的分割。为了更好地进行粉尘浓度的测量，下一步工作可增加相应的切割头或者进行全尘、呼尘有效分离装置的设计。

②由于时间和实验室条件有限，在进行比对实验时，温、湿度变化范围较小，两种实验方法测得的实验数据相对单一，未来可通过改善实验条件人为地大幅度改变温、湿度变化范围，或者通过延长实验周期，积累温、湿度变化相对较大范围内的实验数据，进一步分析本装置与称重法之间的一致性。

第 4 章

煤矿掘进工作面多适应性喷雾降尘装置及其关键技术的研究

目前掘进工作面粉尘防治常用的技术主要有通风除尘、减少和抑制尘源产生、喷雾降尘、化学除尘、空气幕隔尘、个体防护等。相比于综采工作面降尘技术较快的革新，掘进工作面现有的降尘设备仍存在诸多缺点，为克服这些问题，本章通过理论分析、数值模拟和实验测试的方法，设计和研究了具有多适应性的掘进工作面喷雾降尘系统。在现场调研中发现，掘进机的截割部和铲板部污染最为严重，湍流是粉尘聚集的主要原因之一。因此，使用喷雾降尘技术对这些区域进行粉尘捕集和煤块润湿，可避免局部粉尘浓度过高和煤炭运输产生扬尘。

4.1 煤矿掘进工作面喷雾降尘过程的分析

4.1.1 煤矿掘进工作面的主要尘源

为精准定位掘进工作面的粉尘来源，对掘进工作面作业进行了调研分析。针对工艺的不同，掘进工作面可分为综掘工作面和连采掘进面等。

综掘工作面使用的掘进设备是综掘机，通风采用的是长压短抽，煤块经综掘机截割头破碎脱落至铲板部后，依次通过第二运输机和皮带运输机运送出工作面，综掘工作面平面布局如图 4-1 所示。

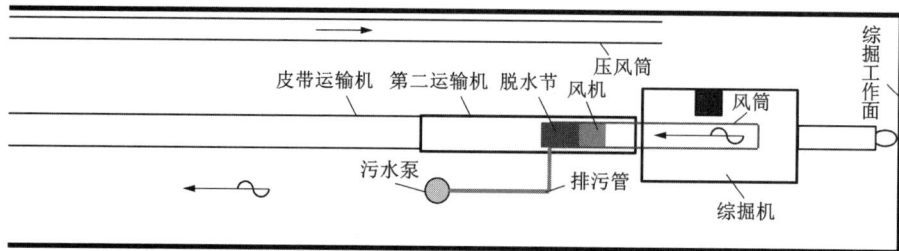

图 4-1　综掘工作面平面布局

井下综掘工作面作业现场在掘进作业过程中的粉尘来源主要为以下几点：

①主要粉尘来源是综掘机在掘进时煤壁破碎产尘，综掘机截割头与煤壁切割挤压后产生的粉尘四溢在巷道的空间内。

②煤壁破碎后煤块脱落至地面，在煤块掉落后和经过铲板部的运输过程中，也有大量粉尘产生。

③经过破碎后的煤块经第二运输机和皮带运输机运送时，既有经过转载点由于高度差产生的粉尘，又有因皮带震动产生的扬尘。

连采掘进面使用的掘进设备是连采机，通风采用的是单风筒送风，煤块经连采机破碎脱落后经铲板部收集放进梭车然后运送至破碎机，破碎机将大块煤块破碎后经过皮带运输机运送出连采掘进面，连采掘进面平面布局如图 4-2 所示。

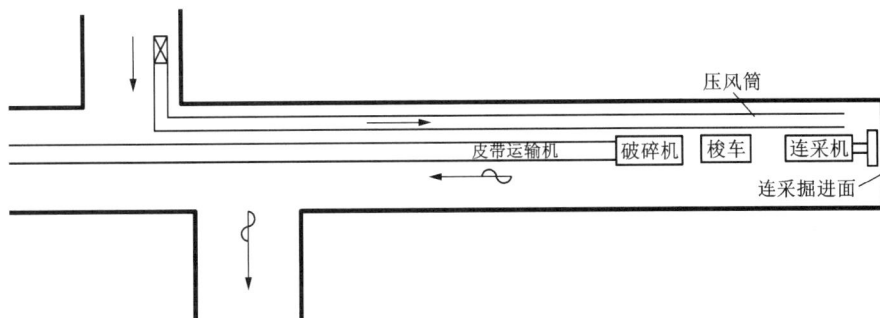

图 4-2　连采掘进面平面布局

井下连采掘进面作业现场在掘进作业过程中的粉尘来源主要为以下几点：

①主要粉尘来源是连采机在掘进时煤壁破碎产尘，连采机截割滚筒与煤壁切割挤压后产生的粉尘四溢在巷道的空间内。

②煤壁破碎后煤块脱落至地面，在煤块掉落后和经过铲板部的运输过程中，也有大量粉尘产生。

③经过破碎后的煤块经梭车运送时，既有梭车装卸煤块产生的粉尘，又有梭车运动过程中产生的扬尘。

④当破碎机破碎大块煤炭时，会有大量粉尘产生。

⑤破碎机破碎后的煤块经皮带运输机运送出连采掘进面的过程中，既有因破碎机和皮带运输机间的高度落差产生的粉尘，又有因皮带震动产生的扬尘。

减少煤块破碎后粉尘在巷道空间内的扩散和煤炭输送时粉尘的扬尘是掘进工作面粉尘治理的重中之重，因此，采用喷雾降尘技术可以在对粉尘扩散进行控制的同时对煤块进行润湿。

4.1.2　煤矿掘进工作面喷雾参数的计算

喷雾降尘效率主要受粉尘浓度、液滴与粉尘颗粒的相对速度、粉尘捕集区域截面积、液滴截面直径、液滴体积和空气单位体积含水量等因素影响。在理想条件下，通过建立喷雾降尘模型，可以进行喷雾参数优化的参照[107-109]。

在受限空间内，采用微元法，划分宽度为 dh，粉尘捕集区域截面积为 A 的微元粉尘捕集区域，如图 4-3 所示。

根据质量守恒，粉尘在微元粉尘捕集区域内为捕集的粉尘与未捕集的粉尘质量之和[110-111]：

$$Cv_d A = v_d A (C-d_c) + v_g \eta_t CAq \frac{S}{V} dh \qquad (4-1)$$

式中：C，粉尘浓度，g/cm^3；v_g，粉尘速度，m/s；A，微元粉尘捕集区域截面面积，m^2；v_d，液滴速度，m/s；d_c，被捕集的粉尘浓度，g/cm^3；η_t，单个液滴的粉尘捕集概率，%；q，单位体积含水量，L/m^3；S，液滴截面积，m^2；V，液滴体积，m^3；dh，微元粉尘捕集区域宽度，m。

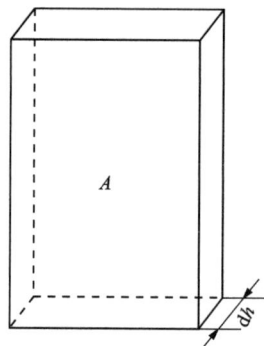

图 4-3 微元粉尘捕集区域

$$S = \frac{\pi D^2}{4} \qquad (4-2)$$

$$V = \frac{\pi D^3}{6} \qquad (4-3)$$

$$v_0 = v_d - v_g \qquad (4-4)$$

$$q = \frac{Q}{v_d A} \qquad (4-5)$$

式中：D，液滴直径，m；v_0，液滴与粉尘颗粒的相对速度，m/s；Q，喷嘴耗水量，L。

由式(4-1)~式(4-5)整理可得：

$$\frac{dC}{C} = -\frac{3 v_0 \eta_t Q dh}{2 v_g v_d A D} \qquad (4-6)$$

对式(4-6)两边积分可得：

$$\ln C = -\frac{3(v_d - v_g) \eta_t Q h}{2 v_g v_d A D} + a \qquad (4-7)$$

令初始粉尘浓度为 C_0，则 $h=0$，$C=C_0$，可得：

$$a = \ln C_0 \qquad (4-8)$$

$$C = C_0 \exp\left[-\frac{3(v_d - v_g) Q \eta_t h}{2 D A v_d v_g}\right] \qquad (4-9)$$

$$\eta = (C_0 - C)/C_0 = 1 - \exp\left[-\frac{3(v_d - v_g) Q \eta_t h}{2 D A v_d v_g}\right] \qquad (4-10)$$

单个液滴捕集粉尘效率 η_t 为：

$$\eta_t = B_0 \eta \qquad (4-11)$$

$$Q = \frac{10^{-3}}{60} k n d_R^2 \sqrt{P} \qquad (4-12)$$

式中：B_0 为降尘效率实验常数，取 $B_0 = 1$；h 为喷嘴到尘源点距离，m；k 为流量系数；n 为布置喷嘴个数，个；d_R 为喷嘴直径，mm；P 为供水压强，MPa。

由式(4-10)和(4-11)整理可得：

$$\eta_t = B_0 \left(\frac{v_0 d_p^2 \rho_p C_u}{v_0 d_p^2 \rho_p C_u + 0.7 \times 18 \mu D}\right)^2 \qquad (4-13)$$

喷雾系统工作时，由于供给水压波动和其他情况，喷雾液滴直径会发生变化[112]。假设液滴直径恒定为 100 μm，不考虑液滴直径变化对粉尘捕集效率的影响，则有以下公式。

实际喷雾场范围 R_x 为：

$$R_x = 2h \cdot \tan \frac{\alpha_x}{2} \tag{4-14}$$

喷嘴的出口速度为：

$$v_d = \frac{100k\sqrt{P}}{3\pi} \tag{4-15}$$

按喷嘴与滚筒相切，则喷嘴个数理论计算公式为：

$$n = \left(\frac{X - \lambda h \tan \dfrac{\alpha_x}{2}}{(1-\lambda) h \tan \dfrac{\alpha_x}{2}} \right) \left(\frac{Y - \lambda h \tan \dfrac{\alpha_x}{2}}{(1-\lambda) h \tan \dfrac{\alpha_x}{2}} \right) \tag{4-16}$$

式中：C_u 为坎宁汉滑动修正系数，取 $C_u = 1$；ρ_p 为无烟煤粉尘的堆积密度，取 $\rho_p = 600 \ \mathrm{kg \cdot m^{-3}}$；$\mu$ 为气体动力黏度，取 $\mu = 1.79 \times 10^{-5} \ \mathrm{Pa \cdot s}$；$k'$ 为比例系数，取 34530；α_x，喷嘴到尘源 h 处的条件雾化角，°；λ 为相邻喷雾区域重叠系数，X 为捕集区间长度，Y 为捕集区间高度，m。

如图 4-4 所示，可通过调节相邻喷雾重叠度来确认喷嘴布置个数和布置方式[113-115]。

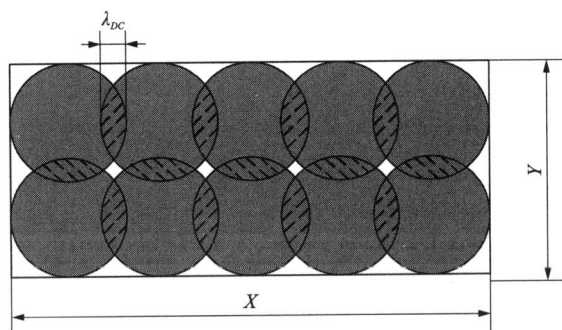

图 4-4　粉尘捕集区间内相邻喷雾截面重叠示意图

由上述公式整理可得降尘效率：

$$\eta_{max} = 1 - \exp\left[-\frac{10^{-4}(v_d - v_g)^3 k n d_R^2 P^{0.5} B_0 d_p^4 \rho_p^2 C_u^2 h}{4AD v_d v_g (v_0 d_p^2 \rho_p C_u + 12.6\mu D)^2} \right] \tag{4-17}$$

通过以上公式可知，降尘效率与雾滴粒径、喷雾压力、喷嘴个数、液滴速度等参数息息相关，因此，可以考虑通过调节供水压力、喷嘴重叠度、喷嘴个数和选型喷嘴类型，来达到提高降尘效率和减少耗水量的目的。

4.2 煤矿掘进工作面喷雾降尘系统设计及前端风流场的仿真分析

4.2.1 掘进工作面喷雾降尘系统模块的构成及工作原理

为高效解决掘进工作面粉尘源头的防治问题，运用模块化设计和 TRIZ 创新方法进行分析设计。本次模块化设计流程如图 4-5 所示，在对掘进工作面现场调研的基础上，先针对粉尘源头防治的喷雾降尘所需功能进行分析，确定整体模块，主要有三个：智能监测与控制模块、水质净化模块和喷雾模块。再根据规格和性能，对喷雾降尘器进行小模块划分，形成一个简单的掘进工作面模块库。然后分析项目需求，对模块进行选择和划分，建立现场应用的喷雾降尘系统。最后对喷雾模块的雾场进行仿真分析，研究模块组合后的喷雾降尘效果。

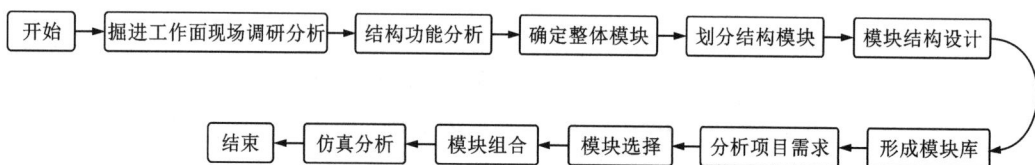

图 4-5 模块化设计流程

三个主要模块的组合布置如图 4-6 所示，管道按照供水的方向，依次连接智能监测与控制模块、水质净化模块和喷雾模块，针对现场工作面现有的条件和工况，对模块进行选择，最后组合为完整的掘进工作面喷雾降尘系统。

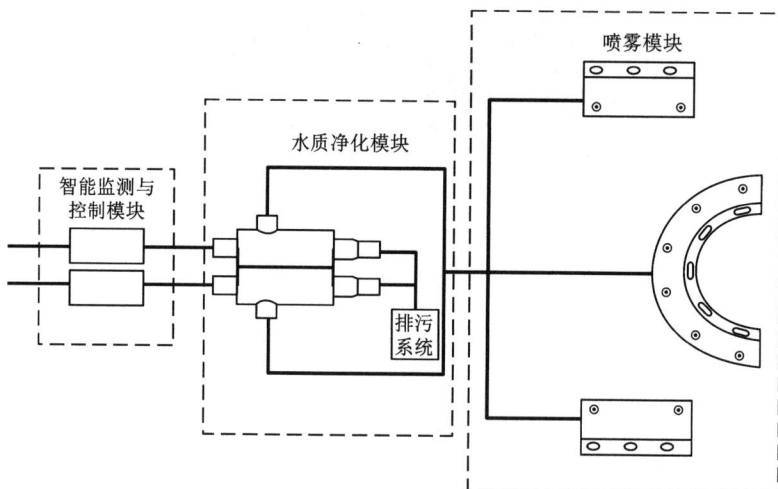

图 4-6 主要模块组合图

为提高设计效率，采用 TRIZ 创新方法进行了设计辅助，先对我们的最终目标进行问题分析，再对问题进行功能需求划分，然后把功能需求详细划分为小问题，最后针对小问题进行方案设计。如图 4-7 所示，为达到掘进工作面粉尘源头防治的目标，对该目标提出除尘效果、安全性和人性化三个设计需求，然后针对这些需求将大问题划分为若干个小问题，最后依次解决。

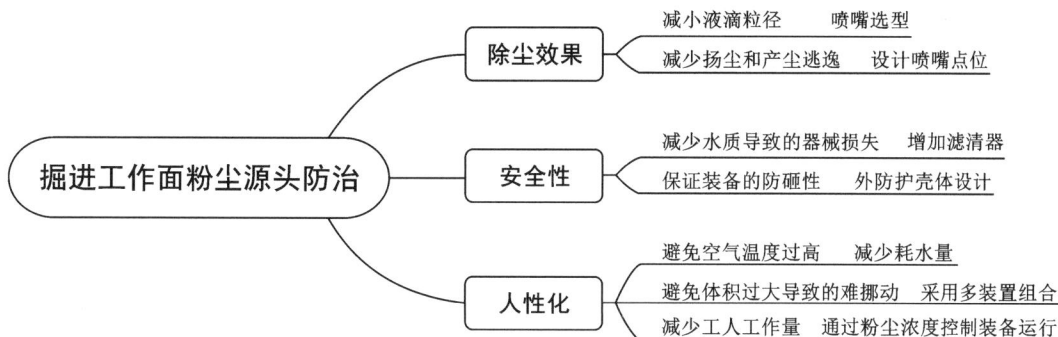

图 4-7　利用 TRIZ 创新方法的结构设计流程图

综掘机喷雾降尘系统主要部件如图 4-8 所示，当粉尘浓度传感器监测到作业场所的粉尘浓度大于安全浓度时，防爆电磁阀导通，高压水流和高压气流经过滤清器过滤杂质后，通过高压水管和高压气管分别通入矩形喷雾降尘器和围脖喷雾降尘器，最终形成减少扬尘和产尘逃逸的雾场；当监测结果超过安全粉尘浓度值时，防爆电磁阀关闭，综掘机喷雾降尘系统停止工作。

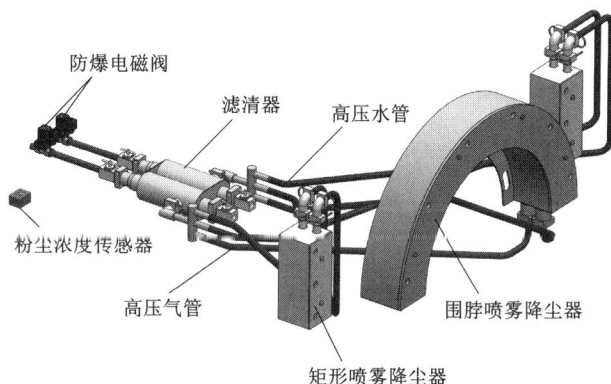

图 4-8　综掘机喷雾降尘系统

连采机喷雾降尘系统主要部件如图 4-9 所示，高压水泵在工作面远端为供水增压，高压水流通过防爆电磁阀时，当粉尘浓度传感器监测到作业场所的粉尘浓度大于安全浓度时，防爆电磁阀导通，高压水流经过滤清器过滤水质后，通过四通管分别流入各个矩形喷雾降尘器，最终形成减少扬尘和产尘逃逸的雾场；当监测结果超过安全粉尘浓度值时，防爆电磁阀关闭，综掘机喷雾降尘系统停止工作。

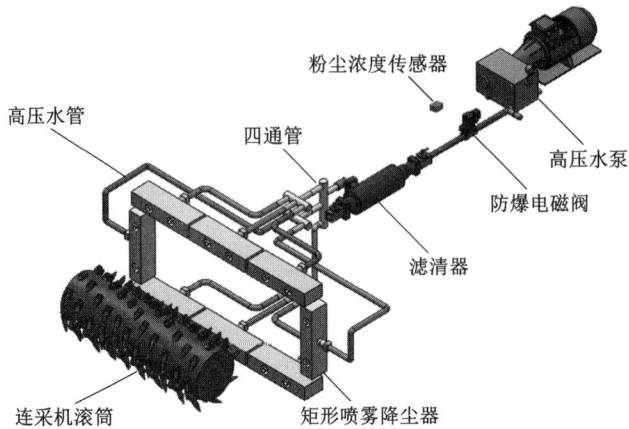

图 4-9   连采机喷雾降尘系统

4.2.2   掘进工作面前端风流场的仿真分析

掘进工作面喷雾降尘系统主要针对工作面前端的粉尘防治，因此本书也针对综掘工作面具有综掘机的工作面前端部分和连采掘进工作面具有连采机的工作面前端部分，进行现场工况的数值模拟，仿真模型如图 4-10 所示。

根据研究需求，将综掘工作面仿真模型简化为含有综掘机、正压风筒、负压风筒和包裹它们的综掘工作面巷道，巷道简化为长度 12 m、宽度 5.84 m、高度 4 m 的长方体，如图 4-10(a)所示。将连采掘进工作面仿真模型简化为含有连采机、正压风筒和包裹它们的连采掘进面巷道，巷道简化为长度 20 m、宽度 6.1 m、高度 4.2 m 的长方体，如图 4-10(b)所示。对综掘机和连采机部分进行了非必要特征优化，确保仿真可靠性的同时，保证仿真的运算速度。

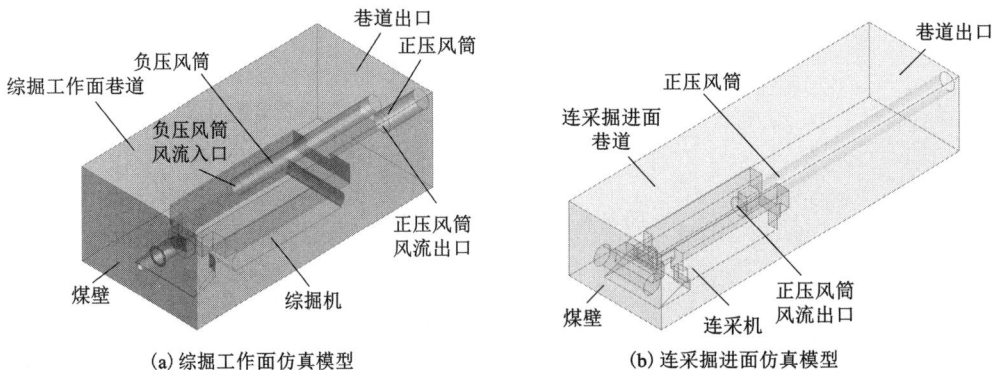

(a)综掘工作面仿真模型   (b)连采掘进面仿真模型

图 4-10   掘进工作面仿真模型

由于本书考虑喷嘴喷射和后续雾场研究，因此将综掘工作面和连采掘进面内的流体流动视为瞬态流动，在井下持续作业的环境中，整个巷道流场温度变化不大，因此将巷道视为恒温环境。对连续相(风流)计算模型的参数设置如表 4-1 所示。

表 4-1　掘进工作面风流场计算模型设置

Solution Setup(计算模型设置)	Define(设置)
Solver(求解器)	Based Pressure(基于压力)
Density(空气密度)	1.225 kg/m³
Time(时间)	Transient(瞬态)
Engery Equation(能量方程)	Off(关闭)
Viscosity(黏度)	$1.7894 \times 10^{-0.5}$ kg/m³
Viscosity Model(湍流模型)	Standard k-ε Modle(标准 k-ε 模型)
Gravity(重力)	9.81 m/s²

　　综掘工作面和连采掘进面的通风系统不同,综掘工作面由正压风筒供风,负压风筒抽风,而连采掘进面只由正压风筒供风,并无负压风筒。根据现场实际环境,将巷道出口设置为自由出流,出流率为 1。综掘工作面正压风筒流出口风速为 24 m/s,入口边界类型为 Velcocity-Inlet,水利直径为 0.8 m,湍流强度为 2.75;负压风筒流入口风速为 -16.073 m/s,入口边界类型为 Velcocity-Inlet,水力直径为 0.65 m,湍流强度为 2.97。连采掘进面正压风筒流出口风速为 8 m/s,入口边界类型为 Velcocity-Inlet,水力直径为 1 m,湍流强度为 3.07。

　　两相流模型求解参数设置如表 4-2 所示。

表 4-2　求解参数设置表

Solver Methods(求解方式)	Define(设置)
Pressure-Velocity Coupling(压力速度耦合)	SIMPLE
Discretization Model(离散格式)	Second Order Upwind(二阶迎风)
Discretization Pressure(离散压力)	Standard(标准)

　　对掘进工作面风流场进行数值模拟后,得到的流场风流轨迹图如图 4-11 所示。在综掘工作面,正压风筒喷射的风流在采煤面煤壁受到阻碍,形成冲击射流区,然后在综掘机截割臂附近形成涡流区,部分风流被负压风筒吸出处理,其余风流沿巷道流出工作面。在连采掘进面,正压风筒喷射的风流在采煤面煤壁受到阻碍,形成冲击射流区,然后在综掘机截割臂附近形成涡流区,部分风流被负压风筒吸出处理,其余风流沿巷道流出工作面。涡流区的存在会导致粉尘的积聚,所以只使用通风除尘的条件下,综掘机和连采机机头部分粉尘浓度会过高,需要结合其他降尘技术进行粉尘防治处理。由于综掘工作面比连采掘进面多使用了一个负压风筒,故综掘机附近的风流轨迹比连采掘进面的连采机附近的风流轨迹更为复杂。

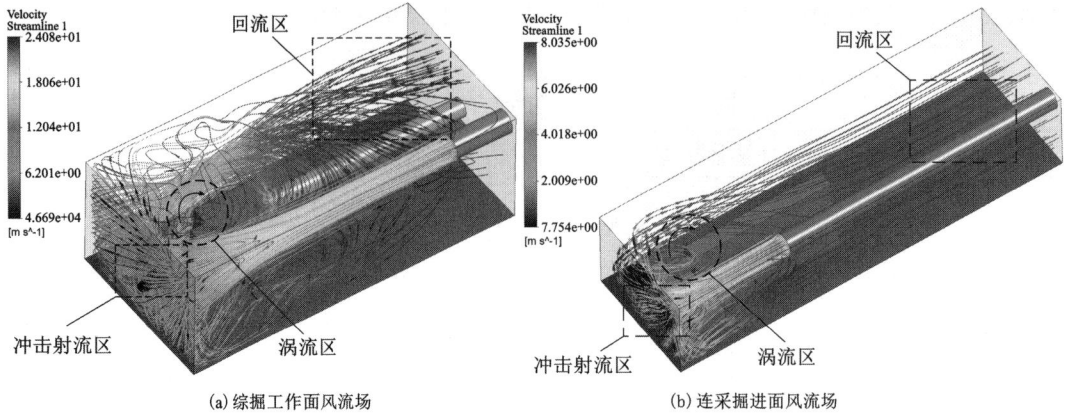

(a) 综掘工作面风流场

(b) 连采掘进面风流场

图 4-11 掘进工作面风流场

对综掘工作面人行道侧（放置正压风筒的另一侧），靠近巷道墙壁 1 m，工作人员呼吸高度为 1.5 m 处的风流速度进行监测，数据结果如图 4-12 所示。区域 I 为从采煤壁到综掘机的机身部分区域，区域 II 为综掘机的机身所在区域，区域 III 为采煤机后方远离采煤面区域。随着远离采煤面煤壁，人行道呼吸高度的风流速度在区域 I 增大，到达区域 II 后风流速度持续减小，最后在区域 III 部分风流速度逐渐平缓，在巷道远离采煤面处均速为 0.5 m/s。人行道呼吸高度的最大风流速度在远离采煤面煤壁 3 m 左右位置，也是靠近综掘机前端机身的位置，风流速度达到了 6.3 m/s。

对连采掘进面同样位置的风流速度进行监测，数据结果如图 4-13 所示。区域 I 为从采煤壁到连采机的机身部分区域，区域 II 为连采机的机身所在区域，区域 III 为采煤机后方远离采煤面区域。随着远离采煤面煤壁，人行道呼吸高度的风流速度同样在区域 I 增大，到达区域 II 后风流速度持续减小，最后在区域 III 部分风流速度逐渐平缓，在巷道远离采煤面处均速为 0.25 m/s。人行道呼吸高度的最大风流速度在远离采煤面煤壁 2 m 左右位置，也是靠近连采机前端机身的位置，风流速度达到了 0.63 m/s。

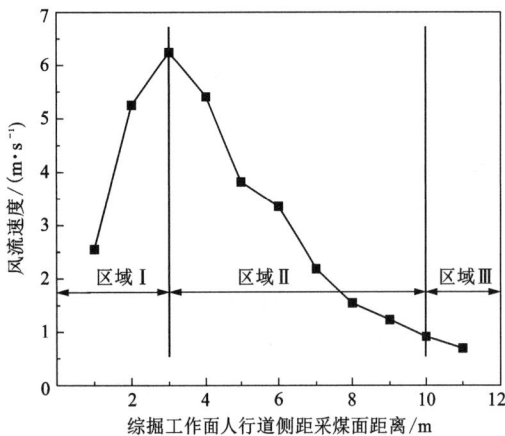

图 4-12 综掘工作面人行道侧风流分布

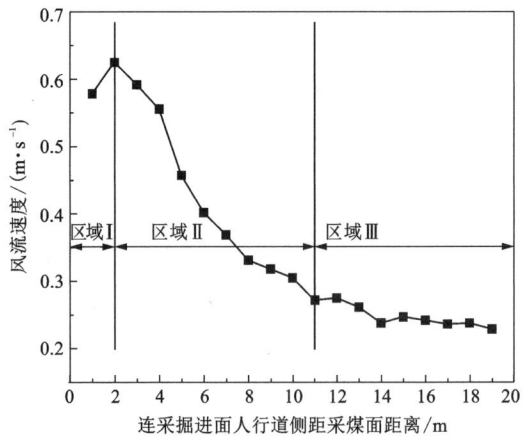

图 4-13 连采掘进面人行道侧风流分布

4.3　掘进工作面喷雾降尘系统的主要结构组件与模块设计的研发

4.3.1　掘进工作面喷雾降尘系统的喷嘴选型

4.3.1.1　综掘工作面喷嘴设计选型

经过现场实地测量，井下现场在综掘工作面提供的水压不足 1.6 MPa，而提供的气压不超过 0.6 MPa。考虑水压较小时，压力式喷嘴不仅耗水量远高于空气雾化喷嘴，而且雾化性能和降尘效果不佳，现采用市面上雾化效果较优的几种内混式空气雾化喷嘴进行比较选型，实物如图 4-14 所示。1 号为虹吸扇形空气雾化喷嘴，2 号为广角圆形空气雾化喷嘴，3 号为圆形空气雾化喷嘴，4 号为扇形空气雾化喷嘴。1~4 号空气雾化喷嘴，除了空气帽即气液混合室和喷雾出口不同，喷嘴内部结构气相入口和液相入口均相同。

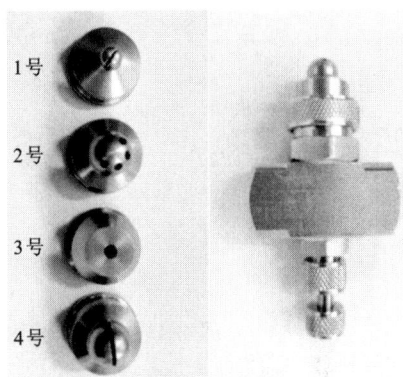

图 4-14　内混式空气雾化喷嘴选型实物

在气压和水压均为 0.5 MPa 的条件下，对 1~4 号空气雾化喷嘴进行喷雾宏观参数测试，结果如表 4-3 所示。1 号喷嘴由于出口直径远小于其余三个喷嘴，所以在相同条件下，其耗水量远小于其余喷嘴。由于 1 号和 4 号的扇形出口设计，其产生的喷雾也近似于扇面，雾化角接近平角。2 号和 3 号喷雾有效射程均超过 2 m，但 2 号广角圆形空气雾化喷嘴的雾化角为 54°，比 3 号喷嘴雾化角大 13°，覆盖横截面更广。

表 4-3　气压和水压 0.5 MPa 下喷嘴宏观参数变化

编号	喷雾有效射程/m	耗水量/(L·min^{-1})	雾化角/(°)
1	1.3	0.63	164
2	2.7	1.01	54
3	3.2	1.5	41
4	1.8	1.3	143

考虑气液比差距太大时，不同管道内会有回流现象产生，影响空气雾化喷嘴性能，所以供气压力与供水压力相差不能过大。对 2 号和 3 号喷嘴在 0.5 MPa 气压，0.3~0.7 MPa 不同水压条件下距喷嘴 0.5 m 截面处液滴 $D_{[3,2]}$ 分布进行比较，结果如图 4-15 所示。

两种空气雾化喷嘴随着供水压力的增大，距喷嘴 0.5 m 截面处液滴 $D_{[3,2]}$ 不断增大，并且增大趋势不断减缓，原因是气液比的降低导致气液混合室内混合不充分。2 号空气雾化喷嘴在水压大于 0.5 MPa 时液滴 $D_{[3,2]}$ 分布小于 3 号，比 3 号捕集小颗粒呼吸性粉尘的能力更强，综合考虑 2 号雾化性能更优。

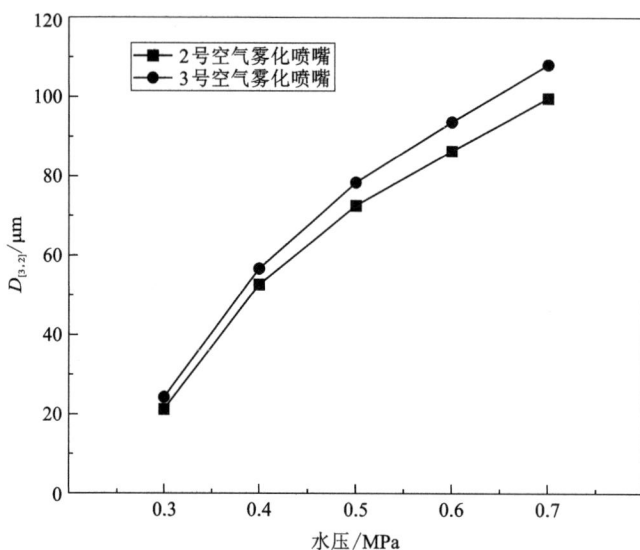

图 4-15　空气雾化喷嘴供水压力变化下的雾滴粒径变化

4.3.1.2　连采掘进面喷嘴设计选型

　　井下连采掘进面提供的水压不高于 4 MPa，供气管距采煤面距离较远。因此考虑使用压力式喷嘴组合进行喷雾降尘，现采用市面上具有代表性的几种压力式喷嘴进行比较选型，实物如图 4-16 所示。1 号为压力式扇形喷头，2 号为雾状六孔喷头，3 号为压力式圆形喷嘴，4 号为圆形旋流喷嘴。

　　在水压为 4 MPa 的条件下，对 1~4 号压力式喷嘴进行喷雾宏观雾化参数测试，结果如表 4-4 所示。1 号喷嘴产生的喷雾也近似于扇面，雾化

图 4-16　压力式喷嘴选型实物

角接近平角为 163°，耗水量达到了 3.1 L/min。2 号和 4 号喷雾有效射程均超过 3 m。3 号压力式喷嘴由于内部存在雾化结构件，所以雾化效果明显好于其余喷嘴，且耗水量最小，但其有效射程太小，且抗风性不足。

表 4-4　水压 4 MPa 下压力式喷嘴宏观雾化参数

编号	喷雾有效射程/m	耗水流量/(L·min^{-1})	雾化角/(°)
1	2.1	3.1	164
2	3.2	3.38	64
3	1.5	0.5	90
4	3.7	3.56	40

对 2 号和 4 号喷嘴在 1~4 MPa 不同水压条件下距喷嘴 0.5 m 截面处液滴 $D_{[3,2]}$ 的分布进行比较,结果如图 4-17 所示。

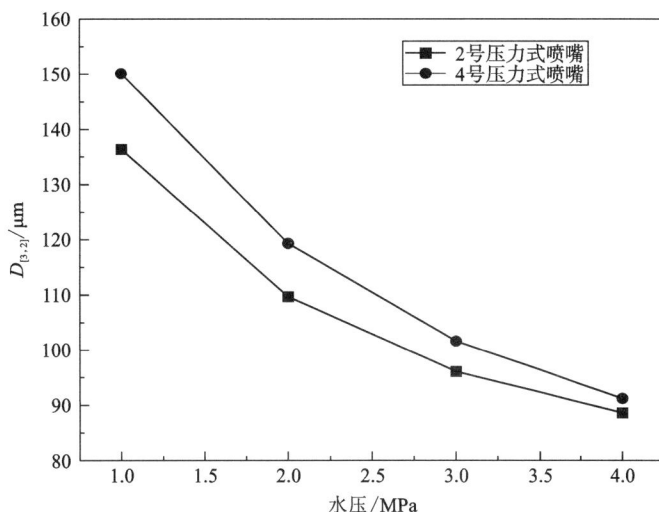

图 4-17　压力式喷嘴供水压力变化下的雾滴粒径变化

两种压力式喷嘴随着供水压力的增大,距喷嘴 1 m 截面处液滴 $D_{[3,2]}$ 不断减小,并且减小趋势不断减缓。在 4 MPa 水压条件下,两种喷嘴液滴 $D_{[3,2]}$ 分布大小的差距不大。因为喷嘴在靠近采煤面处使用,雾状六孔喷头的前端六孔结构易被飞溅的煤泥堵塞,所以采用更不易被堵塞的 4 号压力式喷嘴。

4.3.1.3　仿真实验验证

为获得喷雾参数,在实验室搭建了一套喷雾实验系统,如图 4-18 所示。喷雾实验系统具有供水和供气两条线路,可以测试空气雾化喷嘴和压力式喷嘴两种喷嘴的雾场参数。供水端线路由储水箱、加压水泵、流量计、球型阀和分流器组成,加压水泵从储水箱中抽取清洁水源后,为喷嘴进行水量加压供给,水泵带有压力调节阀,在调节水泵压力的同时,能通过流量计获得总管路的水流量。两个球型阀分别负责开闭管道的供气和供水,最后经过分流器分流后供给多个喷嘴。端线路由加压气泵、流量计、球型阀和分流器组成,加压气泵气源为空气,为喷嘴供给压缩后的高压空气,气泵具有调压阀,在调节水泵压力的同时,能通过流量计计算总管路的空气流量。通过调整铝合金架的架间距离和横梁高度,可达到按坐标需求位置排列固定喷嘴的目的。粒径参数测量采用相位多普勒激光粒子分析仪(PDPA),通过调试设置 X、Y、Z 坐标轴参数,可进行该点位喷雾粒子的参数采集。

由于压力式喷嘴供给水压所需较大,所以选取如图 4-19 所示的 RTX85.150N 型柱塞泵进行压力式喷嘴水流供给,水泵最大工作压力为 15 MPa,最大流量为 85 L/min。

为保证连采机喷雾降尘系统仿真模拟的真实性,采用喷雾实验平台对所选用的 4 号压力式喷嘴,在水压 4 MPa 条件下进行喷雾粒径分布监测。在喷雾场设置五个监测点,以喷嘴出口为原点,监测点三维坐标分别为(0, 500, 0),(100, 750, 0),(200, 1000, 100),(-50, 500, 50),(-100, 750, 50),对五个测点按顺序编号为 1~5。实验室测定数据与仿

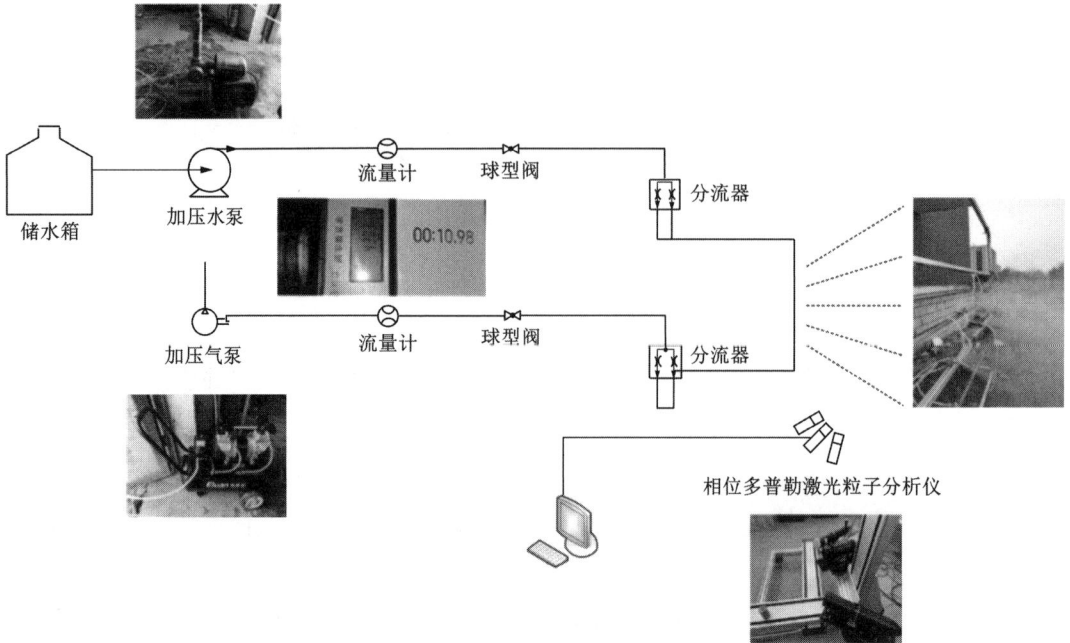

图 4-18 喷雾实验平台

图 4-19 高压水泵

真对应点位监测数据如表 4-5 所示。在各个测点，实验室测定数据与仿真监测值的最大相对误差为 5.3%，说明仿真模拟结果可以作为实际参考使用。

表 4-5 喷雾测定数据

位置编号	实验室测定 $D_{[3,2]}$/μm	仿真监测 $D_{[3,2]}$/μm	相对误差/%
1	91.2	87.3	4.3
2	95.7	90.1	3.8
3	109.4	114.6	4.8
4	92.8	87.9	5.3
5	97.1	96.4	1.3

4.3.2　综掘机工作面喷雾降尘系统的喷雾模块设计及分析

4.3.2.1　综掘机工作面喷雾降尘装置喷嘴点位布置设计

对综掘机的截割部进行实际测量,如图 4-20 所示。截割头最大直径为 800 mm,长度为 1100 mm,而截割头后方臂长为 550 mm,直径为 600 mm。

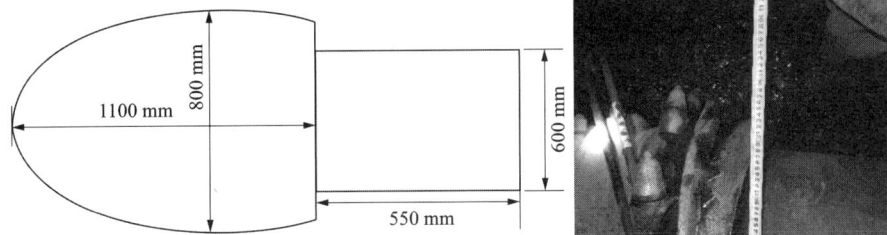

图 4-20　综掘机截割部尺寸

为最大效率地利用喷雾,在综掘机工作时,喷雾的理想包裹截割头状态为喷雾截面圆与截割头最大直径处相切。为保证实际应用中水雾可以完全覆盖尘源,以下水雾覆盖结果采用实际喷雾场直径计算。假设喷头喷射距离为截割臂的长度,则根据喷嘴实验结果,据喷嘴出口 550 mm 处测得的实际喷雾场直径为 500 mm,与实际喷雾场相切的截面圆半径为 400 mm,则喷雾截面圆在截割头截面圆的相切轨道对应所占的圆周角为 44.35°,如图 4-21 所示。

若包裹截割头截面圆上半部分,理论需要覆盖 180°,因为喷雾重叠系数 λ 为 1/4~1/3 时效果最好,对所需喷头个数按下式进行计算:

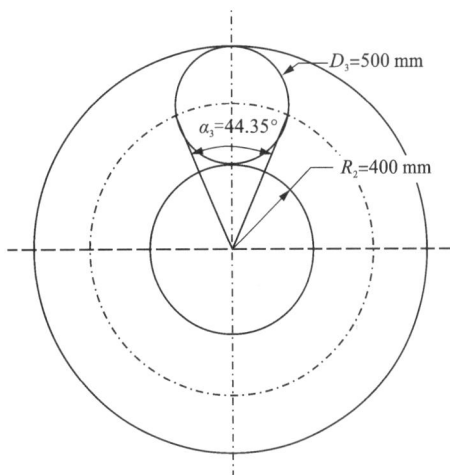

图 4-21　综掘机喷雾尺寸

$$n_1 = \frac{180° - \lambda\alpha_x}{(1-\lambda)\,\alpha_x} \tag{4-18}$$

当 $\lambda = 1/4$ 时,$n = 5.078$。当 $\lambda = 1/3$ 时,$n = 5.588$。由于 $n>5$ 且 $n<6$,喷头计算后上半部喷雾区使用个数为 6。下半部喷雾区的主要作用为封堵截割粉尘、降解铲板部的扬尘和润湿破碎煤炭。因此,下半区雾场由机架两侧喷头形成,喷头到截割头的截面距离为 1550 mm,实验测得的实际喷雾场直径为 1000 mm。布置后喷雾覆盖效果如图 4-22 所示。

预设整个综掘机喷雾降尘系统对综掘机截割头的粉尘捕集区截面如图 4-23 所示,整个粉尘源头被划分为上半部捕集区和下半部捕集区,可以被喷雾完全覆盖。

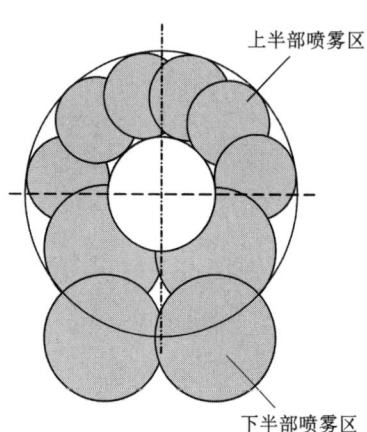

图 4-22 综掘机截割头处截面喷雾区

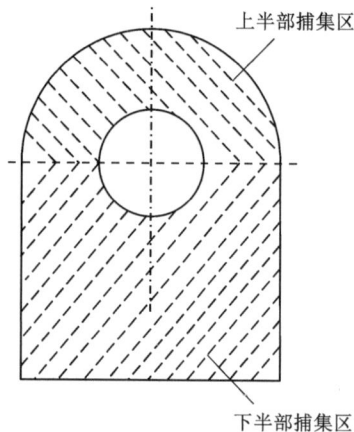

图 4-23 综掘机粉尘捕集区截面

为达到预期的喷雾区布置效果，针对各喷雾装置内的喷嘴位置进行喷嘴布置方向的调控。围脖式喷雾降尘器喷嘴布置向外侧扩张 24.4°的夹角，矩形喷雾降尘器喷嘴布置向截割内侧收缩 4.5°的夹角，如图 4-24 所示。

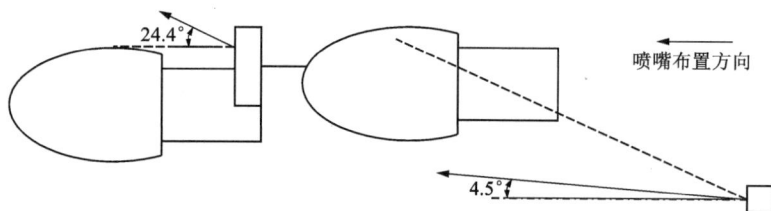

图 4-24 综掘机喷嘴安装布置

4.3.2.2　综掘机喷雾降尘装置结构设计

综掘机喷雾降尘装置使用的是气-水两相流体，所以装置内部采用气-水两路双管道并行，为喷嘴供水和供气的接口间用软管连接，喷嘴固定板用来固定喷嘴位置及调控喷嘴喷射方向，槽口用于装置固定。围脖式喷雾降尘装置内部结构如图 4-25 所示，矩形式喷雾降尘装置除形状与围

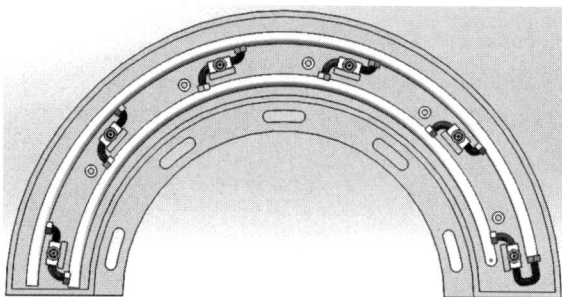

图 4-25 围脖式喷雾降尘装置内部结构

脖式的不同外，内部构造采用与围脖式相同的布置。由于实际安装位置有差异，矩形式喷雾降尘装置槽口设计位置与围脖式也有很大差异。

4.3.2.3　围脖式喷雾降尘装置外防护仿真模拟

井下掘进作业过程中，截割头破碎煤壁时会有大块煤岩脱落，考虑空气雾化喷嘴需气、水两路管道供给高压气流和高压水流，所以装置内部管路较多，易受机械损坏影响，为提高装置使用寿命,对围脖式喷雾降尘装置防护性有一定要求。通过仿真模拟煤块冲击防护外壳,然后加工制作型机,并测试其在工作状态的防护性及其内部喷嘴的工作稳定性。若测试后应用结果不符合要求,则对结构参数进行进一步改变,待达到使用条件后进行批量加工应用推广。设计流程如图 4-26 所示。

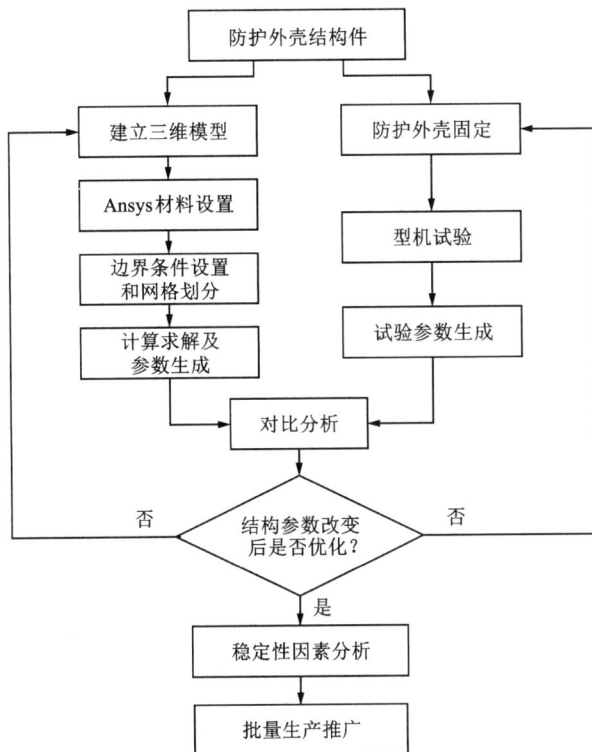

图 4-26 设计分析框图

对围脖式喷雾降尘装置防护外壳进行外部载荷冲击下的动力学分析,采用显示动力学有限元法研究煤块碰撞后结构受力和应变情况,为防护外壳结构参数提供参考[116]。显示动力学采用中心差分法显示求解有限元方程,能够提高计算速度,并且减少存储空间,在碰撞冲击领域中得到了广泛应用,而且该方法能够处理大规模接触问题[117]。其有限元基本方程如下:

$$[M]\{\ddot{u}\}+[C]\{\dot{u}\}+[K]\{u\}=\{F(t)\} \tag{4-19}$$

式中:$[M]$ 为质量矩阵;$[C]$ 是阻尼矩阵;$[K]$ 是刚度矩阵;$F(t)$ 是载荷矢量关于时间的函数;$\ddot{u}$ 是位移对于时间的二阶导数,即加速度矢量;$\dot{u}$ 为位移对时间的一阶导数,即速度矢量;u 是位移矢量。

为提高分析速度,使用三维软件在不影响分析结果的情况下对煤块和围脖式喷雾降尘装置防护外壳进行适当简化,忽略焊接对结构受力的影响,忽略倒角和倒圆,简化螺纹孔,将煤块简化为实心球体[118-119]。

根据煤炭科学研究总院重庆分院的鉴定结论,我国动力煤可采煤层透气性差,93.14%的可采煤层属于松软煤层[120],煤岩材料属性设置如表 4-6 所示。围脖式喷雾降尘装置防护外壳材料采用 45 号钢,壳体厚度设置为 10 mm,其材料属性如表 4-7 所示。

表 4-6　煤岩材料属性

名称	杨氏模量/MPa	泊松比	密度/(kg·m⁻³)
煤岩块	1200	0.3	$0.768×10^3$

分析时,采用球体外观的质量球模拟巷道工作面掘进机工作时飞溅出来的煤块,球体直径为 400 mm,体积约为 0.286 m³,根据表 4-6 可知,其质量约为 205.59 kg。

表 4-7　围脖式喷雾降尘装置防护外壳材料属性

名称	杨氏模量/MPa	泊松比	密度/(kg·m⁻³)
45 钢	$2.09×10^5$	0.269	$7.890×10^3$

采用四面体网格对简化后的碰撞冲击模型进行网格划分,并针对煤岩球体与围脖式喷雾降尘装置碰撞接触的区域进行网格局部加密,从而提高计算结果的准确性。划分结果如图 4-27 所示,其中网格单元总数为 30045 个,节点数为 118212 个。

在 Ansys 的 Explicit Dynamics 模块中,对煤岩球体和防护外壳添加载荷及约束。由于现实条件复杂,对其受力状态进行了简化处理,煤岩球体设置为刚性体,围脖式喷雾降尘装置防护外壳设置为柔性体,煤岩球体以初速度 6 m/s 无摩擦碰撞防护外壳,而防护外壳槽口固定在综掘机截割臂上方,对每个槽口接触面添加固定约束。

选择 AUTODYN 求解器,探究围脖式喷雾降尘装置防护外壳的等效弹性应变和等效弹性应力变化,求解计算时间为 10 ms。当煤岩球体冲击碰撞防护外壳时,短时间内防护外壳受到的等效弹性应变量发生波动,结果如图 4-28 所示。在煤岩球体与其接触后的 2 ms 内,防护外壳发生剧烈形变,其最大变形量为 1.3 mm,然后在 3.5 ms 后最大变形量稳定在 0.3 mm 之内,短暂的冲击碰撞后装置内部并未受到影响。

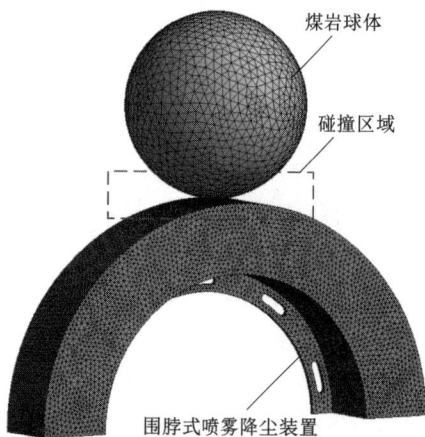

图 4-27　网格划分

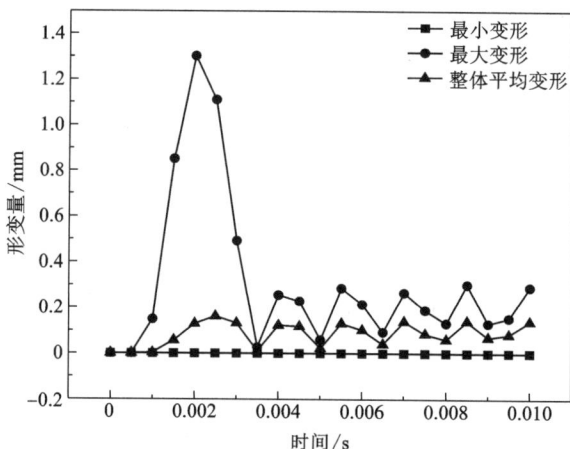

图 4-28　防护外壳碰撞后的应变量分析

　　煤岩球体碰撞冲击后防护外壳等效弹性应变云图如图 4-29 所示。撞击接触后最大等效弹性应变位置是煤岩球体和防护外壳的撞击点，形变量为 1.3012 mm，撞击点下方位置有形变量为 0.5 mm 内的外形变化，说明煤岩球体对防护外壳局部碰撞区域的形变冲击被分散到了下方整体范围。防护外壳固定支撑区域，即槽口位置发生形变量在 0.2 mm 之内，说明用这种固定方式足以满足装置的安装需求。

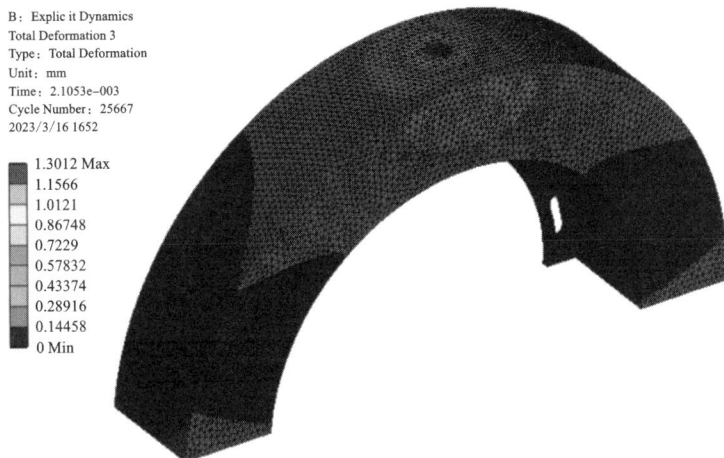

图 4-29　防护外壳碰撞后的形变结果

　　如图 4-30 所示，防护外壳受到碰撞冲击后最大等效弹性应力值为 367.91 MPa，除撞击点外，其余位置的应力值均在 246 MPa 之内，在靠近撞击点槽口处，等效弹性应力值为 232 MPa，而 45 号钢材料屈服强度为 355 MPa，满足安全性能评价标准中的规定，围脖喷雾装置整体受撞击吸收能量能力良好，具有良好的防护性。

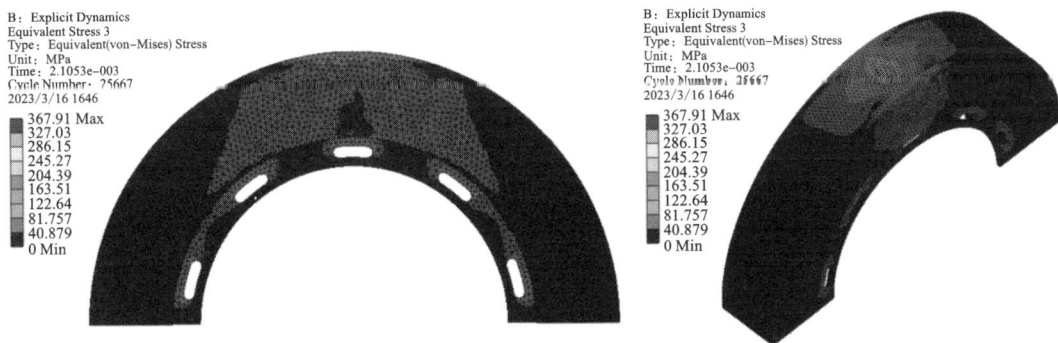

图 4-30　防护外壳碰撞后的形变结果

4.3.3　连采机工作面喷雾降尘系统的喷雾模块设计及分析

4.3.3.1　连采机工作面喷雾降尘装置喷嘴点位布置

为避免水雾直接喷射在滚筒上导致雾滴使用效率降低，在连采机工作时，喷雾的理想包裹截割头状态为喷雾截面圆与截割头最大直径处相切。为保证实际应用中水雾可以完全覆盖尘源，以下水雾覆盖结果采用实际喷雾场直径计算。喷头安装位置到相切面的水平距离为 2 m，根据喷嘴实验结果，据喷嘴出口 2000 mm 处测得的实际喷雾场直径为 800 mm，如图 4-31 所示，滚筒长为 3300 mm，直径为 1100 mm。

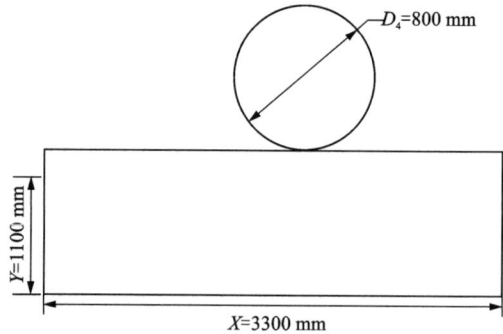

图 4-31　连采机喷雾尺寸

当水雾完全包裹截割滚筒，喷雾重叠系数 λ 为 $1/4 \sim 1/3$ 时，可对所需喷头个数按下式进行计算：

$$n_2 = \frac{x - \lambda h \tan \dfrac{\alpha_x}{2}}{(1-\lambda) h \tan \dfrac{\alpha_x}{2}} \qquad (4-20)$$

在上下两侧横向方向上，当 $\lambda = 1/4$ 时，$n = 5.167$。当 $\lambda = 1/3$ 时，$n = 5.688$。由于 $n > 5$ 且 $n < 6$，经过计算后，上下两侧喷雾区各使用喷嘴个数为 6 个。在左右两侧纵向上，当 $\lambda = 1/4$ 时，$n = 1.5$。当 $\lambda = 1/3$ 时，$n = 1.563$。由于 $n > 1$ 且 $n < 2$，经过计算后，左右两侧喷雾区各使用喷嘴个数为 2 个。布置后喷雾覆盖效果如图 4-32 所示。

预设整个连采机喷雾降尘系统对连采机截割滚筒的粉尘捕集区截面如图 4-33 所示，喷雾可以完全覆盖整个滚筒。

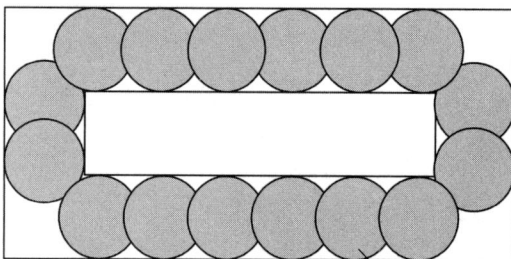

图 4-32　连采机截割头处截面喷雾区

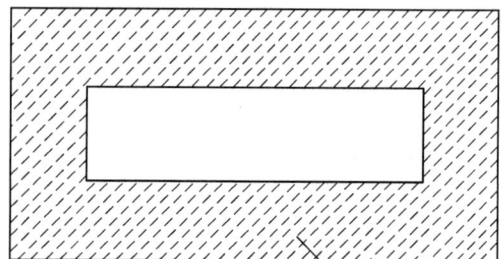

图 4-33　连采机粉尘捕集区截面

实际应用时，为保证喷雾与连采机截割滚筒截面相切，须对安装的矩形喷雾降尘装置内的喷嘴喷射方向进行调整，如图 4-34 和图 4-35 所示。上下侧喷嘴布置方向向外侧倾斜 15°，滚筒左右侧喷嘴布置方向向外侧倾斜 13°。

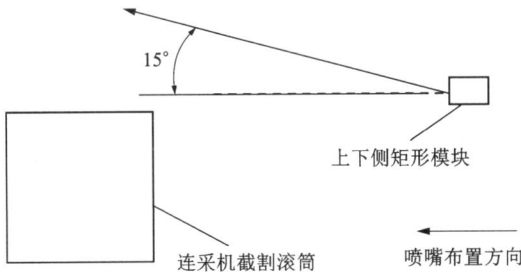

图 4-34　连采机上下侧喷嘴安装布置

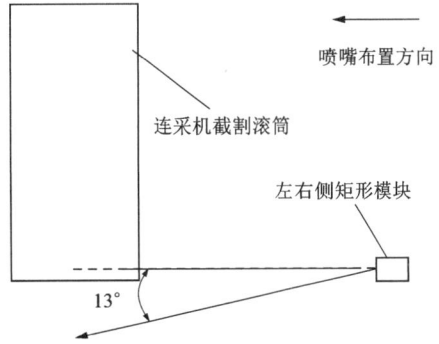

图 4-35　连采机左右侧喷嘴安装布置

为减小装置体积，对设计好的喷嘴点位布置进行划分，采用多装置小体积的方法，以两个喷嘴为一组设计矩形喷雾降尘装置，如图 4-36 所示。由于采用压力式喷嘴，所以装置只有水路一条管道，其内部结构简单，喷嘴所在的出口已经按设计角度倾斜，而装置两边配有槽口，用于安装固定。

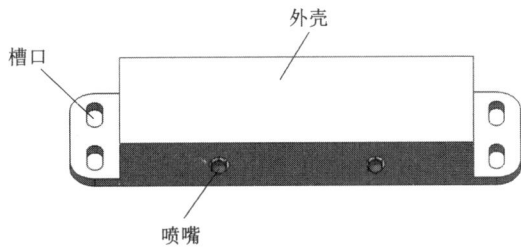

图 4-36　矩形喷雾降尘装置

4.3.3.2　连采机工作面喷雾降尘系统雾场仿真模拟

对连采机矿方原有喷嘴点位布置和优化后喷嘴点位布置进行仿真模拟，结果如图 4-37 所示，矿方原有喷嘴布置方向均为水平方向，连采机上方密集地布置 12 个喷嘴，而连采机下方并无布置喷嘴，侧边布置两个喷嘴。优化后喷嘴总数量并未改变，而是调整了喷嘴喷射方向，将连采机上方密集布置的喷嘴分出一半布置在连采机下方。

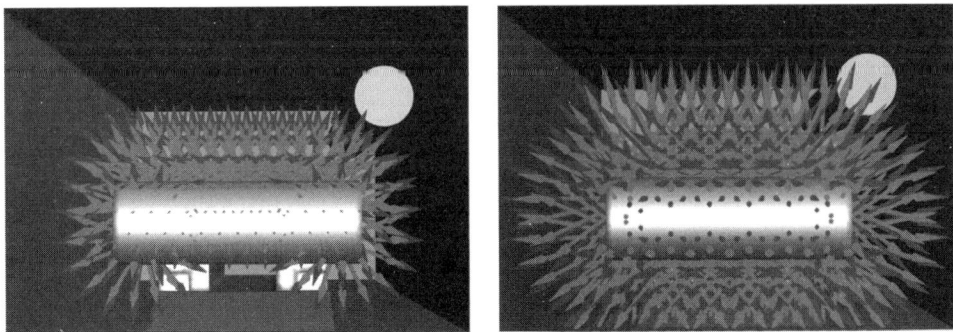

（a）连采机矿方原有仿真布置

（b）连采机优化后仿真布置

图 4-37　连采机优化前后仿真布置

对于喷嘴喷射粒子扩散的流动模拟，离散相模型中连续相为空气，离散相为液滴。在物理模型中打开 Stochastic Collision 以及 Coalescence 选项。喷嘴种类采用 Pressure-Swirl-Atomizer 类型，注射粒子类型为 Inert，曳力模型为 Dynamic，破碎模型为 Wave。连采机矿方原有喷嘴点位布置和优化后喷嘴点位布置的模拟雾场如图4-38所示，原有布置中，连采机上方雾滴堆积数量过多，而连采机下方雾滴很少。经过优化后，连采机四周雾滴分布均匀，且雾场在巷道覆盖区域更为广阔，连采机截割滚筒被完全覆盖的同时，铲板部煤炭也会被雾滴润湿。

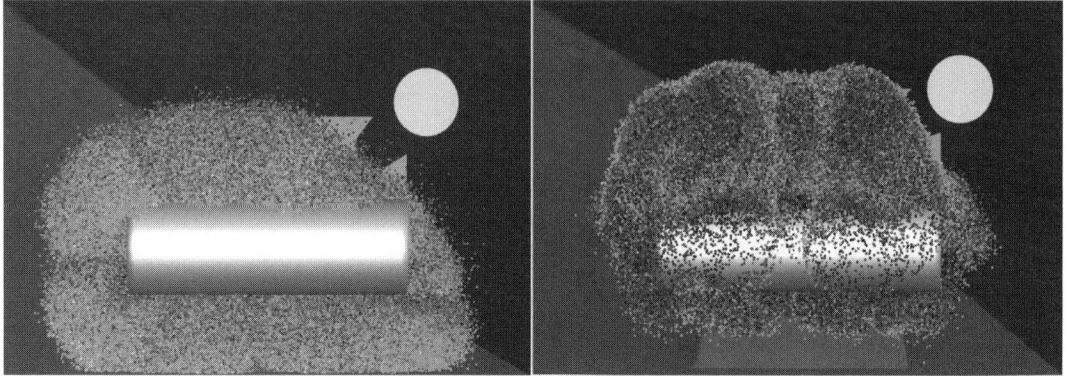

(a) 连采机矿方原有喷嘴布置雾场　　　　　　　　(b) 连采机优化后喷嘴布置雾场

图4-38　连采机优化前后雾场

为探究连采机原有喷嘴点位布置和优化后喷嘴点位布置的喷雾特征，对连采机截割滚筒中心所在的垂直截面进行了粒子监测，导出了经过该平面的粒子特征参数，导出的粒子参数文件如图4-39所示。

图4-39　粒子参数文件

分别对优化后喷嘴布置和矿方原喷嘴布置两种条件进行仿真，经过模拟后对粒子参数进行处理计算，结果如图4-40所示。在连采机截割滚筒中心所在的垂直截面处，矿方原布置特征直径明显大于优化后喷嘴布置，其中矿方原布置条件下，雾滴D_{10}比优化后喷嘴布置大 22.8 μm，D_{50} 比优化后喷嘴布置大 30.76 μm，D_{90} 比优化后喷嘴布置大 56.23 μm，$D_{[3,2]}$ 比优化后喷嘴布置大 31.9 μm。多个喷嘴之间间隙较小且布置密集的情况下，区域雾滴浓度过大，雾滴间容易发生碰撞黏合，其形成的雾场粒径会增大，所以适当增大喷嘴间的布置距离，可以使雾场内雾滴粒径减小。

在井下作业时，由于工作面实际风速较大，为研究实际环境风流对多喷嘴形成的雾场内雾滴粒径的影响，分别为优化后喷嘴布置提供有风条件和无风条件两种工况，即做出连采掘进面正压风筒流出口风速为 8 m/s 和 0 m/s 两种设置，经过模拟后对粒子参数进行处理计算，结果如图 4-41 所示。在连采机截割滚筒中心所在的垂直截面处，有风条件下的特征直径更大，其中 D_{90} 之间差距最为明显，比无风条件下的 D_{90} 大 24.93 μm；有风条件下截面处的 D_{10} 为 92.4 μm，D_{50} 为 153.75 μm；有风条件下截面处的 $D_{[3,2]}$ 为 139.85 μm，比无风条件下截面处的 $D_{[3,2]}$ 大 8.82 μm。相比无风条件，在现场风流影响下，多喷嘴组成的雾场内雾滴粒径会增大。

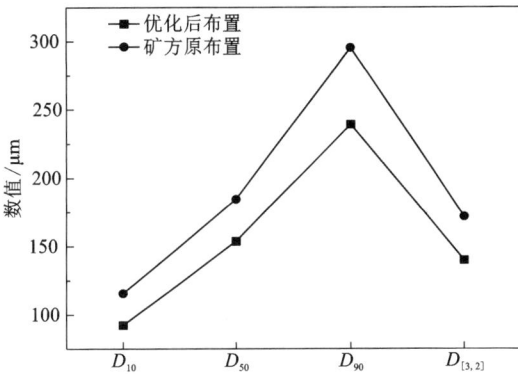

图 4-40　截面处布置优化前后雾滴特征值比较　　图 4-41　截面处有无风流条件下雾滴特征值比较

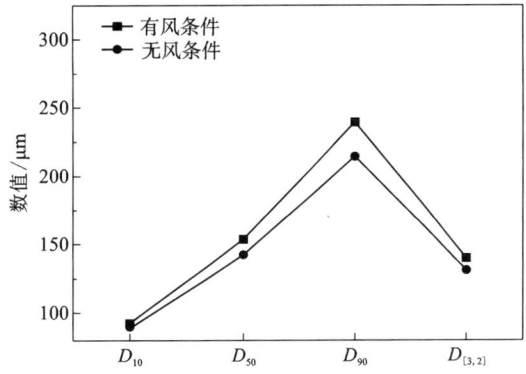

为研究现场风流对压风筒侧和人行道侧雾场的影响，在实际风流条件下对优化后喷嘴布置进行雾场仿真，经过模拟后对粒子参数进行处理计算，结果如图 4-42 所示。以巷道中轴线为分割线，在连采机截割滚筒中心所在的垂直截面处，人行道侧的雾场内雾滴粒径略微大于压风筒侧，所有雾滴粒径特征值均相差 6 μm 以内，其中人行道侧截面处的 $D_{[3,2]}$ 为 143.4 μm，压风筒侧截面处的 $D_{[3,2]}$

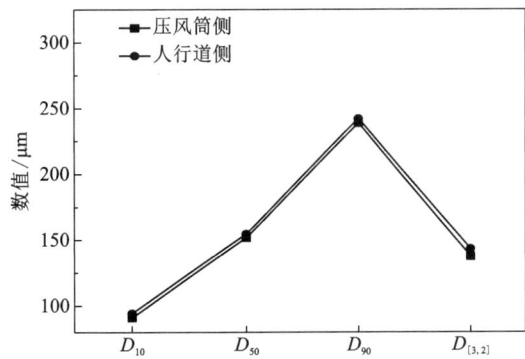

图 4-42　截面处雾滴横向特征值比较

为 5.7 μm。在实际环境风流条件下，靠近和远离风流压风筒对多喷嘴雾场内雾滴粒径的影响较小。由风流场分析可知，在连采机截割滚筒中心所在的垂直截面处，即喷射距离不变的情况下，因为人行道侧平均风速大于压风筒侧平均风速，风速越大的风流扰动下雾滴粒径越大，所以人行道侧的雾场内雾滴粒径略微大于压风筒侧的雾场内雾滴粒径。

4.3.4 喷雾降尘系统智能控制硬件与软件的研发设计

4.3.4.1 喷雾降尘系统智能控制硬件设计

①电源稳压电路原理：在一个完整的控制系统中，电源的稳定是必不可少的，其同时也是保证系统各部分稳定工作的前提。采用井下控制回路电压 36 V 作为输入电源，总共有 12 V、5 V、3.3 V 三个电压等级，将 36 V 电源电压稳压成 12 V 和 5 V，稳压电路如图 4-43 和图 4-44 所示；再将 5 V 稳压到 3.3 V，稳压电路如图 4-45 所示。

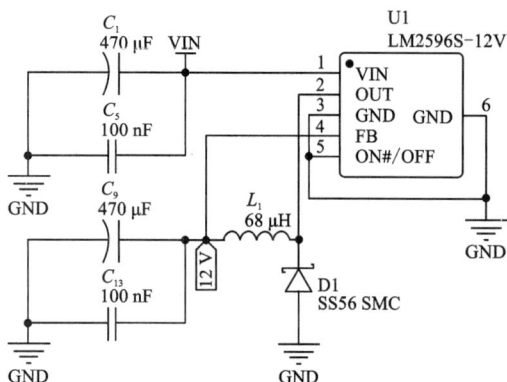

图 4-43　12 V 稳压电路　　　　　　　图 4-44　5 V 稳压电路

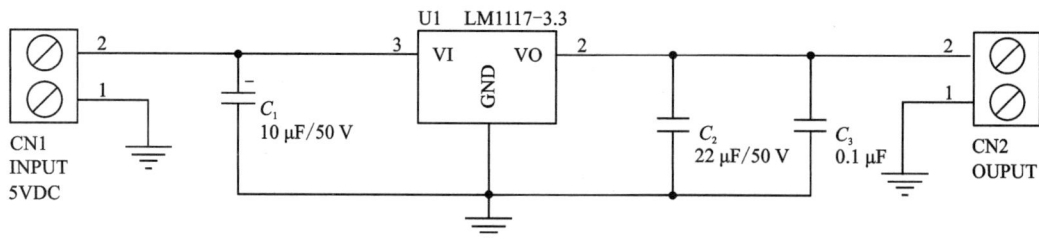

图 4-45　3.3 V 稳压电路

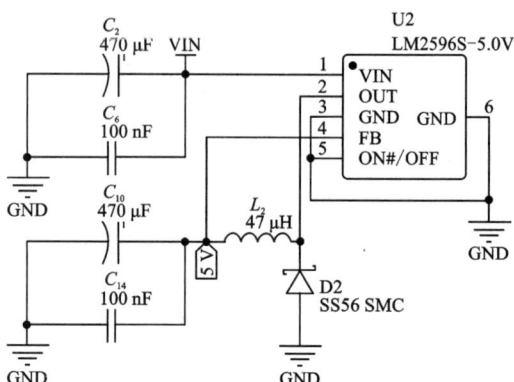

②晶体管光耦放大电路：系统中存在电磁阀，需要较大的电流，因此采用晶体管光耦放大电路驱动电磁阀。光耦隔离对输入、输出电信号起到隔离作用，具有良好的电绝缘能力和抗干扰能力，能够保护电路，并且可由单片机输出信号控制 NPN 或者 PNP。输入电流为 5~10 mA，输出电流为 3 A，最大可达到 5 A。一共有四路，可以同时控制 4 个电磁阀，电路如图 4-46 所示。

4.3.4.2 喷雾降尘系统智能控制软件设计

智能喷雾控制系统算法设计：控制器采用有差值的二位式闭环控制算法，主要根据粉尘质量浓度传感器的实时数据和红外传感器的数据，将其与设置阈值的 1.1 倍进行比较，自动开启或关闭喷雾控制阀来降低现场的粉尘质量浓度[121-123]。本系统以 STM32F103 为控制核心，由粉尘浓度传感器监测煤矿井下工作环境中的粉尘浓度，并将数据传输到控制器中，由单片机进行内部处理并通过 LCD 显示，然后与预先设置的阈值进行比较，再根据比较结果判

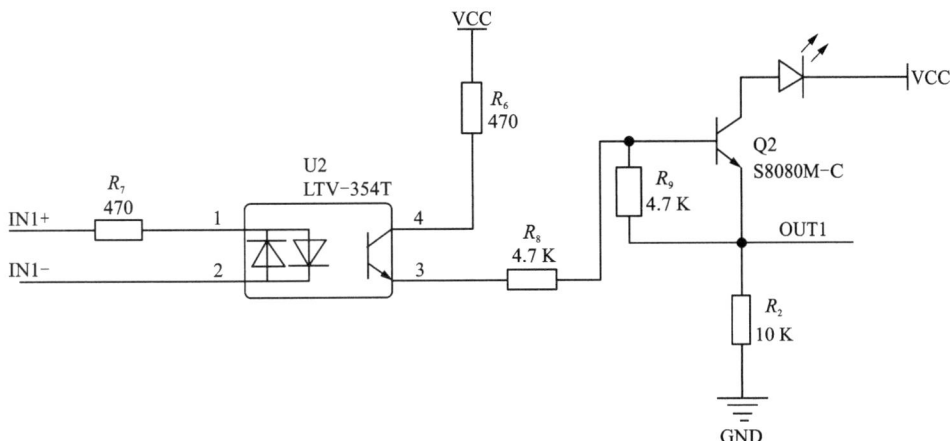

图 4-46　晶体管光耦放大电路

断电磁阀组开启情况，如果监测浓度在一级区则开启电磁阀 1，在二级区则同时开启电磁阀 1、电磁阀 2，在三级区则同时开启电磁阀 1、电磁阀 2、电磁阀 3，喷头喷水量随着电磁阀组开启阀门数量的增加而增大；在喷雾降尘工作开展时，如果有工作人员因工作需要经过喷雾工作区域，则由红外感应传感器将监测数据发送至控制器，使电磁阀组停止工作，工作人员离开之后继续读取粉尘浓度并判断电磁阀组是否开启进行降尘工作，若监测到的粉尘浓度持续高于阈值，则电磁阀组开启，喷雾工作继续执行。程序流程图如图 4-47 所示。

　　粉尘传感器主要用于检测空气中的粉尘浓度，主控 STM32F103 通过自身的串口通信获取光电传感器的测量数据，再对数据进行数字滤波处理、数据融合后，最终获得粉尘浓度。具体流程为：光电传感器获取现场模拟信号，经 A/D 转换模块将模拟信号转换为数字信号，再通过串口读取、处理数字信号传输至单片机，最后采用中值滤波处理后输出粉尘浓度值。此传感器选择串口通信协议，波特率为 9600，在采集数据前，需要对串口进行初始化设置，设定检测计时周期，保证读取到的数据为最新数据。粉尘检测模块程序流程如图 4-48 所示。

　　人体都有恒定的体温，一般在 37 ℃，所以会发出特定波长 10 μm 左右的红外线，被动式红外探头就是靠探测人体发射的 10 μm 左右的红外线进行工作的。人体发射的 10 μm 左右的红外线通过菲涅尔滤光片增强后聚集到红外感应源上，红外感应源通常采用热释电元件，这种元件在接收到人体红外辐射温度发生变化的信息时就会失去电荷平衡，向外释放电荷，后续电路经检测处理后就能产生报警信号[124-125]。

　　当人进入其感应范围则输出高电平，电磁阀关闭后喷雾暂时停止；人离开感应范围时自动延时关闭高电平，输出低电平，电磁阀打开继续喷雾。此中断优先级最高，同时带有温度补偿：在夏天，当环境温度升高至 30~32 ℃ 时，探测距离稍微变短，温度补偿可作一定的性能补偿。红外感应模块程序流程图如图 4-49 所示。

　　为避免在设限附近频繁开停设备影响设备的敏感性，阈值设定采用具有回差的二位式控制算法，将设定的阈值的 ±0.1 倍作为回差调节的上下限。

　　主控制器接收传感器监测到的数据，将监测数值初始分为三个等级，等级阈值分别为 30 mg/m³、160 mg/m³、290 mg/m³。等级浓度阈值可以通过上位机进行调节。达到对应阈值后，电磁阀组逐级展开，可实现随着煤尘浓度的升高降尘喷水量逐步提升的效果。煤尘浓度逐渐降低，当监测数值低于安全阈值时，电磁阀组关闭，电磁阀组会随着煤尘浓度等级的下降逐渐关闭对应电磁阀，流程图如图 4-50 所示。

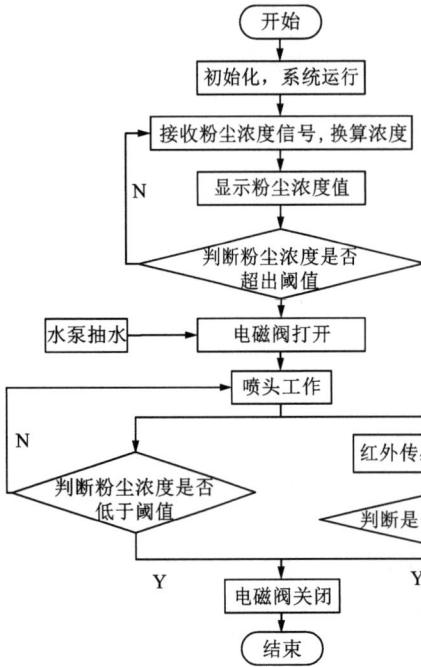

图 4-47　程序流程图

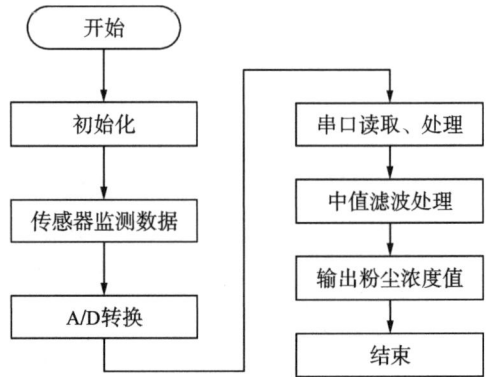

图 4-48　粉尘检测模块程序流程图

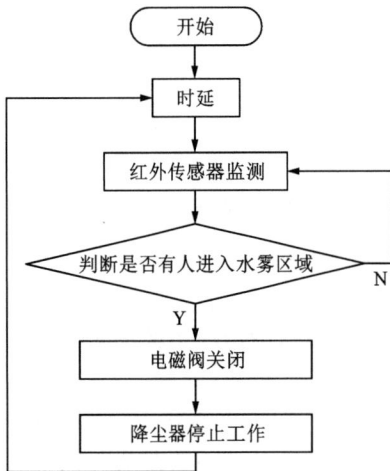

图 4-49　红外感应模块程序流程图

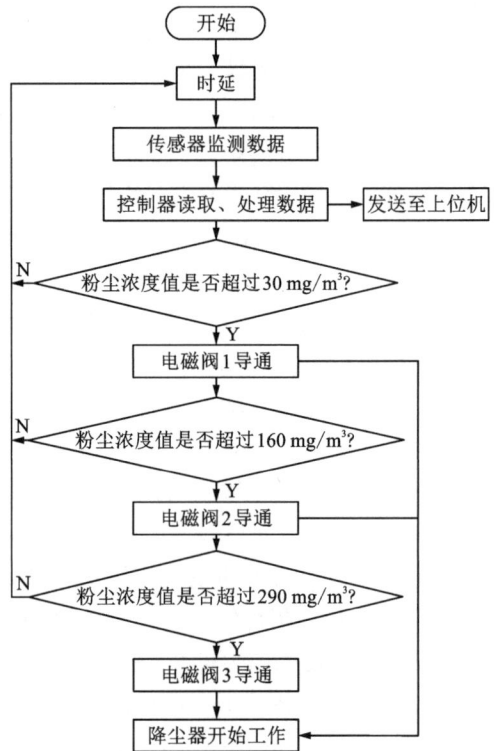

图 4-50　粉尘传感器控制电磁阀原理图

4.4 井下掘进工作面降尘效果实验分析

4.4.1 掘进工作面喷雾降尘系统的安装布置

在魏墙煤矿 2304 胶运顺槽综掘工作面安装布置综掘机喷雾降尘系统,其井下安装布置图如图 4-51 所示。其中,围脖式喷雾降尘器用六角螺钉固定安装在综掘机截割臂尾处的上方位置,而矩形式喷雾降尘器固定安装在综掘机的机架两侧,滤清器放置在综掘机的机架上方,粉尘浓度传感器布置在司机位置处,高压水流和高压气流由高压水管和高压气管从总管道分流截取。

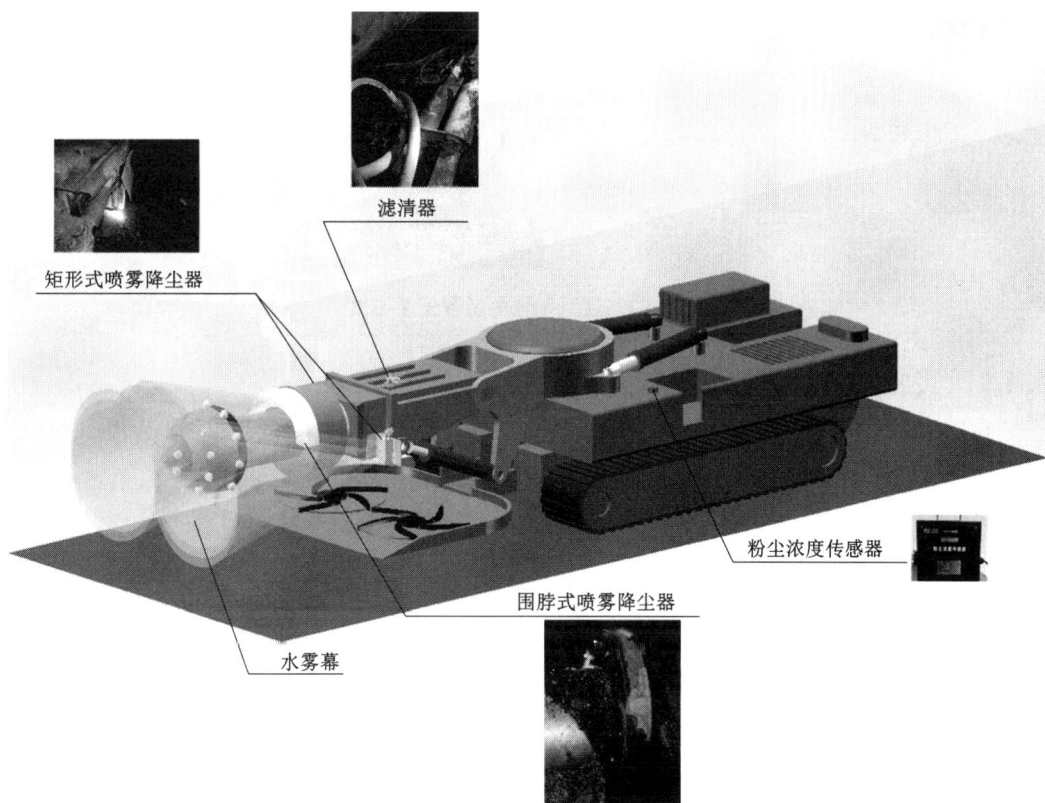

图 4-51 综掘工作面装置安装布置

在红柳林煤矿 25212 连采掘进面安装布置连采机喷雾降尘系统装置,其井下安装布置图如图 4-52 所示。其中,矩形降尘装置安装在远离截割滚筒的截割部四周,由六角螺钉紧固在连采机上,共布置 8 个矩形降尘装置,滤清器放置在连采机的机架上方,粉尘浓度传感器布置在司机位置处,高压水流由高压水管从总管道分流截取供给。

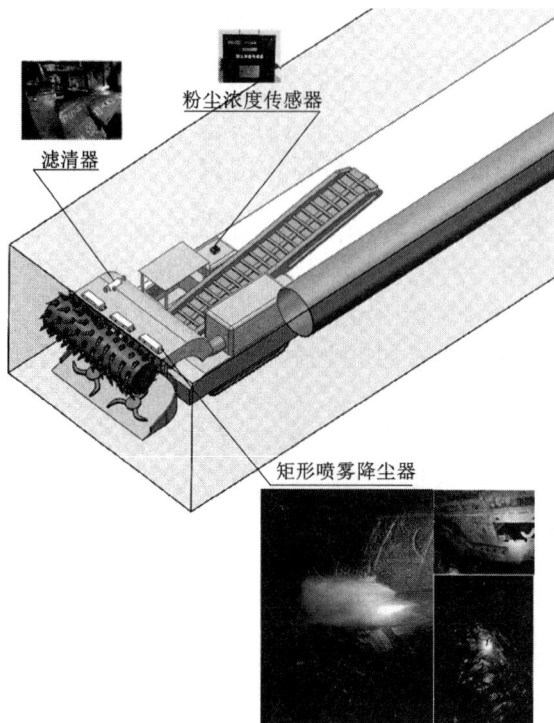

图 4-52 连采掘进面装置安装布置

4.4.2 实验结果及分析

井下工作面采用过滤称重法来进行粉尘浓度测量，通过粉尘采样机在现场收集一定体积的含尘气体，粉尘会截留在滤膜表面[126]。收集结束后计算滤膜的增量，得出单位体积含尘气体的粉尘质量，相比其他粉尘测量方法，使用这种测量方法可以最大程度地保证测量的准确性。

依据《煤矿井下粉尘综合防治规范》（AQ 1020—2006），开展掘进工作面产品除尘效果实测考察。采样器采样测试每次 5 min，流量 20 L/min，采用全尘和呼尘滤膜采样[127]。A 点为司机位置；B 点为回风侧，距离掘进工作面采煤处 15 m。综掘工作面和连采掘进面粉尘测试的测点布置如图 4-53 和图 4-54 所示。

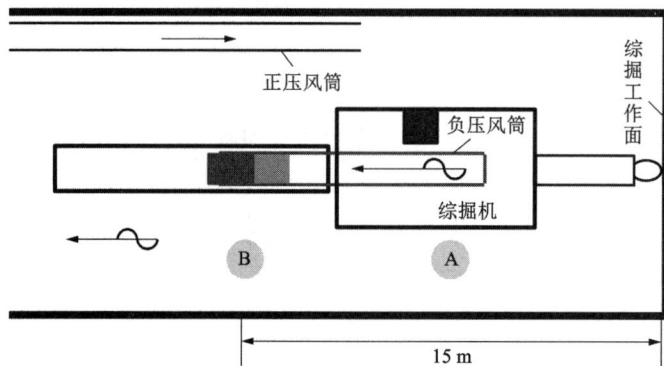

图 4-53 综掘工作面粉尘测点布置

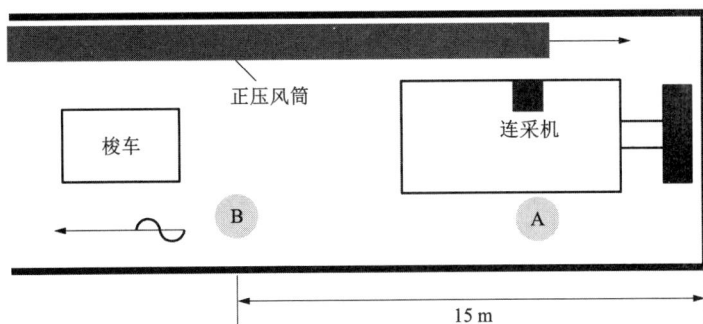

图 4-54　连采掘进面粉尘测点布置

为确定优化后的综掘机和连采机喷雾降尘系统应用的除尘效果，对原有除尘技术设备和优化后的除尘技术装置进行对应测点的粉尘浓度的收集测量，魏墙煤矿井下综掘工作面测量结果和计算后的除尘效率如表 4-8 所示，红柳林煤矿井下连采工作面测量结果和计算后的除尘效率如表 4-9 所示。

表 4-8　综掘工作面装置除尘效果

开启矿方原除尘装备测点浓度/($mg \cdot m^{-3}$)			开启新除尘装备测点浓度/($mg \cdot m^{-3}$)			除尘效率/%	
测点	全尘	呼尘	测点	全尘	呼尘	全尘	呼尘
A	115.9	40.2	A	83.5	32.7	28.0	30.3
B	74.2	28.1	B	54.3	20.5	26.8	27.0

表 4-9　连采掘进面装置除尘效果

开启矿方原除尘装备测点浓度/($mg \cdot m^{-3}$)			开启新除尘装备测点浓度/($mg \cdot m^{-3}$)			除尘效率/%	
测点	全尘	呼尘	测点	全尘	呼尘	全尘	呼尘
A	58.4	23.4	A	42.5	18.0	27.2	23.1
B	69.7	41.5	B	51.0	30.5	26.8	21.4

由两表可以得出：

①综掘工作面司机位置处测点粉尘浓度比距采煤壁 15 m 处测点粉尘浓度高，但距连采掘进面的采煤面 15 m 处测点粉尘浓度比司机位置处测点粉尘浓度高，这是由于连采掘进面在煤炭开采运输时会经过梭车转运，梭车在连采机和破碎机之间来回移动时，扬尘不可避免。

②虽然两个装备应用地点不同，但经过参数优化后的装置应用后比矿方原有的设备降尘效果好，在司机位置处测点，综掘工作面优化后的设备对全尘除尘效率比矿方原有技术提高 28%，对呼尘除尘效率比矿方原有技术提高 30.3%；连采掘进面优化后的设备对全尘除尘效率比矿方原有装备提高 27.2%，对呼尘除尘效率比矿方原有技术提高 23.1%，这证明了参数优化的可行性。

4.5 本章小结

针对不同工况进行模块化设计，选取合适的喷嘴进行实验，并通过喷雾实验系统的验证进行仿真，确定了综掘工作面和连采掘进面的喷嘴类型和布置方式。同时，通过分析现场风流分布和风流对喷嘴雾场的影响，进一步优化了喷嘴的设计和布置。对魏墙煤矿和红柳林煤矿进行了降尘效果测试分析，结果表明，新设计的喷雾降尘系统相比原有的除尘技术，全尘除尘率提高了 28%～30.3%，呼尘除尘率提高了 27.2%～23.1%。这证明了多适应性喷雾降尘装备在掘进工作面降尘中的可行性。

①通过研究井下综掘工作面和连采掘进面两种掘进工作面的主要尘源，判断减少粉尘浓度主要是减少煤块破碎后粉尘在巷道空间内的扩散和煤炭输送时粉尘的扬起，采用喷雾降尘技术对粉尘扩散进行控制的同时能对煤块进行润湿。

②针对井下现场条件限制导致降尘效果与预期不符的问题，本书进行了模块化设计，根据实际水压、风压和安装位置等条件需求，在综掘工作面选择了广角圆形空气雾化喷嘴，在连采掘进面选择了圆形旋流喷嘴。根据应用需求计算了喷嘴的布置，在连采掘进面实际工况下，模拟研究了现场风流对布置的喷嘴雾场的影响。结果显示，相比无风条件，现场风流下多喷嘴组成的雾场内雾滴粒径会增大，尤其是在较大风速的风流扰动下雾滴粒径更大。为了提升井下降尘装备的自动化程度，本章还添加了粉尘检测和智能控制，通过检测现场粉尘浓度来控制掘进工作面的喷雾降尘装备的使用。这些研究可以有效改善井下作业环境，提高降尘效果。

③在魏墙煤矿和红柳林煤矿进行了降尘效果测试分析，结果表明，新设计的喷雾降尘系统相比原有的除尘技术，全尘除尘率提高了 28%～30.3%，呼尘除尘率提高了 27.2%～23.1%。这证明了多适应性喷雾降尘装备在掘进工作面降尘中的可行性。

第 5 章

煤矿工作面风水联动装置研究及其关键装备部件的设计

随着采煤技术和机械化水平的快速提升，采煤工作面的产尘量也进一步增多，给矿工的身体健康和煤矿的安全生产带来了巨大的隐患。本章主要介绍除尘装置结构和部件的关键技术设计，基于风水联动除尘器的工作原理，分析了风水联动除尘器实验系统的设计要求，确定了风水联动除尘器实验系统的总体设计方案，并根据该方案完成了尘源系统、风筒等重要部件的设计与选型。

5.1　风水联动除尘装置的设计原则及构成

由于综掘工作面作业产尘量大，在采用外喷雾装置进行喷雾降尘时，虽然能取得一定的除尘降尘效果，但仍然有大量的粉尘向后方逃逸，因此，有必要对综掘工作面采取其他有效的降尘措施。煤矿综掘工作面属于特殊的作业环境，具有工作空间拥挤、作业工序繁杂、作业噪声污染大、视线受限等特点。除尘系统及装置的设计必须满足高效、体积小、结构简单、后期维护方便等需求，同时不能增加井下煤矿工人的工作量，也不能影响正常的生产工作。因此，通过对魏墙煤矿的分析和现场考察，设计了一套新型风水联动除尘装置。

5.1.1　风水联动除尘装置的设计原则

由于综掘工作面的产尘量大，即使采用外喷雾装置来阻止掘进机截割部处的粉尘逃逸，仍然会有大量的粉尘逃逸出去，从迎头面向巷道后方移动，危害工人的身心健康。即使加大外喷雾装置的喷雾量，虽然可以在一定程度上降低逃逸的粉尘量，但是也会增加工作面的积水，严重影响作业人员的工作环境。因此设计了风水联动除尘装置来降低综掘工作面的粉尘浓度，风水联动除尘装置的设计必须满足以下设计原则：

①风水联动除尘装置在使用过程中，与压风筒组成压轴的重合区域内不会出现循环风；

②安装的风水联动除尘设备必须便于移动，增加的设备必须考虑与掘进设备的一体性，保证采掘工作的掘进速度；

③采用的湿式除尘装置必须保证工作面有一个良好的工作环境，将工作面增加的水量控制在一定范围内，符合《煤矿安全规程》的要求。

根据上述设计原则,结合魏墙煤矿的实际情况,设计了一种风水联动除尘装置,并在综掘工作面进行使用。

5.1.2　风水联动除尘装置的构成

通过对魏墙煤矿的现场考察和研究分析,设计了一套风水联动除尘装置。该系统主要由吸尘罩、风水联动除尘器、柔性风筒和支撑架等组成,图 5-1 为本书设计的风水联动除尘装置结构示意图。

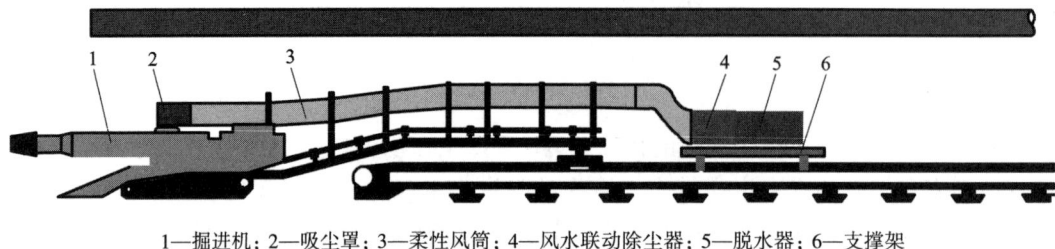

1—掘进机;2—吸尘罩;3—柔性风筒;4—风水联动除尘器;5—脱水器;6—支撑架

图 5-1　风水联动除尘装置结构示意图

风水联动除尘装置的吸尘罩部件固定于掘进机机身上,柔性风筒连接吸尘罩和除尘器,支撑架将除尘器和脱水器固定在刮板输送机上,该装置结构简单,安装也比较方便。在工作时将掘进机在作业时的含尘气流从吸尘罩的附近区域负压吸入,含尘气流继续在风筒内流动,并到达风水联动除尘器的内部,在除尘器扇叶强旋流的作用下,粉尘与雾滴充分混合并被雾滴捕集,最后含尘雾滴吹送到脱水器内沉降为污水并排放。

5.2　风水联动装置主要结构组件的研发设计

5.2.1　除尘器设计及工作原理

掘进工作面的环境一般比较恶劣,工作面空间狭小,采掘机械占据了较大的空间,因此需要根据井下的实际情况来设计适宜的除尘器。目前市面上的除尘器类型比较多,大体可以分为机械式、过滤式、湿式、电除尘四种类型。

机械式除尘器主要是指利用尘埃的惯性和重力而设计的除尘设备,例如沉降室、惰性除尘器、旋风除尘器等,主要用于分离高浓度粗粒径粉尘。它具有结构简单、价格低、维护方便等优点,缺点是降尘效率低,尤其是对细小尘粒,且关键部位容易磨损。

过滤式除尘器是利用滤袋等过滤材料将含尘气流中的粉尘过滤出来的除尘设备,过滤式除尘器广泛应用于各个工业部门,捕获的粉尘微粒可达 0.1 μm。过滤式除尘器具有很高的除尘率,而且结构简单,运行稳定,动力消耗小,缺点是过滤速度较低,一般体积庞大,寿命短,运行费用高,需要定期的维护等。

湿式除尘器的种类繁多,结构形式不同,除尘效果不一。它是使含尘气体与液体密切接触,利用水滴和颗粒的惯性碰撞及其他作用捕集粉尘颗粒或使颗粒增大的装置。其主要优点是结构简单，占地面积小，投资成本低，缺点则是，与干式除尘器相比，需要消耗水来降尘。

电除尘是利用尘粒荷电的原理，使粉尘颗粒在库仑力的作用下从气流中分离出来的除尘设备。电除尘器对粉尘有一定的选择要求，优点是净化效率高，阻力损失小，总能耗低，缺点是设备比较复杂，投资较大，且不适宜爆炸性粉尘。

综上可知，机械式除尘器、过滤式除尘器和电除尘并不适合在煤矿井下使用，湿式除尘器是一个比较好的选择，而且煤矿井下供排水系统比较完善，故最终选择湿式除尘器。

根据掘进工作面的实际供风情况，为了防止掘进工作面在"长压短抽"措施下造成重叠区内无风的情况，需要根据风量对湿式降尘器进行设计。相关学者指出，当除尘器抽风量大于压入式风量时，随着抽风量的逐渐增加，压轴风筒重叠段的风流速度也会提高，逃逸至此处的粉尘会重新被吸尘口捕捉，这就提高了通风排尘效果。已知该掘进工作面供风量 $Q_压$ 为 300 m^3/min，确定湿式除尘风机的设计处理风量应大于 300 m^3/min。

图 5-2(a)为本书所设计的湿式除尘风机——风水联动除尘器，该风水联动除尘器主要由降尘器机身和降尘器底座组成。降尘器底座用于降尘器的固定，降尘器内部主要由气动马达、扇叶、旋转喷管等相关部件依次组装而成。风水联动除尘器可在矿井水压达到 3 MPa 以上时用 DN19 的高压水管直接连接降尘器，高压水会从旋转喷管上的喷射小孔喷出并击打降尘器筒壁。当水压小于 3 MPa 时，可增加压风管路驱动气动马达，使降尘器进行风动力和水动力联合使用，以此达到更好的吸尘降尘效果。除尘器不需要电能，用井下静压水或矿井供风带动装置里的叶轮转动即可达到降尘的目的，经过长时间多地点反复测试，该除尘器降尘效果明显，能更好地保护尘源附近工作人员的身体健康。

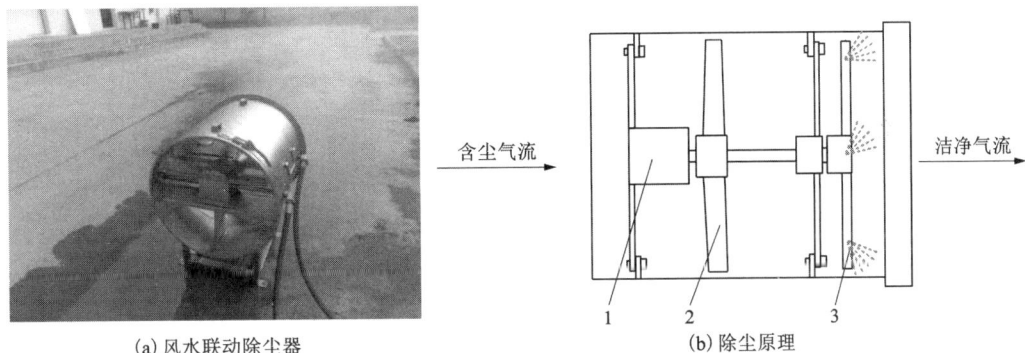

(a)风水联动除尘器　　　　　　　　　(b)除尘原理

1—气动马达；2—扇叶；3—旋转喷管

图 5-2　风水联动除尘器实物及原理图

该除尘器调节至最高额定水压和工作气压可使最高处理风量达到 360 m^3/min。风水联动除尘器的主要技术指标如表 5-1 所示。

表 5-1　KJS-200Y 型风水联动除尘器技术参数

名称	用水量/($m^3 \cdot h^{-1}$)	额定水压/MPa	规格/mm	工作气压/MPa	处理风量/($m^3 \cdot min^{-1}$)
风水联动除尘器	3	0.5~6	φ650	2~6	≤360

图 5-2(b) 为风水联动除尘器的原理图，高压水通过旋转喷管上的小孔喷出高密度雾滴，水雾团击打在风水联动除尘器筒壁上产生反作用力，反作用力推动旋转喷管连动扇叶进行高速旋转，若单水力动力不足以满足使用要求，则接入气管使气动马达旋转，与旋转喷管共同带动扇叶旋转。高速旋转的扇叶在风水联动除尘器的入口端附近产生负压，含尘气流在负压的作用下进入风水联动除尘器内部，含尘气流在风水联动除尘器内部运移到旋转喷管位置时，遇到高浓度的雾团，粉尘颗粒与雾滴发生碰撞而被捕获，随着净化过的气流一起喷射而出。

5.2.2 脱水节设计及工作原理

除尘器安装脱水器可以减少出口气流中携带的水雾滴，进而减少水雾滴中包裹的部分尘粒进入巷道空气，这一方面可以进一步提高风水联动除尘器的除尘效率，另一方面也可以阻止风流中的水雾恶化井下的工作环境。脱水器的选择一般要满足以下要求：

①移动方便，灵活可靠；

②固定稳定，不能发生滑移；

③结构简单，功能稳定，便于安装和拆修。

根据上述要求，设计了与风水联动除尘器同等直径为 650 mm 的脱水器，如图 5-3 所示。该脱水器的结构简单，靠近出口端的机身的上下内部设有四扇半圆滤网，用于捕集含尘水雾颗粒，滤网上捕集的含尘雾滴积聚成液滴后流落到下方的矩形废水仓内，沉淀收集废水，待废水达到一定量后只需将废水阀打开，排放污水到污水池即可。在清洗方面，使用高压水进行冲刷，里面的废水和淤泥沿排污口废水阀流出。

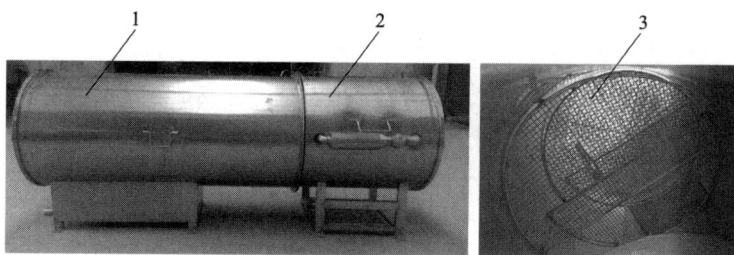

1—脱水器；2—风水联动除尘器；3—半圆滤网

图 5-3 脱水器

5.2.3 吸风筒选型与支座设计

(1) 吸风筒的选型

吸风筒是连接吸尘罩和风水联动除尘器的关键部件，主要用于通风。市面上的矿用风筒主要分为刚性风筒和柔性风筒两类。

刚性风筒是用金属板或玻璃钢制成的，用法兰盘联结，内夹橡胶皮垫，它可以用来通风。其优点是坚固耐用，使用期限长，不会变形；其缺点是成本高、易腐蚀、笨重、拆装搬运不便，接头处易漏风，在弯曲巷道使用困难。柔性风筒一般用橡胶、塑料或帆布喷胶制成，是应用更为广泛的一种风筒。它具有耐酸耐湿、重量轻、可以折叠、接头少、漏风少等优点，在矿山中应用较普遍。但其缺点是强度低、易损坏、使用期短。

在风筒的选型上，我们要从安装使用和工人维护两方面进行，在安装使用时，刚性风筒较柔性风筒来说比较笨重，不易运送和安装，使用时的风筒不是一条直线，所以要求风筒能够有一定的柔性来满足使用过程中的要求；在工人维护方面，刚性风筒易漏风且搬运不便，比柔性风筒维护困难。综上所述，风筒选型为直径 650 mm 的柔性风筒，如图 5-4 所示，适用于煤矿井下，该风筒上均布有吊环，安装方便。

（2）支座的设计

支座分为除尘器支座和脱水器支座，用于将风水联动除尘器和脱水器安装固定于巷道皮带运输机上方。因此，设计的支座要满足结构简单、固定可靠、不妨碍正常井下工作等技术要求，避免井下劳动工人不必要的劳力付出。图 5-5 为本书设计的除尘器支座和脱水器支座三维模型图。

图 5-4　柔性负压风筒

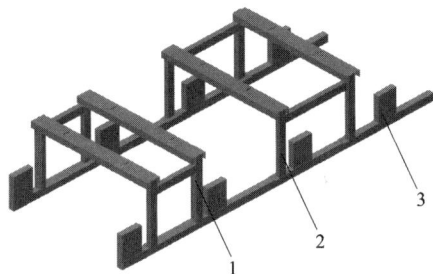

1—除尘器支座；2—脱水器支座；3—皮带运输机机架

图 5-5　支座三维模型

在煤矿井下使用时，只需将支座两侧卡槽安置于皮带运输机两侧机架上，支座上方设有螺栓孔来固定风水联动除尘器和脱水器，保障了风水联动除尘装置的工作稳定。

5.2.4　吸尘罩的研究与设计

吸尘罩是安装于风水联动除尘系统最前端的装置，是风水联动除尘装置中的重要组成部件，负责将掘进机截割头处扩散的粉尘收集起来，再将粉尘通过吸风筒运输到风水联动除尘器和脱水器加以净化处理。吸尘罩一般安装在尘源附近，通过风水联动除尘器的工作，在吸尘罩口附近形成负压，使含尘气流在负压的作用下往吸尘罩内运动。吸尘罩的设计是否合理，会极大地影响风水联动除尘装置的除尘效果。

吸尘罩的设计理念是让吸尘罩吸取空气中含尘的气体而不吸收含尘气体以外的空气。根据该设计理念，风水联动除尘装置中的吸尘罩的设计原则主要有以下三个方面：第一，在除尘可以达到较佳效果的基础上，应选择结构简单、体积小的吸尘罩，一般情况下，吸尘罩外形和结构越简单，造价也越低；第二，吸尘罩在安装时应尽量靠近尘源，并尽量让吸气气流的气流方向与粉尘气流运动方向一致，这样才能实现最佳的搜集粉尘效果；第三，要注意设计的简洁性，以便于工人的维修和日常维护。吸尘罩的样式多种多样，本书主要设计研究了三种符合使用和设计要求的吸尘罩，如图 5-6 所示，分别为矩形吸尘罩（750 mm×440 mm）、梯形吸尘罩（330 mm×1000 mm）和圆形吸尘罩（φ650 mm）。

通过对三种不同形状的吸尘罩的流场进行仿真模拟，可以更好地比较三种不同类型的吸

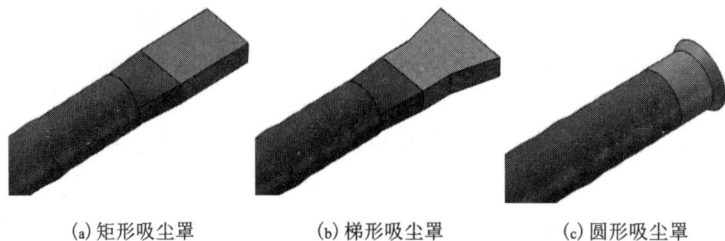

(a) 矩形吸尘罩   (b) 梯形吸尘罩   (c) 圆形吸尘罩

图 5-6 不同形状吸尘罩

尘罩的优劣，以便于选择更适宜的吸尘罩外形。本次对吸尘罩的仿真模拟采用速度入口、压力入口的边界条件，其中将吸尘罩出口设为速度入口，为 16.073 m/s，速度数值在设置时添加一个负号，图 5-7 分别为不同类型吸尘罩内气流速度截面云图和入口截面压力云图。

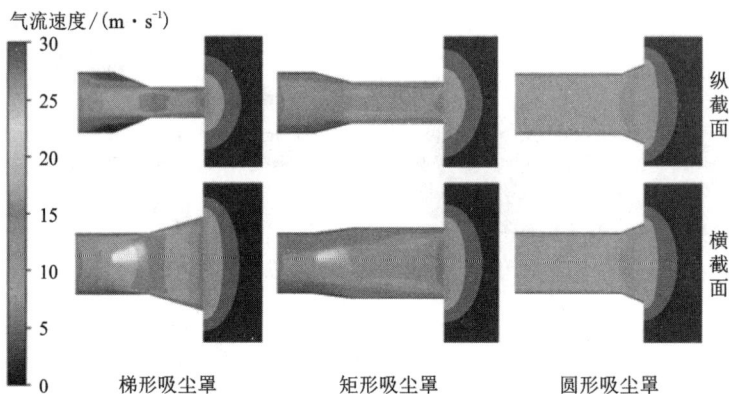

图 5-7 不同类型吸尘罩气流速度截面云图

从图 5-7 中不同类型吸尘罩气流速度截面云图来看，圆形吸尘罩的内部气流速度流场较稳定，外形尺寸变化较大的梯形吸尘罩的内部气流速度最不均匀，而稳定的气流利于含尘气流的平稳运输。从外部速度流场来看，吸尘罩外部流场为速度递减的半环形，由于梯形吸尘罩的横向宽度最大，其外部流场的影响范围宽度最大，反之，其纵向截面的外部流场的影响范围宽度最小。矩形吸尘罩的外流场影响范围与梯形吸尘罩类似。圆形吸尘罩因其外形的特点，纵截面与横截面的外部速度流场相同，说明其对周向的气流作用比较均匀。综上，本书最终设计选型吸尘罩为圆形。

通过以上分析确定吸尘罩的形状为圆形，并根据现场使用要求对吸尘罩增设了固定支腿和防护网，有利于吸尘罩的固定与使用安全，如图 5-8 中模型所示。

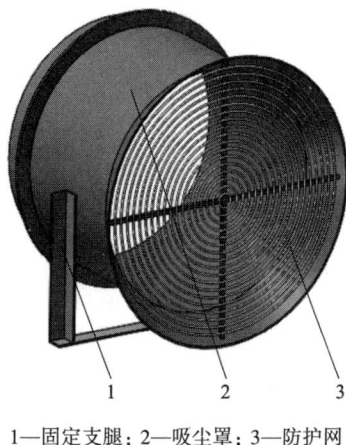

1—固定支腿；2—吸尘罩；3—防护网

图 5-8 吸尘罩

5.3　关键部件的设计与研究

5.3.1　除尘器的风筒设计

除尘器风筒机的出口速度大，所以其出口动压也很大，占全压的 30% 以上。在除尘器风筒后部安装有长风通道，用以回收部分动压，进一步提高风机的静压效率。

除尘器风筒的作用就是将扩散筒的进口气流动能通过减速变为压力增加，所以，其效率应该是实际压力增加与理想压力增加的比值。

具体推导如下：

实际不可压气体的伯努利方程为：

$$P_1 + \frac{\rho}{2}v_1^2 = P_2 + \frac{\rho}{2}v_2^2 + \Delta P_D \tag{5-1}$$

式中：下标 1 和 2 分别代表扩散筒进口和出口；ΔP_D 表示风筒压力损失。

上式中，除尘器风筒压力增加为 $P_2 - P_1$，理想的无损失的增加应该为 $\frac{\rho}{2}v_1^2 - \frac{\rho}{2}v_2^2$，因此，除尘器风筒的效率为：

$$\eta_d = \frac{P_2 - P_1}{\frac{\rho}{2}(v_1^2 - v_2^2)} \tag{5-2}$$

当压力损失 $\Delta P_D = 0$ 时，通过扩散筒的理想静压升为：

$$(P_2 - P_1)_i = \frac{1}{2}\rho(v_1^2 - v_2^2) - \Delta P_D = \frac{1}{2}\rho(v_1^2 - v_2^2) \tag{5-3}$$

所以，理想的静压升系数为：

$$c_{pi} = (P_2 - P_1)_i / \frac{1}{2}\rho v_1^2 = \frac{1}{2}\rho(v_1^2 - v_2^2) / \frac{1}{2}\rho v_1^2 = 1 - \left(\frac{v_2}{v_1}\right)^2 \tag{5-4}$$

实际的静压升系数为：

$$c_p = (P_2 - P_1)_i / \frac{1}{2}\rho v_1^2 \tag{5-5}$$

所以，扩散筒效率还可以表示为：

$$\eta_d = \frac{P_2 - P_1}{\frac{\rho}{2}(v_1^2 - v_2^2)} = \frac{(P_2 - P_1)/\frac{\rho}{2}v_1^2}{1 - (v_1/v_1)^2} = \frac{c_p}{c_{pi}} \tag{5-6}$$

5.3.2　除尘器风筒压力损失的理论计算

扩散筒的压力损失也可以利用传统的理论计算方法来获得，其计算理论及过程如下所述。

扩散筒的压力损失包括摩擦损失 ΔP_f 和扩散损失 ΔP_e 两部分。摩擦损失为：

$$\Delta P_f = \frac{\lambda_{gi}}{8\tan\dfrac{\alpha}{2}}(1-n^2)\frac{\rho v_1^2}{2} \tag{5-7}$$

式中：λ_{gi} 为扩大前后管道沿程阻力系数的平均值；ρ 为气体密度，常温常压下空气 $\rho = 1.2\ \text{kg/m}^3$；$v_1$ 为扩大前管道的气流速度。

扩散损失 ΔP_e 包括渐扩损失 ΔP_{e1} 和突扩损失 ΔP_{e2} 两部分。前者是由于扩散筒内的流道渐宽，引起旋涡形成和流速分布改组形成的损失，可用下式计算：

$$\Delta P_{e1} = \xi\left(1-\frac{1}{n}\right)^2\frac{\rho v_1^2}{2} \tag{5-8}$$

式中：ξ 为渐扩损失的局部阻力系数。

根据理论数据，ξ 与扩散角 α 的关系如表 5-2 所示。

表 5-2　ξ 与扩散角 α 的关系表

$\alpha/(°)$	2.5	5	7.5	10	15	20	25	30	40	60	90	180
ξ	0.18	0.13	0.14	0.16	0.27	0.43	0.62	0.81	1.03	1.21	1.12	1

由表 5-2 可见，渐扩管的损失只有在 $\alpha < 40°$ 时才比突然扩大时小，$\alpha = 50°\sim90°$ 时，反比突然扩大的损失增大 15%~20%。因此，渐扩管的扩散角常控制在 30° 以内。

在此范围内，用最小二乘法拟合 ξ 与 α（rad）的关系曲线，方程为：

$$\xi = 0.1974 - 1.402\alpha + 7.879\alpha^2 - 5.601\alpha^3$$

若扩散筒后接与外筒出口内径相同的风管，则当芯筒出口直径 D_2 不为零时，由于管道通流面积突然变化，扩散筒出口还有一突扩损失 ΔP_{e2}：

$$\Delta P_{e2} = \left(\frac{1}{n} - \frac{d_1^2}{D_{f_2}}\right)^2\frac{\rho v_1^2}{2} \tag{5-9}$$

因此，扩散筒总损失为：

$$\Delta P_D = \left[\frac{\lambda_m}{8\tan\dfrac{\alpha}{2}}(1-n^2) + \xi\left(1-\frac{1}{n}\right)^2 + \left(\frac{1}{n} - \frac{d_1^2}{D_{t_2}^2}\right)^2\right]\frac{\rho v_1^2}{2} \tag{5-10}$$

忽略突扩损失影响，则总损失可以表示为：

$$\Delta P_D = \left[\frac{\lambda_m}{8\tan\dfrac{\alpha}{2}}(1-n^2) + \xi\left(1-\frac{1}{n}\right)^2\right]\frac{\rho v_1^2}{2} \tag{5-11}$$

5.3.3　数值模拟方法

实验研究、理论分析和数值模拟这三者的结合是流体力学问题研究行之有效的方法，这些研究方法是相辅相成和相互补充的，它们的有机结合，能够解决复杂的流体力学问题。随着计算技术的发展和计算方法的不断改进，计算流体力学已经得到了长足的发展，数值模拟的可靠性、准确性不断提高，使得数值实验在某种程度上已经可以取代实验风洞的作用。同时，计算流体力学的兴起也促进了实验研究和理论分析方法的发展，为简化流动模型的建立提供了更多的依据，使很多分析方法得到了发展和完善。更重要的是计算流体力学可以采用它独有的新的研究方法——数值模拟方法来研究流体运动的基本物理特性。它能够给出流体运动区域内的离散解，而不是解析解，这区别于一般理论分析方法，而若物理问题的数学提法（包括数学方程及其相应的边界条件）是正确的，则可在较广泛的流动参数范围内研究流体力学问题，且能给出流场参数的定量结果，这常常是实验研究和理论分析难以做到的。并且随着并行计算机的发展和高效并行计算的出现，数值模拟的能力也得到了进一步加强。由于数值计算的周期短、成本低，可以把各种因素的影响进行有效的分离，使人们更加清晰地理解流动的物理图画。因此，数值模拟现在也作为一种手段被广泛应用到除尘器叶片的研究和设计领域中。

自然界与工程实际中，层流是流体流动中较简单而又欠普遍的一种运动状态，比较普遍的是湍流，如液压系统中，液压阀内的流动多数属于湍流，阀口气穴属于多向流。直接从 N-S 方程出发对湍流场进行直接的数值模拟的方法，目前还只能解决一些简单的流场，即使是世界上最先进的计算机，要足以精确地描述流场，其速度和容量也还相去甚远。因此，在现阶段，湍流模式理论仍是解决工程问题的有效办法。下面对湍流平均运动的基本方程、标准湍流模型作详细的阐述。

（1）连续性方程

$$\frac{\partial \rho}{\partial t} + \Delta(\rho v) = S_m \tag{5-12}$$

式中：

$$\Delta(\rho v) = \frac{\partial \rho u_x}{\partial x} + \frac{\partial \rho u_y}{\partial y} + \frac{\partial \rho u_z}{\partial z}$$

该方程是质量守恒定律在运动流体中通常的数学表达式，对于可压缩流体与不可压缩流体均适用。S_m 项是质量附加项（比如由于气穴、汽化等现象而产生）。对于不可压缩流体，流体密度 ρ 为常数，而且没有质量转移的流动。连续性方程为：

$$\frac{\partial \rho u_j}{\partial x_i} = 0 \tag{5-13}$$

式中：u_i 为 i 方向的瞬时速度分量。

Reynolds 将瞬时速度分解为平均速度与脉动速度之和，即：

$$u_i = U_i + u_i', \ i = 1, 2, 3$$

则雷诺平均运动的连续方程为：

$$\frac{\partial U_i}{\partial x_i} = 0$$

（2）动量方程

动量方程是动量守恒原理在流体运动中的表现形式，i 方向的动量方程在惯性参考系下的描述如下：

$$\frac{\partial}{\partial t}(\rho u_i) + \frac{\partial}{\partial x_i}(\rho u_i u_j) = -\frac{\partial P}{\partial x_i} + \frac{\partial}{\partial x_j}\mu\left(\frac{\partial u_i}{\partial x_j} + \frac{\partial u_j}{\partial x_i}\right) + \rho g_i + F_i \tag{5-14}$$

式中：P 为静态压力；ρg_i 为重力；F_i 为外力；μ 为分子黏性系数。

对于不可压缩的粘性流体，忽略体积力，并将瞬时压力分解为平均值和脉动值之和，可得：

$$\frac{\partial U_i}{\partial t} + U_j \frac{\partial U_i}{\partial x_j} = -\frac{1}{\rho}\frac{\partial P}{\partial x_i} + v\frac{\partial^2 U_i}{\partial x_j \partial x_i} + \frac{1}{\rho}\frac{\partial(-\rho u_i u_j)}{\partial x_j} \tag{5-15}$$

该方程就是湍流平均运动的雷诺方程，其中 $-\rho u_i u_j$ 称为雷诺应力，由式（5-15）可见，该项是唯一的脉动量项，所以可认为脉动量是通过雷诺应力来影响平均运动的，这也是雷诺应力在湍流中占有重要地位的原因。

（3）标准的 k-ε 模式

标准的 k-ε 模式（standard k-ε model）是典型的两方程模型，包括 k 方程和 ε 方程两个微分方程，同时也是一个半经验模型。k 方程是通过严格的方程推导模拟出来的，而 ε 方程是根据量纲分析、经验和类比等办法模化得到的。在推导过程中，假设流体是完全的湍流，则分子黏性的影响可以忽略，因此标准的 k-ε 模式适用于完全湍流的流动，该模型是目前应用最广泛的模型。

（4）标准的 k-ε 模式的输运方程

该模型是由 Launder 和 Spalding 于 1972 年提出的。对于不可压缩的流体，标准的 k-ε 模式的湍动能 k 和湍流耗散率 ε 的输运方程分别为：

$$\rho\frac{Dk}{Dt} = \frac{\partial}{\partial x_i}\left[\left(\mu + \frac{\mu_t}{\sigma_k}\right)\frac{\partial k}{\partial x_i}\right] + G_k - \rho\varepsilon \tag{5-16}$$

$$\rho\frac{D\varepsilon}{Dt} = \frac{\partial}{\partial x_i}\left[\left(\mu + \frac{\mu_t}{\sigma_\varepsilon}\right)\frac{\partial \varepsilon}{\partial x_i}\right] + C_{1\varepsilon}\frac{\varepsilon}{k}G_k - C_{2\varepsilon}\rho\frac{\varepsilon^2}{k} \tag{5-17}$$

式中：G_k 为湍动能的生成项。

湍动能 k 和湍流耗散率 ε 的表达式如下：

$$\begin{gathered} G_k = -\rho u_i' u_j'\frac{\partial u_j}{\partial x_i} \\ k = \frac{1}{2}\rho u_i' u_i' \varepsilon = v\frac{\partial u_i' u_i'}{\partial x_j \partial y_j} \end{gathered} \tag{5-18}$$

（5）湍流黏度

湍流黏度 μ_t 由 k 和 ε 计算如下：$\mu_t = \rho C_\mu\dfrac{k^2}{\varepsilon}$。

（6）模型中的常数

模型中的经验常数 $C_{1\varepsilon}$，$C_{2\varepsilon}$，C_μ，σ_k 和 σ_ε，是由实验得到的，取值如下：$C_{1\varepsilon} = 1.44$，$C_{2\varepsilon} = 1.92$，$C_\mu = 0.09$，$\sigma_k = 1.0$，$\sigma_\varepsilon = 1.3$。

在初始流场和边界条件设定时，由于控制方程描述的是一个时间推进问题，在开始求解时，需要对全流场设定一个初值，即给定初始流场。虽然给定的初场不影响计算得到的最后定常解，但对时间推进过程的稳定性和收敛速度有影响。初场越接近最后的收敛结果，计算收敛的速度就越快。

边界条件处理是时间推进方法中最关键也最困难的部分，方程组的求解需要给定适当的边界条件，所给出的边界条件既要和物理特征相容，又要在数值处理时和内点格式相容。一方面，给定的边界条件首先要能得到适定解。解的适定性是指解的存在唯一性，并且在边界上的流动参数微小改变的情况下，得到的解也只产生微小的变化。另一方面，所给出的边界条件应能使时间推进过程快速、准确地收敛到控制方程的解。

5.3.4 除尘器的数值模拟

（1）针对扩散筒的数值模拟思路

建立常见扩散筒模型及不同的扇叶模型，分别对其进行数值模拟，研究叶片形状对损失的影响以及除尘器在不同工况工作时对流场的影响。

（2）除尘器模型的建立

除尘器的数值模拟图形比较简单，可直接使用 Solidworks 建立模型，如图 5-9 所示，导入 ANSYS 中，利用 ICEM 对流体域进行结构化网格划分，利用 MESH 进行叶片部分的非结构化网格划分，如图 5-10 所示。各叶片叶型相同的等厚圆弧板型式叶片，除尘器实体前后有气动马达和支架等，因为这些设备对于对旋风机的流动情况影响很小，故在建模时可以予以忽略。

图 5-9 三维数值模拟模型图

图 5-10 叶片非结构化网格图

对于数值模拟来说，网格的划分很重要，由于涡流脉动和流体流动无规则的影响，所以相较于简单的层流运动，湍流要求的网格质量更高。对于实际的工程计算和模拟，对预先经过研究大体所掌握和了解的流动区域变化比较剧烈的地方，网格必须加密，还有重点研究的区域网格也必须细化，并且为了保证网格有很好的衔接性，应该使相邻的两个区域内交界处的变化尽可能保持合适的比值，这

图 5-11 流体域结构化网格图

对于提高网格质量和计算精确性来说很重要，通过查阅相关的数值计算文献资料，一般将这个比值选在 1.5~2.0，这就减小了因为网格划分而产生的计算误差。网格的划分是不断地调试与摸索的过程，经过反复地加密和优化等诸多方法处理，才能够获得对于研究来说比较适合的网格。网格的划分软件众多，对于流体机械方面的研究而言，有 ANSYS 旗下的 Turbo Grid、MESH 和 ICEM。Turbo Grid 划分叶轮机械非常便利，但是其必须通过 blade gen 建立计算模型而导入其他三维模型，并不方便，故不采用。对于扭曲的叶片而言，在 ICEM 中建立结构网格，生成的网格质量很高，但是所花费的时间成本太大，所以本章采用使用较为广泛的 ICEM 软件划分非结构网格，相关的研究也表明，这种划分能够满足计算所需的网格划分要求。在网格划分的时候，由于对旋风机叶片很薄，故将叶片侧面和叶顶处加密，由于叶根与轮毂的焊接处面的形状复杂，故予以加密处理，但是对于已经掌握的区域、流体的速度梯度和压力梯度不大的区域和一些不是研究重点的区域，要进行稀疏化处理，例如风筒，这主要是为了减少网格数量，从而降低计算所花费的时间成本。

（3）数值计算中的边界条件的设定

本章所采用的数值模拟软件 CFD 对除尘器的内部流动情况进行了较为准确的模拟，这是为了能够较为方便地表现出除尘器内部流动情况的特点和规律，数值模拟所选取的五种工况是具有代表性的，相对流量系数分别为 1、77.2%、61.3%、49.7% 和 30.4%。对于除尘器的模型主要分为：进口区域（inlet）、一级叶轮区域、两级叶轮级间区域、二级叶轮区和出口区域（outlet）。

1）入口条件的选择

入口条件大致可分为三类：速度进口、压力进口和质量进口。①速度进口（velocity-inlet）：它给出了进口的速度和计算所需要的其他标量。速度进口适用于不可压缩的流动问题，对于不可压缩问题来说，速度进口是不再适用的，本书所选用的空气作为流动介质，将其认为是不可压缩流体。②压力进口（pressure-inlet）：给定了进口的表压与当地大气压之和即总压，以及其他进口标量值，它对于计算可压缩和不可压缩的流体都是适用的，本书中空气是不可压缩流体，所以压力出口也是待选的进口条件。③质量进口（mass-flow-inlet）：给定了质量流量作为初始条件，主要用于研究可压缩流动，所以本书不采用质量进口作为初始条件。由于模拟计算压力出口的时候出现了不收敛的情况，但是速度进口却能够保证计算收敛且和实际的对旋风机 KDF-5 运行情况相符合，还能保证计算结果满足要求，所以本章最终选用速度进口（velocity-inlet）作为进口区域（inlet）初始条件。

2）出口条件的选择

对于出口条件而言，有压力出口、压力远场和自由出流这三大类。①压力出口（pressure-far-field）：给定了出口处的表压，该模型只适用亚音速流动情况，由于本章所研究的对旋风机的内部流动尚未超过音速，所以适用。②自由出流（outflow）：对于研究无法知道出口处的速度和压力且出口处完全充分发展，即自由出流，除了压力之外，其他参数梯度为 0，但自由出流并不是上述条件所有模型都适用。③压力远场（pressure-far-field）：该边界条件只适用于可压缩流动研究，故本章采用压力远场。通过反复的模拟计算发现，对于本章所建立模型来说，自由出流条件收敛性没有压力出口的收敛性好，且花费时间成本高。综上所述，本章选用压力出口作为出口条件。

3）旋转条件的设置

本章对于旋转流体的机械的旋转区域采用 mesh motion 坐标模型，旋转轴选择对旋风机的中心轴，即 Y 轴。对叶片的压力面、吸力面等都是转动的，属于移动壁面，所以在初始条件中 Boundary Conditions 设移动壁面（Moving Wall）的旋转轴为 Y 轴，相对速度为 0。

将各区域的交界面设为内部面（interior）类型，此时表明该面为假想的面体流体，能够自由流动和传递能量。

4）求解器的选择

本书所选用的计算模型 k -ε RNG 能够满足计算的要求，且和实际的流动情况相近，适用于计算对旋风机内部稳定状态下的流场流动情况。能够较为准确地模拟出对旋风机旋转时所表现出的旋转流动情况、压力梯度变化情况、二次流情况等。

5）求解方法的选择

本章采用浸入实体法模拟齿轮旋转运动，CFX 中的浸入实体法可用于解决涉及刚体在流体中运动的稳态和瞬态的计算。浸入实体法的实质在于将浸入实体域作为动量源放置在流体域中间，即在 Solver 中求解时对流场在浸入实体范围内的流体部分施加一个动量源驱使流体随着实体一起运动。

使用浸入实体法模拟实体的运动，要求在建立浸入实体域时，选择的实体需要部分或者全部浸入流体内，同时不可穿过任何的流场边界，也不可与其他的固体间存在着碰撞交叉。浸入实体的速度作为动量方程中的源项，驱动流体速度匹配固体速度。源项的大小可以通过动量源缩放因子（Momentum Source Scaling Factor）控制，通常情况下均可使用默认值 10。在遇到鲁棒性（robustness problems）问题时，可以适当降低动量源缩放因子，但也会一定程度上降低准确度，即流体速度和固体速度之间会有微差。在遇到这类问题时，可以先以低的缩放因子来计算建立一个初场，计算稳定后再将缩放因子调回 10。

5.4　风水联动除尘装置现场应用的效果与分析

5.4.1　综掘工作面风水联动除尘装置的安装

在掘进工作面皮带机上安装风水联动除尘装置，该装置主要包括风水联动除尘器 1 台、14 m 可伸缩骨架吸风筒 1 卷、吸风罩、皮带支架、气水管线和脱水器。安装布置图如图 5-12 所示。

| (a) | (b) | (c) | (d) |

图 5-12　风水联动除尘装置巷道布置图

风水联动除尘器不需要电能，用井下静压水及高压气带动装置里的风扇转动即可达到喷雾降尘的作用，其中核心部件由旋转法兰、风扇、喷雾头等组成。风水联动除尘器的进风段与 14 m 可伸缩骨架风筒相连，回风段与脱水器相连，用于去除含尘污水。风水联动除尘器放置在皮带支架上，支架的每条支腿均需最少使用四个螺丝拧紧，防止松动，最少使用两个卡箍箍住，防止侧翻。皮带支架高度基础面需要水平调整，完成后拧紧螺栓，并将风机、脱水器安装在上皮带支架上，同时使用卡箍箍住。

5.4.2　测尘方法及现场测点布置

巷道的粉尘浓度选择 CCZ-20A 型粉尘采样器进行测试，如图 5-13 所示。本设备通过抽取一定体积的含尘空气，通过预捕集器时，使粉尘阻留在滤膜上逐步积累。在采样结束后，由滤膜的增量可计算出单位体积含尘空气中所含粉尘的总质量。

图 5-13　矿用 CCZ-20A 粉尘采样器主机、采样头及滤膜

巷道粉尘测定步骤为：

①首先用镊子取出干净的滤膜，除去两面的衬纸，放在天平上称重并记录，然后压入滤膜夹，放入贴好标签的样品盒内备用。当把 φ40 mm 滤膜放置在全尘预捕集器内时，应使滤膜绒面朝向进气口方向。

②现场采样时首先要选好采样地点，固定采样时应打开专用三脚支架，使得粉尘采样器水平稳固地固定在三脚架平台上。

③将安装好滤膜的预捕集器紧固在采样头连接座上，并使预捕集器的进气口置于含尘空气的气流中。

④采样时间根据现场粉尘种类、浓度及作业情况来预置。一般采样时间以 20~25 min 为宜，粉尘浓度较高的场所一般预置 2~5 min 即可。

⑤采样结束后，将滤膜夹取出轻放在相应的样品盒内。需干燥处理后称重记录。

总粉尘(全尘)浓度的计算公式为：

$$T = \frac{f_1 - f_0}{Q \times h} \times 1000 \tag{5-19}$$

式中：T 为总粉尘浓度，mg/m³；f_0 为采样前滤膜的质量，mg；f_1 为采样后滤膜的质量，mg；h 为采样时间，min；Q 为采样流量，L/min。

在完成测尘装置的组装等一系列设置后，进行测点布置，依据《煤矿井下粉尘综合防治规范》(AQ 1020—2006)和《作业场所空气中粉尘测定方法》(GB 5748—85)，开展掘进工作面云雾综合除尘效果的实测考察。采样器采样测试每次 5 min，流量 20 L/min，采取全尘和呼尘滤膜采样。A 点为司机位置，为围脖除尘器效果考察点；B 点距离掘进工作面迎头 11~15 m，为围脖及抽尘除尘器效果测尘点；C 点为二运皮带转载点位置；D 点、E 点和 F 点分别为距全断面喷雾系统 10 m、30 m、50 m 位置。A 点、E 点与第三方 1 点、4 点为共同效果考察点。测试布局图如图 5-14 所示。

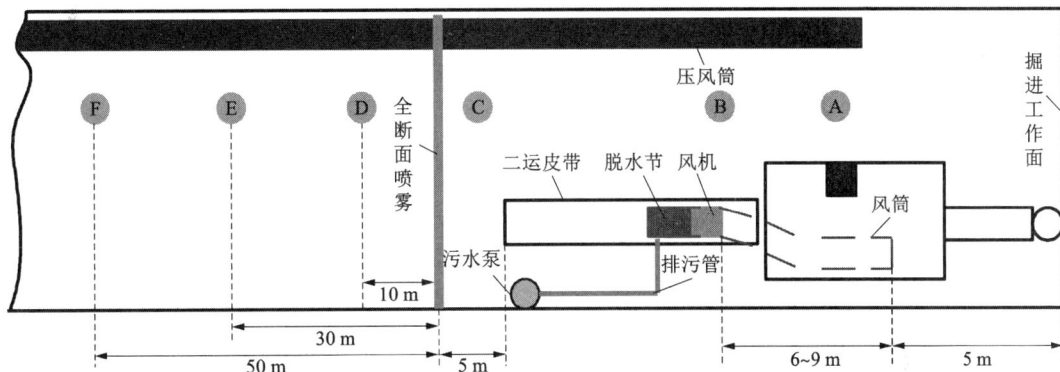

图 5-14 粉尘测试布局图

5.4.3 现场实验结果与分析

本次粉尘浓度测量的目的是考察风水联动除尘装置的启动，与原有的全断面喷雾降尘系统进行除尘效果对比，并与所模拟研究的巷道模型内的测点仿真值进行对比。在实验开始前，调节井下风水联动除尘装置的供水压和供气压，使风水联动除尘器的处理风流量超过 300 m³/min。测定结果见表 5-3 和表 5-4。

表 5-3 开启除尘装备后与矿方原条件下的粉尘浓度及除尘效率对比(4 点班)

矿方原条件下测点浓度 /(mg·m⁻³)		开启除尘技术装备后测点浓度 /(mg·m⁻³)			除尘效率/%	
测点	全尘(实验值/仿真值)	呼尘	测点	全尘(实验值/仿真值)	呼尘	全尘(实验值/仿真值)	呼尘
A	195.33/194	59.89	A	106.11/115.86	37.22	45.7/40.3	37.8
B	135.44/131.56	44.11	B	60.44/74.22	26.11	55.4/43.6	40.8
C	92.67/88.15	32.56	C	54.89/53.13	22.33	40.8/39.7	31.4
D	78.56/#	28.78	D	42.00/#	16.89	46.5/#	41.3
E	62.89/#	24.44	E	34.11/#	16.56	45.8/#	32.3
F	42.56/#	22.11	F	24.78/#	14.00	41.8/#	36.7

表 5-4　开启综合除尘装备后与矿方原条件下的粉尘浓度及除尘效率对比(0 点班)

矿方原条件下测点浓度 /(mg·m⁻³)			开启除尘技术装备后测点浓度 /(mg·m⁻³)			除尘效率/%	
测点	全尘(实验值/仿真值)	呼尘	测点	全尘(实验值/仿真值)	呼尘	全尘(实验值/仿真值)	呼尘
A	195.33/194	59.89	A	119.81/115.86	38.33	38.7/40.3	36.0
B	135.44/131.56	44.11	B	70.37/74.22	25.19	48.0/43.6	42.9
C	92.67/88.15	32.56	C	52.59/53.13	22.41	43.2/39.7	31.2
D	78.56/#	28.78	D	40.19/#	18.33	48.8/#	36.3
E	62.89/#	24.44	E	37.41/#	16.48	40.5/#	32.6
F	42.56/#	22.11	F	25.93/#	15.19	39.1/#	31.3

从上表可以得出:

①在矿方原条件下的测点浓度的全尘实验值与仿真值基本相同,开启除尘技术装备后的测点浓度也有相似结果,这验证了仿真结果的准确性。

②在整个掘进过程中,2304 胶运顺槽掘进工作面(A、B、C 点)的全尘和呼尘浓度均较高,且整体呈现出随测点距迎头距离的增加(A→C),浓度逐渐减小的趋势。

③在不同工作时段(4 点班和 0 点班)进行现场测试,结果表明,应用该风水联动除尘装置后,相比原巷道,各测点全尘除尘效率提高 38.7%~55.4%,呼吸性粉尘除尘率提高 31.2%~42.9%。

5.5　本章小结

煤矿工作面是井下最大的产尘点之一,本章根据现有除尘设备除尘效果不佳的问题,设计了多种除尘装置,并对其关键部件进行了设计和选型。根据巷道内实际尺寸大小,通过 ANSYS 软件建立了除尘装置的仿真模型,并且分别进行了网格划分对其进行模拟,分析了原掘进巷道与不同工况下安装风水联动除尘装置的巷道风流、粉尘分布规律,根据工作面的除尘特点、设备性能和技术现状对除尘装置的关键部件进行了设计与选型。

①对综掘工作面的粉尘运移规律和湿式降尘理论进行了理论分析,通过对综掘面粉尘的来源、产尘机理和粉尘在巷道中的受力和运动规律的分析,从理论方面解释了粉尘在井下巷道中是如何运移、沉降的。

②根据综掘工作面的除尘特点、设备性能和技术现状,以魏墙煤矿的现实情况为依据,对风水联动除尘装置的关键部件进行了设计与选型,设计出了可高效应用在掘进工作面上的风水联动除尘装置。

③通过现场实际实验,在应用风水联动除尘装置后,相比现有除尘技术,各测点全尘除尘效率提高了 38.7%~55.4%,呼吸性粉尘除尘率提高了 31.2%~42.9%,取得了良好的降尘效果。

第 6 章

喷雾降尘内混式空气雾化的喷嘴设计

　　煤矿工作面开采过程中会产生大量粉尘，井下环境中粉尘含量常常较高，煤矿工人的工作环境会受到粉尘的影响与危害。空气雾化喷嘴作为一种高效雾化喷嘴，被广泛应用于矿山采掘作业场所的粉尘防治。本章通过实验研究和数值模拟，研究了喷嘴不同结构对雾化性能与降尘效果的影响，对内混式空气雾化喷嘴内部流动与雾化的过程及特点进行了描述，并总结了雾化喷嘴的雾化效果以及降尘效果与气液相对速度、雾滴直径和雾滴浓度之间的关系。

6.1　内混式空气雾化喷嘴的流场数值模拟及研发

　　由于喷嘴的尺寸较小，结构复杂，其内部流场的流动情况无法通过传统的物理模拟实验进行可视化研究，因此其内部流动的机理难以详细了解。为了研究喷雾结构对其内部流场和喷雾效果的影响，目前通常采用 VOF 模型来模拟喷嘴内部流场，将模拟所得的出口参数导入到 DPM 模型中，再采用 DPM 模型来模拟喷嘴的喷雾效果。

6.1.1　内混式空气雾化喷嘴的内部结构的设计

　　本章选用的内混式广角空气雾化喷嘴主要由气相入口、液相入口、气液混合室、喷雾出口四个部分组成。广角喷嘴的内部结构如图 6-1 所示，其工作原理是：一定压力的气体和液体分别从气相入口 1 和液相入口 2 进入广角喷嘴，高压液体和气体在气液混合室 3 内混合。由于进入混合室的气体和液体之间存在较大的速度差，因此当气体和液体相遇时，拥有较高速度的气体与拥有较低速度的液体之间互相摩擦，进而将连续的流体分解成若干液滴。在充分混合后气液混合体从喷雾出口 4 喷出。混合体脱离喷嘴后，在近喷嘴出口处经历一次破碎和二次破碎后，最终形成许多细小水滴，并且在与含尘气体接触后起到降尘作用。

6.1.2　内混式空气雾化喷嘴的设计与流场数值模拟

　　目前，针对空气雾化喷嘴的雾化问题的主要研究方法包括数值分析、实验研究和理论分析三个部分。其中，实验研究结果最为可靠，但是实验成本大，而且某些物理现象难以通过常规实验手段测量，测量结果也容易产生误差；理论分析手段依靠数学推导，结果较

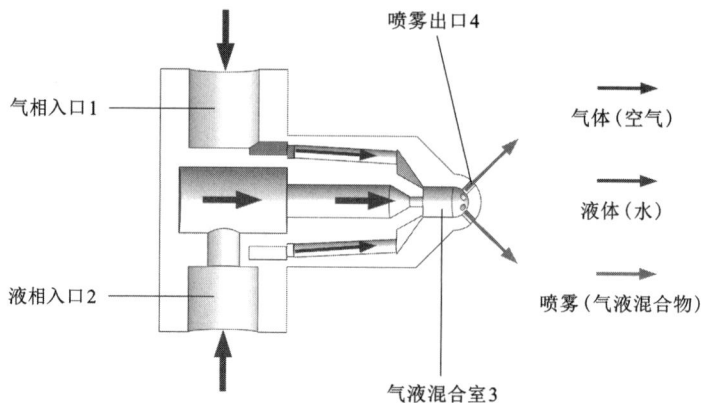

图 6-1　广角喷嘴的内部结构图

为准确，但针对复杂的实际情况往往需要简化计算对象，因此得不到广泛应用；而计算流体力学（Computational Fluid Dynamics，简称为 CFD）是以流体力学和数值计算为基础的一种常用方法，随着 CFD 的发展，越来越多的研究人员选择数值仿真的方法进行研究。数值仿真方法尽管也存在一些缺点，比如存在计算误差、复杂模型需要较长计算时间等，但依旧可以作为一种有效便捷的手段来解决一些实际问题[128-129]。

　　CFD 采用离散的观点，将原本连续的物理量，分成一系列离散点的集合，并且建立各个离散点上的场变量之间的关系代数方程，然后通过求解这些代数方程获得场变量的近似值。如今市面上存在许多成熟的 CFD 仿真包，如 COMSOL、CFX、Icepak 等。但是在多相流计算中，FLUENT 拥有丰富的物理模型、先进的数值算法和强大的后处理功能，因此得到了广泛的应用。图 6-2 表示采用 CFD 方法进行数值仿真的步骤。

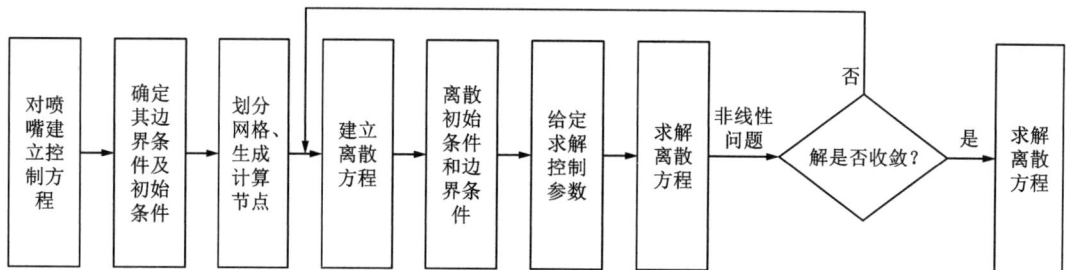

图 6-2　CFD 仿真流程

　　（1）多相流模型

　　1）欧拉-拉格朗日法（Euler-Lagrange method）。

　　在 FLUENT 多相流模型中，欧拉-拉格朗日法对应离散相的模型（Discrete Phase Model）。在该方法中，将气相和液相两种类型的流体视为连续相，利用纳维-斯托克方程（Navier-Stokes equation）进行计算，并且忽略由离散相引起的连续相体积移动，而将离散相看作具有一定物性的颗粒（如液滴、气泡以及各种不连续的颗粒），利用动量守恒方程进行计算。在喷嘴雾化效果的仿真方面，其优点是计算成本相对较低，并且可以应用二次破碎模型。但是当其颗粒密度过于密集时，会严重影响计算精度，同时当离散相颗粒不是球形时，计算一次破碎需要引入新的计算模型。因此，在对喷嘴雾化效果进行仿真时，DPM模型只能应用于喷嘴外部，即喷雾效果，而不能应用于喷嘴内部气液两相混合时的仿真。

DPM 模型的离散相控制方程为：

$$\frac{du_p}{dt}=F_D(u_g-u_p)+\frac{g(\rho_p-\rho_g)}{\rho_p}+F \tag{6-1}$$

式中：u_p 为离散相的速度；ρ_p 为离散相的密度；u_g 为连续相的速度；ρ_g 为连续相的密度；F_D 为曳力；F 为其他作用力。

曳力的表达式为：

$$F_D=18\mu C_D Re_p/(24\rho_p d_p^2) \tag{6-2}$$

式中：d_p 为离散相颗粒的直径；Re_p 为颗粒的雷诺数；C_D 为阻力系数；μ 为黏性系数。

当 $Re_p \geqslant 1000$ 时，C_D 为固定值 0.424。

当 $Re_p < 1000$ 时，C_D 的表达式为：

$$C_D=\frac{24}{Re_p}(1+1/6Re_p^{2/3}) \tag{6-3}$$

其中，雷诺数 Re_p 的表达式为：

$$Re_p=\frac{\rho_p|u-u_p|d_p}{\mu_p} \tag{6-4}$$

式中：μ_p 为液体粒子的黏性系数。

粒子轨迹表达式为：

$$\frac{dx}{dt}=u_p \tag{6-5}$$

2）欧拉-欧拉法（Euler Euler method）。

在 FLUENT 多相流模型中，欧拉-欧拉法包含三种模型，即 VOF（volume of fuid）模型、Mixture（混合）模型和 Eulerian（欧拉）模型。在该方法中，将离散相假设为连续相用相体积率标示任意相在模型中所占的比重。文献资料显示，喷嘴会在出口位置出现气液两相分层流动的情况，而 VOF 模型能够适用于分层或自由表面流动，因此选用 VOF 模型。在喷嘴雾化效果仿真方面，其优点是能够准确明显地展现各相的边界分布，并且能够用于预测一次破碎。但是由于其需要更高的网格密度和更小的时间步长，在对喷嘴雾化效果进行仿真时，VOF 模型只能应用于喷嘴内部的气液两相混合，而不能应用于喷嘴外部的仿真。

VOF 模型的连续性方程和动量方程为：

$$\frac{\partial\rho}{\partial t}+\nabla\cdot(\rho\vec{v})=0 \tag{6-6}$$

$$\frac{\partial(\rho\vec{v})}{\partial t}+\nabla\cdot(\rho\vec{v}\vec{v})=-\nabla_p+\nabla\cdot[\mu(\nabla\vec{v}+\nabla\vec{v}^{\mathrm{T}}]+\rho\vec{g}+\vec{F} \tag{6-7}$$

动力方程源项为：

$$\vec{F}=2\sigma\rho k+\nabla\alpha_i/(\rho_l+\rho_w) \tag{6-8}$$

式中：v 为速度；σ 为表面张力系数；ρ 为混合密度；μ 为流体动力黏性系数；g 为重力加速度；k 为界面曲率。

$$\frac{\partial \alpha_i}{\partial t} + \nabla \cdot (\vec{v}\alpha_i) = 0 \tag{6-9}$$

$$\alpha_1 + \alpha_w = 1 \tag{6-10}$$

式中：α_i 对应流体组分 i 在混合状态下的体积分数；l 表示液相；w 表示气相。

多相流混合物流体的密度 ρ 和黏度 μ，可以用体积分数 α_i 表示：

$$\rho = \alpha_1 \rho_1 + \alpha_w \rho_w \tag{6-11}$$

$$\mu = \alpha_1 \rho_1 + \alpha_w \rho_w \tag{6-12}$$

3）VOF to DPM 模型。

从上文中不难得出，VOF 模型与 DPM 模型均可应用于对喷嘴雾化效果的仿真研究，但是这两种模型各有其优缺点。目前空气雾化喷嘴仿真主要由两部分组成，首先通过 VOF 模型获得喷嘴内部流场，然后将喷嘴出口相关参数，如气液相对速度、液相质量流率、雾化半角等，导入至 DPM 模型，对喷嘴外部喷雾效果进行仿真分析。这一方法无法直观地展现出喷雾从连续的液相分离为较小的离散液滴并形成喷雾的过程。本章通过引入 VOF to DPM 模型，即在原有的 VOF 模型与 DPM 模型中加入转换机制，借此来仿真空气雾化喷嘴完整的喷雾过程，并探究空气雾化喷嘴内部结构对雾化特性的影响。

在喷雾破碎仿真过程中，用 VOF 模型预测初始液相，用 DPM 模型模拟脱离液相的粒子。在 VOF 方法中，液体的体积分数储存在每个网格中，并采用显式离散化方法跟踪气液界面。在连续液体逐渐分解为液滴这一过程中，VOF to DPM 模型转换算法会自动跟踪 VOF 模型中分离出来的液滴，并且根据所设置的参数评估从 VOF 模型转换为 DPM 模型的可能性。如果分离出来的液滴能满足用户指定的要求，例如液滴的大小和非球形度，则 VOF to DPM 模型会将 VOF 模型中分离出来的液滴移除，并在拉格朗日公式中转换为包含若干颗粒数目的包。VOF to DPM 模型主要机理如图 6-3 所示。与目前所采用的喷嘴仿真方法相比，该方法能够直接获得 DPM 模型所需的相关粒子参数，因此所得到的仿真结果更加准确。

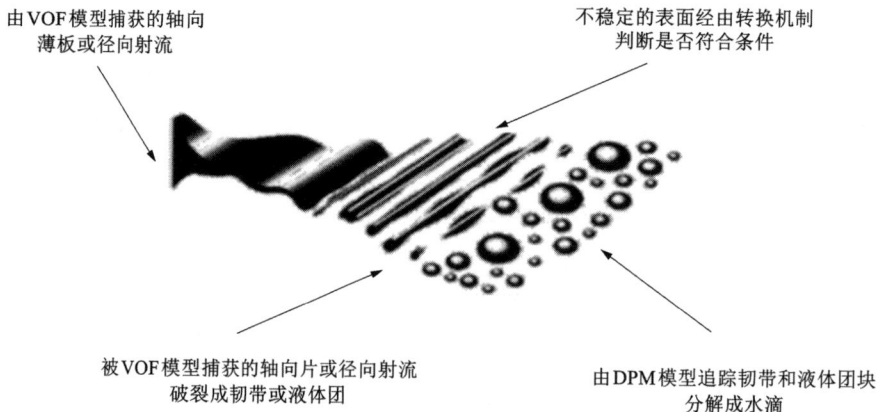

由 VOF 模型捕获的轴向薄板或径向射流

不稳定的表面经由转换机制判断是否符合条件

被 VOF 模型捕获的轴向片或径向射流破裂成韧带或液体团

由 DPM 模型追踪韧带和液体团块分解成水滴

图 6-3　VOF to DPM 模型原理

（2）数值模拟与数学模型

首先根据实验所采用的广角喷嘴的几何结构，利用 Solidworks 软件建立研究所需的喷嘴几何模型，如图 6-4 所示。广角空气雾化喷嘴主要由可调式节流杆、螺栓帽、汇流器和喷嘴帽等几个部分组成。与普通空气雾化喷嘴相比，广角空气雾化喷嘴的特点在于具有多个喷雾出口，且每个喷雾出口皆带有一定的角度。正是由于这一特点，与其他空气雾化喷嘴相比，广角空气雾化喷嘴能够具有更大的喷雾覆盖范围与更高的喷雾浓度。

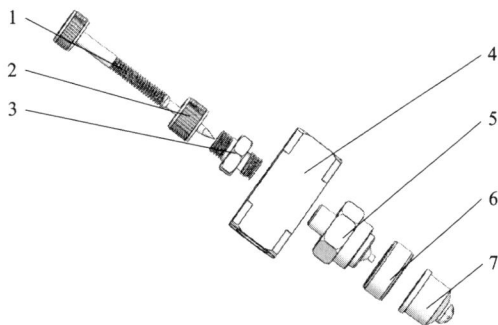

1—可调式节流杆；2—螺栓帽 1；3—双向螺栓；4—气液入口；5—汇流器；6—螺栓帽 2；7—喷嘴帽

图 6-4　喷嘴模型的模型爆炸图

由于广角空气雾化喷嘴与普通空气雾化喷嘴最大的差异在于喷嘴出口结构，为了获得喷嘴出口参数对雾化效果的影响，以出口角度、出口半径、出口数目三个方面作为重点，设计并绘制了不同参数下的喷嘴帽以供后续研究使用，喷嘴帽尺寸如图 6-5 所示，相关参数如表 6-1 所示。

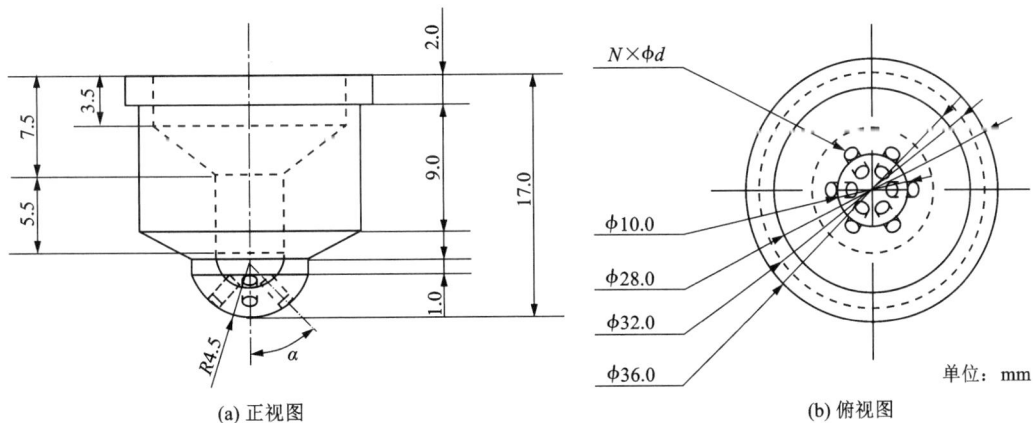

α—喷嘴出口角度；n—喷嘴出口数目；d—喷嘴出口半径

图 6-5　喷嘴结构尺寸图

表 6-1　喷嘴设计参数

编号	p_l/MPa	p_a/MPa	出口角度/(°)	出口半径/mm	出口数目/个
1	0.30	0.40	45	0.5	6
2	0.40	0.30	45	0.5	6
3	0.40	0.40	45	0.5	6
4	0.40	0.50	45	0.5	6
5	0.50	0.40	45	0.5	6
6	0.40	0.40	30	0.5	6
7	0.40	0.40	60	0.5	6
8	0.40	0.40	45	0.4	6
9	0.40	0.40	45	0.6	6
10	0.40	0.40	45	0.7	6
11	0.40	0.40	45	0.5	2
12	0.40	0.40	45	0.5	4
13	0.40	0.40	45	0.5	8

喷嘴内部流场可分为气相入口、液相入口、混合室、喷雾出口几个部分,各个部分的结构和尺寸均按照实验用喷嘴尺寸绘制。由于其几何模型较为复杂,采用结构化网格与非结构化网格相结合的方式进行网格划分,网格尺寸大小设置为 0.25 mm,一共生成了 140489 个网格,如图 6-6 所示。

对于广角喷嘴内部流场的流动模拟,采用压力基求解器选择 Coupled 算法进行压力速度耦合计算。VOF 模型中设置空气为第一相,水为第二相,相界面分辨模型选择 Sharp 类型,

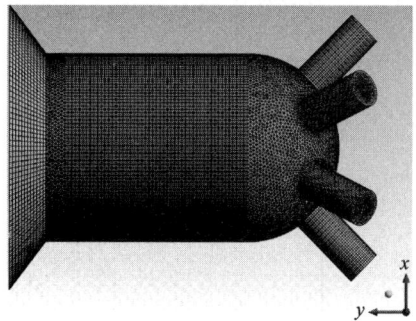

图 6-6　喷嘴内部流场网格

表面张力模型为连续表面力模型,表面张力系数为 0.073 N/m。DPM 模型中连续相为空气,离散相为液滴。在物理模型中打开 Stochastic Collision 以及 Coalescence 选项。喷嘴种类采用 single 类型,注射粒子类型为 Inert,曳力模型为 dynamic,破碎模型为 Wave。VOF to DPM 模型中过渡相(Transitioning Phase)为水,平衡体积相(Volume-Balancing Eulerian Phase)为空气,转换机制频率为 50 步/次,转换直径范围为 0～0.5 mm。湍流模型为 SSTk-omega 模型。喷嘴气相入口与液相入口皆为压力入口边界条件,采用相同工况实验所采用的压力作为输入条件。喷嘴出口采用压力出口边界条件,为标准大气压 101.325 kPa。

外部流场模拟计算域为 1.0 m×1.0 m×1.0 m 的立方体,原点即为雾化喷嘴中心且位

于立方体一侧（yz 面），喷雾方向为 x 向，重力垂直向下，网格尺寸大小设置为 10 mm，一共生成了 294576 个网格，如图 6-7 所示。

广角喷嘴雾化数值模拟采用离散相模型进行瞬态模拟，气体入口采用速度入口边界条件，喷雾场采用压力出口边界条件，为标准大气压 101.325 kPa。DPM 模型中喷嘴种类采用 file 类型，即从外部导入粒子参数文件，粒子参数格式如图 6-8 所示，注射粒子类型为 Inert，曳力模型为 dynamic，破碎模型为 Wave。采用 RNG k-ε 模型来描述气相湍流，气体入口采用

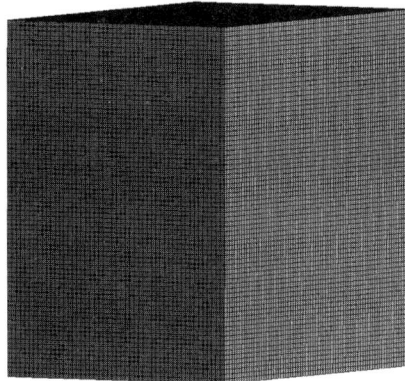

图 6-7　喷嘴外部流场网格

速度入口边界条件，喷雾场出口采用压力出口边界条件，为标准大气压 101.325 kPa。

```
(  x          y          z          u          v          w          diameter    t          parcel-mass  mass       n-in-parcel  time       flow-time)
(( 8.0000e-01 -3.9220e-02  5.5885e-03  6.2713e+00 -3.8771e-01  3.6508e-03  8.1154e-05  3.0000e+02  2.4280e-08   2.7935e-10  8.6917e+01  6.9152e-02  1.5862e+00) injection-0:750190)
(( 8.0000e-01 -5.1203e-01  1.5018e-02  1.2405e+01 -2.4894e-01  5.1145e-01  1.6786e-04  3.0000e+02  5.7670e-08   2.4718e-09  2.3331e+01  3.5899e-02  1.5861e+00) injection-0:766756)
(( 8.0000e-01 -9.5077e-03  3.1156e-02  5.3234e+00 -4.5058e-01  5.3722e-02  1.5740e-04  3.0000e+02  5.4476e-08   2.0381e-09  2.6729e+01  1.0572e-01  1.5861e+00) injection-0:731866)
(( 8.0000e-01  1.9493e-03  1.0276e-02  1.1167e+01 -1.6519e-01  1.0593e-01  1.4560e-04  3.0000e+02  4.4322e-08   1.6131e-09  2.7476e+01  3.6006e-02  1.5860e+00) injection-0:766651)
(( 8.0000e-01  1.7371e-02  8.0251e-03  5.9725e+00 -2.0526e-01 -2.7257e-02  1.0799e-04  3.0000e+02  1.0349e-08   6.5817e-10  1.5723e+01  1.4461e-01  1.5860e+00) injection-0:712372)
(( 8.0000e-01 -4.5977e-02  1.4642e-02  5.0353e+00 -3.8264e-01 -2.1510e-02  8.0471e-05  3.0000e+02  1.6490e-09   2.7235e-10  6.0547e+00  1.7314e-01  1.5861e+00) injection-0:698198)
(( 8.0000e-01  1.9998e-02  1.9314e-02  5.3648e+00 -3.3655e-01  2.4770e-03  1.7594e-04  3.0000e+02  4.3841e-08   1.5403e+01  8.0627e-02  1.5860e+00) injection-0:744378)
(( 8.0000e-01  8.3210e-03  1.1380e-02  9.2445e+00 -1.3626e-01  9.4253e-02  1.4011e-04  3.0000e+02  1.2441e-08   1.4377e-09  8.6533e+00  4.4842e-02  1.5860e+00) injection-0:762212)
(( 8.0000e-01 -5.7772e-03  1.0120e-02  8.0719e+00 -1.9711e-01  6.9232e-02  7.0811e-05  3.0000e+02  1.9640e-08   1.8557e-10  1.0584e+01  4.6540e-02  1.5861e+00) injection-0:761442)
(( 8.0000e-01 -1.0268e-01  5.4537e-02  8.2912e-01 -5.1499e-01 -1.4416e-01  1.8016e-04  3.0000e+02  6.4509e-08   3.0564e-09  2.1106e+01  2.6411e-01  1.5861e+00) injection-0:652688)
(( 8.0000e-01 -1.1858e-02  2.8593e-02  5.7993e+00 -1.7433e-01  9.0041e-02  4.6464e-05  3.0000e+02  9.6038e-10  5.2428e-11  1.8318e+01  1.0193e-01  1.5861e+00) injection-0:733731)
(( 8.0000e-01 -2.5849e-02  3.5683e-02  5.2696e+00 -4.1927e-01  6.5008e-02  1.3038e-04  3.0000e+02  2.9530e-08   1.1585e-09  2.5490e+01  1.1837e-01  1.5862e+00) injection-0:725552)
(( 8.0000e-01  1.6003e-03  1.7643e-02  6.9040e+00 -1.3139e-01  9.4491e-02  5.7700e-05  3.0000e+02  2.9063e-09   9.7149e-11  2.9916e+01  9.6988e-02  1.5862e+00) injection-0:736207)
(( 8.0000e-01  7.9102e-04  8.8998e-03  9.0076e+00 -1.6098e-01  6.9588e-02  8.8780e-05  3.0000e+02  1.9527e-08   3.6573e-10  5.3393e+01  4.1574e-02  1.5862e+00) injection-0:763976)
(( 8.0000e-01 -2.3259e-02  6.0645e-03  9.5478e+00 -3.7894e-01  4.3089e-02  1.1914e-04  3.0000e+02  2.4517e-08   8.8382e-10  2.7740e+01  4.2841e-02  1.5860e+00) injection-0:763205)
(( 8.0000e-01  9.1647e-03  1.1053e-02  1.0141e+01 -9.2581e-02  9.4886e-02  1.2260e-04  3.0000e+02  4.1891e-08   9.6308e-10  1.4442e+01  3.9483e-02  1.5861e+00) injection-0:764905)
(( 8.0000e-01  1.5902e-02  7.0228e-03  6.0886e+00 -2.5621e-01 -1.6243e-02  1.4026e-04  3.0000e+02  3.6305e-08   1.4420e-09  2.5176e+01  2.3987e-01  1.5861e+00) injection-0:664787)
(( 8.0000e-01  1.2745e-02  1.0595e-02  7.0348e+00 -1.2123e-01  7.0342e-02  8.0847e-05  3.0000e+02  9.0437e-09  2.7619e-10  3.4248e+01  7.2871e-02  1.5861e+00) injection-0:748266)
(( 8.0000e-01  1.5561e-02  1.2408e-02  6.9232e+00 -1.5115e-01  8.0717e-02  1.0338e-04  3.0000e+02  1.9777e-09  5.7745e-10  3.4248e+01  7.0040e-02  1.5861e+00) injection-0:749687)
(( 8.0000e-01 -3.7137e-02  1.4892e-02  6.2383e+00 -3.9595e-01  4.4326e-02  9.1356e-05  3.0000e+02  2.7658e-08   3.9850e-10  6.9406e+01  7.3882e-02  1.5861e+00) injection-0:747754)
(( 8.0000e-01 -1.7596e-02  3.1200e-02  6.3049e+00 -3.2308e-01  1.3708e-01  1.1797e-04  3.0000e+02  4.2591e-08   8.5798e-10  4.9641e+01  6.8963e-02  1.5862e+00) injection-0:750260)
(( 8.0000e-01  9.7260e-03  1.3279e-02  6.7584e+00 -8.4606e-02  6.1059e-02  5.7360e-05  3.0000e+02  9.7179e-10  9.8636e-11  9.8522e+00  6.4057e-02  1.5861e+00) injection-0:752680)
(( 8.0000e-01 -3.7773e-02  4.2967e-02  3.4478e+00 -4.6824e-01 -2.3979e-02  1.3343e-04  3.0000e+02  2.5642e-08   1.2417e-09  2.0651e+01  1.6220e-01  1.5860e+00) injection-0:703507)
(( 8.0000e-01 -2.2305e-02  1.6426e-02  1.2051e+01 -4.4593e-01  1.6959e-01  1.7692e-04  3.0000e+02  5.5620e-08   2.8945e-09  1.9216e+01  3.8049e-02  1.5860e+00) injection-0:765610)
(( 8.0000e-01 -4.4303e-02  2.7737e-02  4.2748e+00 -3.5421e-01 -8.6190e-02  8.8266e-05  3.0000e+02  2.4280e-08   3.5941e-10  6.7554e+01  2.3298e-01  1.5862e+00) injection-0:668249)
(( 8.0000e-01  3.1049e-03  1.6246e-02  7.2745e+00 -1.5709e-01  1.0619e-01  7.0922e-05  3.0000e+02  4.1792e-09  1.8645e-10  2.2415e+01  8.3749e-02  1.5861e+00) injection-0:742819)
(( 8.0000e-01 -7.1446e-03  2.6832e-02  8.1830e+00 -2.9514e-01  1.7627e-01  1.6999e-04  3.0000e+02  6.2204e-08   2.5672e-09  2.4230e+01  5.1597e-02  1.5861e+00) injection-0:758949)
(( 8.0000e-01  9.6598e-03  1.9660e-02  6.8887e+00 -1.4627e-01  1.0915e-01  8.8563e-05  3.0000e+02  1.5762e-08   3.6306e-10  4.3414e+01  7.3843e-02  1.5861e+00) injection-0:747759)
(( 8.0000e-01 -2.2711e-02  2.5028e-02  7.0784e+00 -3.6188e-01  1.2985e-01  1.0639e-04  3.0000e+02  2.5411e-08   6.8352e-10  4.0376e+01  6.0173e-02  1.5862e+00) injection-0:754635)
(( 8.0000e-01  9.9330e-03  1.3614e-02  7.9439e+00 -1.5869e-01  9.7276e-02  1.0936e-04  3.0000e+02  2.8477e-08   6.8352e-10  4.1663e+01  5.5355e-02  1.5862e+00) injection-0:757052)
(( 8.0000e-01  1.3959e-02  1.0393e-02  9.6067e+00 -1.1043e-01  9.5249e-02  1.4598e-04  3.0000e+02  3.2174e-08   1.6258e-09  1.9789e+01  4.2980e-02  1.5862e+00) injection-0:763273)
(( 8.0000e-01  1.8044e-02  1.3119e-02  5.2644e+00 -2.5799e-01 -1.3765e-02  1.2898e-04  3.0000e+02  5.8995e-09  1.1214e-09  5.2608e+00  1.6871e-01  1.5863e+00) injection-0:700483)
(( 8.0000e-01 -2.9269e-02  6.0865e-03  6.8722e+00 -3.3102e-01  2.7965e-02  6.3342e-04  3.0000e+02  1.8198e-08   1.3283e-10  1.3700e+02  6.4243e-02  1.5862e+00) injection-0:752679)
(( 8.0000e-01  8.6004e-03  1.0270e-02  6.6778e+00 -6.2750e-02  3.2248e-02  4.0762e-05  3.0000e+02  2.2348e-09  3.5398e-11  6.3133e+01  6.4558e-02  1.5864e+00) injection-0:752594)
(( 8.0000e-01 -3.8336e-03  1.1653e-02  7.0845e+00 -1.4278e-01  5.5145e-02  4.4651e-05  3.0000e+02  1.7644e-09  4.6528e-11  3.7922e+01  5.6407e-02  1.5863e+00) injection-0:756564)
(( 8.0000e-01 -2.5751e-02  3.1041e-02  5.5586e+00 -4.4911e-01  6.0423e-02  1.2648e-04  3.0000e+02  5.2633e-08   1.0575e-09  4.7577e+01  1.1304e-01  1.5861e+00) injection-0:728226)
(( 8.0000e-01 -2.5206e-02  3.3099e-02  5.4877e+00 -3.5807e-01  8.0056e-02  9.7589e-05  3.0000e+02  3.3816e-08   4.8576e-10  6.9614e+01  9.0692e-02  1.5863e+00) injection-0:739407)
(( 8.0000e-01 -1.0723e-01  3.3657e-02  1.0066e+00 -4.0526e-01 -1.0666e-01  1.5005e-04  3.0000e+02  2.8626e-08   1.7658e-09  1.6211e+01  4.3660e-01  1.5864e+00) injection-0:566508)
(( 8.0000e-01 -2.0670e-02  3.1572e-02  5.4535e+00 -2.5830e-01  7.9218e-02  6.5077e-05  3.0000e+02  1.2882e-08   1.4404e-10  8.9434e+01  1.2033e-01  1.5862e+00) injection-0:724467)
(( 8.0000e-01  1.7118e-02  8.1606e-03  6.5761e+00 -2.0512e-01  3.1225e-02  1.2809e-04  3.0000e+02  3.5012e-08   1.0985e-09  3.1873e+01  1.1079e-01  1.5864e+00) injection-0:729466)
(( 8.0000e-01 -2.2000e-01  7.0798e-03  3.5277e-01 -3.9133e-01  1.1174e-04  3.0000e+02  8.6433e-09  7.2927e-10  1.1851e+01  8.0442e-01  1.5862e+00) injection-0:382513)
(( 8.0000e-01 -3.1731e-02  1.8752e-02  6.5873e+00 -3.7404e-01  8.4302e-02  8.8770e-05  3.0000e+02  2.6274e-08   3.6561e-10  7.1863e+01  6.5843e-02  1.5862e+00) injection-0:751860)
(( 8.0000e-01 -1.2472e-02  5.4811e-03  6.9560e+00 -1.7034e-01  9.4109e-03  3.0715e-05  3.0000e+02  2.5683e-09  1.5145e-11  1.6958e+02  5.4477e-02  1.5863e+00) injection-0:757552)
```

图 6-8　导入粒子参数

在喷嘴雾化效果评判过程中，除了较为常用的耗水量、喷雾半角、喷雾射程以外，还包含索特尔直径（SMD）-$D_{[3,2]}$。它的定义是：假定一群雾滴大小均相同，其直径为 d_s，假定这群雾滴的表面积和体积与真实雾滴的表面积和体积之比相等，则有：

$$\frac{\frac{1}{6}\pi N_0 d_s^3}{\pi N_0 d_s^2} = \frac{\frac{1}{6}\pi \sum N_i d_i^3}{\pi \sum N_i d_i^2} \tag{6-13}$$

$$\text{SMD} = d_{[3,2]} = \frac{\sum N_i d_i^3}{\sum N_i d_i^2} \tag{6-14}$$

式中：N_i，直径为 d_i 的液滴数；N_0，平均直径为 d_s 的液滴数。

由 SMD 的定义可以知道，它最能反映出真实的雾滴群的蒸发条件，故而最能反映燃烧及干燥属性，因此在液态工质雾化中得到了广泛的应用。本书亦主要应用雾滴的 SMD 来考察喷嘴雾化性能的好坏。

为了验证本书雾化喷嘴内部流场仿真模型的准确性，将仿真所得结果与实验结果进行对比。对比实验主要在两个方面进行，首先对仿真所得的宏观参数进行对比，其次将仿真所得的出口处喷雾与实验所得图片进行对比，从而验证所得仿真模型的准确性。

从图 6-9 中可以得出，仿真结果与实验结果具有相似的趋势，当入口压力逐渐增加时，喷雾浓度有明显变换，当入口压力为 0.3 MPa 时，可以明显将喷雾分为六块区域，而当入口水压为 0.5 MPa 时，喷雾变得更为均匀。并且雾化半角仿真值与实验值的误差不超过 1°。

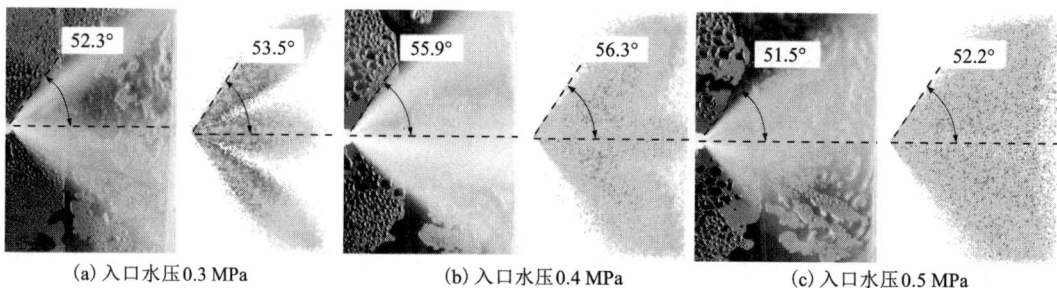

(a) 入口水压 0.3 MPa　　　　(b) 入口水压 0.4 MPa　　　　(c) 入口水压 0.5 MPa

图 6-9　喷雾半角验证

6.2　内混式空气雾化喷嘴的雾化特性研究与分析

6.2.1　内混式空气雾化喷嘴的雾化特性的影响分析

图 6-10 为 VOP to DPM 法下编号 1~5 情况下的喷嘴三维内部流场图，其中蓝色的连续流体代表液相，即水，粒子代表从连续相流体中分离出来的直径小于 0.2 mm 的液滴颗粒。从图中可以得出，连续相流体从入口进入后，在风流场的作用下发生一次破碎，许多直径小于 0.2 mm 的细小液滴从连续相中分离而出，并在转换机制的作用下呈颗粒状显示。随着水压增加，连续流体的长度也逐渐增加，例如，当入口水压为 0.3 MPa 时，连续流体的长度仅为 1 mm，而当入口水压增长至 0.5 MPa 时，连续流体的长度则增长至 4 mm。

从图中还可以得出，破碎完成后的液滴直径大部分处于微米级，但是还存在一部分较大的液滴颗粒。这些颗粒主要分布在两块区域，第一部分处于喷嘴圆形底部，第二部分位于连续相流体尾部。其中，第一部分是由于产生的雾滴颗粒未能及时从喷嘴出口排出，反而在喷嘴底部堆积，从而雾滴速度下降，产生了聚合作用，导致了雾滴颗粒变大；第二部分是由于离散相颗粒刚从连续相上分离而出，因此变形出的颗粒直径近似于所设定的极限值 0.2 mm。

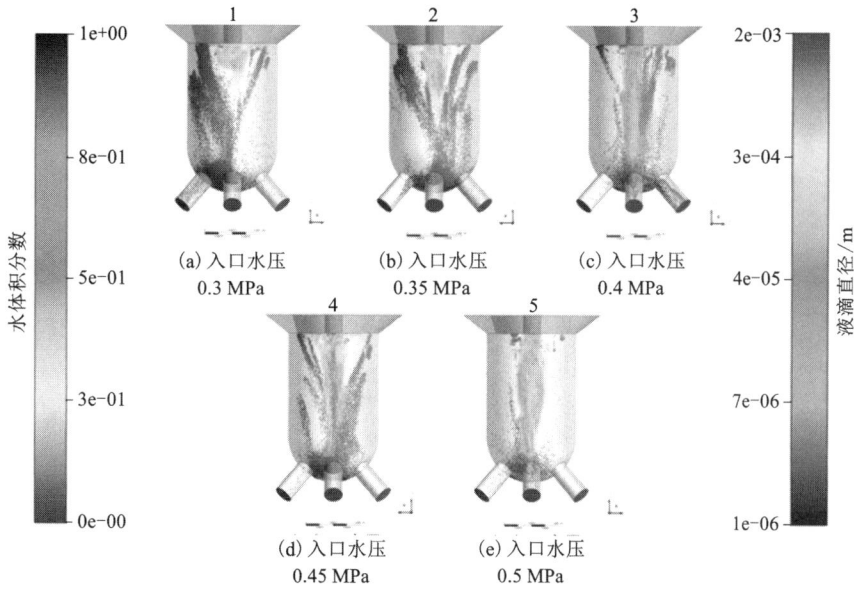

图 6-10 VOP to DPM 法内部两相流流场

图 6-11 为 VOP to DPM 法下编号 1~5 情况下的喷嘴内部速度场截面图。从图中可以得出，在气压不变的条件下，随着水压的提升，喷嘴出口速度先增大后减小，但是气液相对速度逐渐减小。这是由于在气压不变的情况下，随着水压的增加，液相的速度亦有所增加，因此气液相对速度有所减小，而出口速度由于液相流量的增加先是呈现了一段增加的趋势，但是随着气液相对速度的下降，雾化效果有所减弱，随后又呈现下降的趋势。

表 6-2 为 VOP to DPM 法下编号 1~5 情况下的每个喷嘴出口喷雾的平均粒径 $D[3,2]$ 以及所有出口平均粒径 $D_{[3,2]}$ 的平均值。从表中可以得出，随着入口水压的增加，喷嘴出口平均粒径 $D_{[3,2]}$ 也随之增加。例如：当入口水压为 0.3 MPa 时，出口平均粒径 $D_{[3,2]}$ 为 4.53 μm；而当入口水压为 0.4 MPa 时，出口平均粒径 $D_{[3,2]}$ 为 4.66 μm，与入口水压为 0.3 MPa 的情况相比，出口平均粒径 $D_{[3,2]}$ 增加了 0.13 μm；而当入口水压为 0.5 MPa 时，出口平均粒径 $D_{[3,2]}$ 为 5.80 μm，与入口水压为 0.4 MPa 的情况相比，出口平均粒径 $D_{[3,2]}$ 增加了 1.14 μm。这种现象出现的主要原因是入口水压的增加，导致了雾化室内气液相对速度的下降，使得雾化效果有所下降，而喷嘴出口的平均粒径 $D_{[3,2]}$ 因此有所升高。

表 6-2 水压变化下喷嘴出口雾滴平均直径

入口水压/ MPa	$D_{[3,2]}\_1/$ μm	$D_{[3,2]}\_2/$ μm	$D_{[3,2]}\_3/$ μm	$D_{[3,2]}\_4/$ μm	$D_{[3,2]}\_5/$ μm	$D_{[3,2]}\_6/$ μm	$\Delta D_{[3,2]}/$ μm
0.30	3.90	4.72	4.55	4.76	4.76	4.48	4.53
0.35	4.76	4.30	4.13	4.80	4.31	4.14	4.41
0.40	4.58	4.96	4.34	4.28	5.43	4.40	4.66
0.45	4.74	4.47	4.37	7.24	4.18	4.48	4.91
0.50	5.46	5.82	4.73	4.58	7.66	6.55	5.80

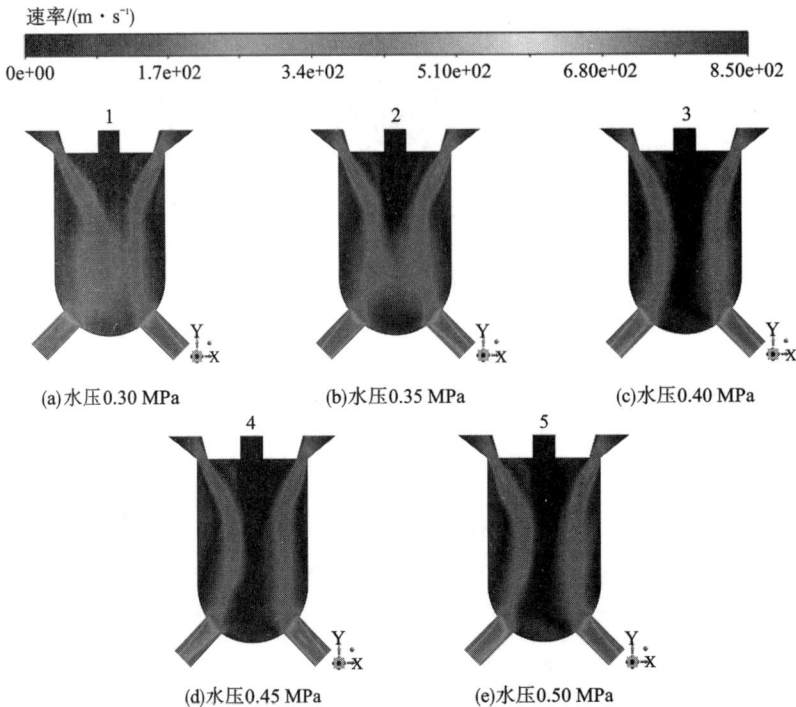

图 6-11　VOP to DPM 法内部速度流场

6.2.2　出口数目对喷嘴雾化特性的影响

图 6-12 为 VOP to DPM 法下喷嘴出口数目为 2~8 情况下的喷嘴内部流场三维图，主要展示了随着喷嘴出口数目的变化，混合室内部颗粒数目和液相破碎的相关情况。从图中可以得出，随着喷嘴出口数目的增加，混合室内部的颗粒数目呈现先减小后增加的趋势，而连续的液相逐渐由绿色加深为蓝色，即雾化效果逐渐减弱；特别是当出口数目为 8 时，连续相的颜色基本变为蓝色。这种现象出现的主要原因是，当喷嘴出口数目较少时，喷嘴出口总面积较少，因此雾化后的雾滴难以有效排出到外部空间，在混合室内部形成了堆积，而随着喷嘴出口数目的增加，这种情况有所改善。但是由于水流量的增加，更多的雾滴被雾化出，喷嘴出口数目的增加逐渐不能抵消这种影响，因此混合室内部的颗粒数目又有所增加。而雾化效果的逐渐减弱则是由于供水量的增加导致气相更加难以完全将连续相流体雾化，因此图中连续相颜色不断加深，即此时气相已经很难将液相完全雾化。

图 6-13 为 VOP to DPM 法下喷嘴出口数目为 2~8 情况下的喷嘴内部速度场截面图。从图中可以得出，在气压水压不变的条件下，随着出口数目的增多，喷嘴出口速度逐渐减小，但是气液相对速度先增加后减小。这是由于在气压水压不变的情况下，随着喷嘴出口数目的增加，喷嘴出口的总面积有所增加，喷雾能够更加顺利地排到外界，而不是在混合室内部堆积，导致水流量与液相速度增加，因此气液相对速度有所增加；但是随着水流量的持续增加，气相不能完全雾化混合室内的液相，因此后续气液相对速度有所下降。而出口速度由于喷嘴出口总面积的增加，呈现出下降的趋势。

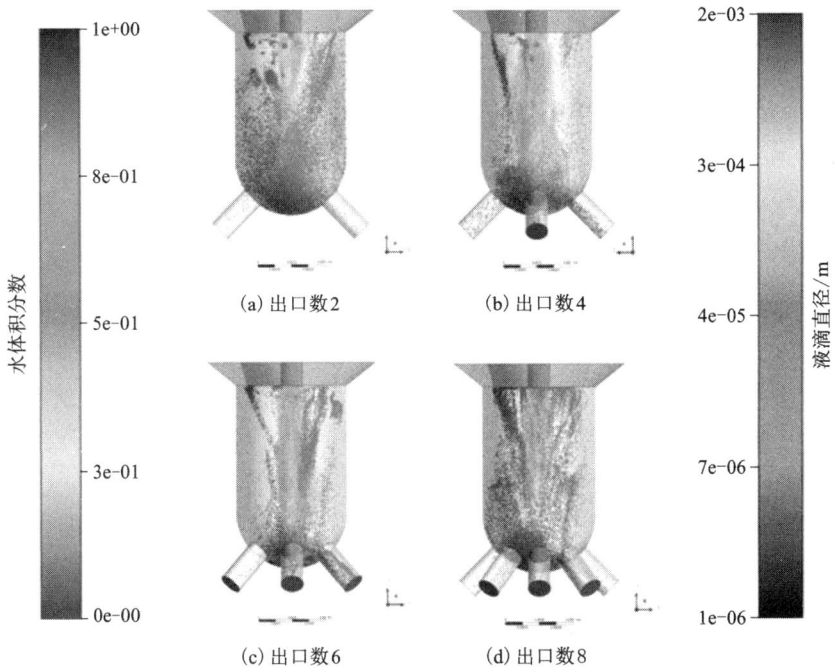

图 6-12　出口数目变化下内部两相流流场

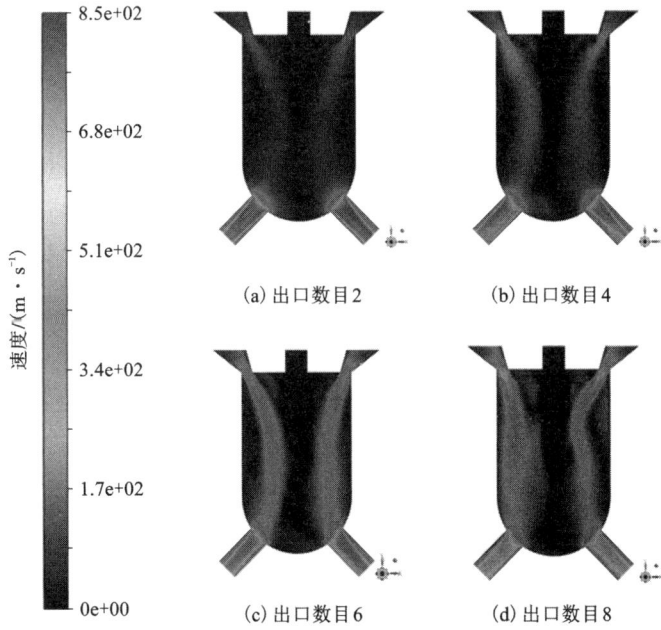

图 6-13　出口数目变化下内部速度流场

表 6-3 为 VOP to DPM 法下喷嘴出口数目为 2~8 情况下的每个喷嘴出口喷雾的平均粒径 $D_{[3,2]}$ 以及所有出口平均粒径 $D_{[3,2]}$ 的平均值。从表中可以得出，随着喷嘴出口数目的增加，喷嘴出口平均粒径 $D_{[3,2]}$ 先减小后增大。例如：当喷嘴出口数目为 2 时，出口平均粒径 $D_{[3,2]}$ 为 5.44 μm；而当喷嘴出口数目为 6 时，出口平均粒径 $D_{[3,2]}$ 为 4.66 μm，与喷嘴出口数目为 2 的情况相比，出口平均粒径 $D_{[3,2]}$ 减小了 0.78 μm；而当喷嘴出口数目为 8 时，出口平均粒径 $D_{[3,2]}$ 为 4.80 μm，与喷嘴出口数目为 6 的情况相比，出口平均粒径 $D_{[3,2]}$ 增加了 0.14 μm。

表 6-3　出口数目变化下喷嘴出口雾滴平均直径

数目	$D_{[3,2]}\_1/$ μm	$D_{[3,2]}\_2/$ μm	$D_{[3,2]}\_3/$ μm	$D_{[3,2]}\_4/$ μm	$D_{[3,2]}\_5/$ μm	$D_{[3,2]}\_6/$ μm	$D_{[3,2]}\_7/$ μm	$D_{[3,2]}\_8/$ μm	$\Delta D_{[3,2]}/$ μm
2	4.99	5.88	—	—	—	—	—	—	5.44
4	4.21	5.06	5.14	5.15	—	—	—	—	4.89
6	4.58	4.96	4.34	4.28	5.43	4.40	—	—	4.66
8	5.03	4.59	4.80	5.15	5.12	4.52	4.47	4.72	4.80

这种现象出现的主要原因是在出口半径一致的情况下，喷嘴出口数目的增加导致了喷嘴出口总面积的增加，与之相应，混合室内部气液相对速度有所增加，喷嘴出口处的速度有所下降。当出口数目小于 6 时，气液相对速度对雾化效果起到主要作用，因此混合室内部的气液相对速度的增加导致出口平均粒径 $D_{[3,2]}$ 呈现减小趋势；而当出口数目大于 6 时，混合室内部的气液相对速度变化幅度不大，但是出口处速度有明显下降，导致聚合效应增加，因此出口平均粒径 $D_{[3,2]}$ 呈现增加趋势。

图 6-14 为喷嘴出口数目为 2~8 情况下喷雾距离 0.2 m、0.4 m、0.6 m、0.8 m、1.0 m 处的雾滴平均粒径 $D_{[3,2]}$。从图中可以得出，在气压水压不变的条件下，随着出口角度的增加，平均粒径呈现先减小后增大的趋势。这是由于当喷嘴数目较小时，初始粒径较大，即处于出口位置时平均粒径较大。但是由于出口数目较少，雾滴浓度较低，雾滴聚合现象不明显。而当出口数目较多时，不仅初始粒径较大，而且雾滴聚合现象更加明显，因此雾滴平均粒径又呈增长趋势。

图 6-15 为喷嘴出口数目为 2~8 情况下喷雾距离 0.5 m 处的喷雾浓度截面图。从图中可以得出，在气压水压不变的条件下，随着出口数目的增多，喷雾浓度逐渐增加，并且喷嘴出口数目越多，形成的降尘区域所留空白越少。这是由于当喷嘴出口数目增多时，同等情况下喷嘴耗水量有明显增加，并且雾化半角有所下降，因此导致喷雾浓度逐渐增加，并且中心位置所留空白区域逐渐减小。

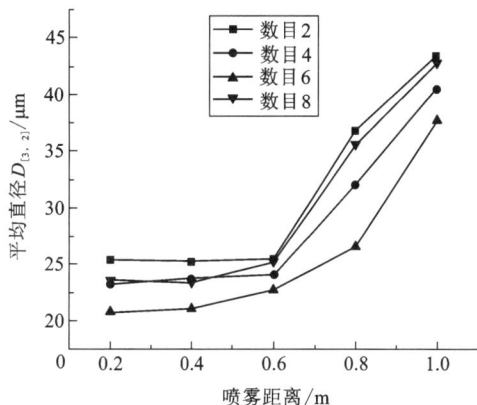

图 6-14 出口数目变化下喷雾平均粒径

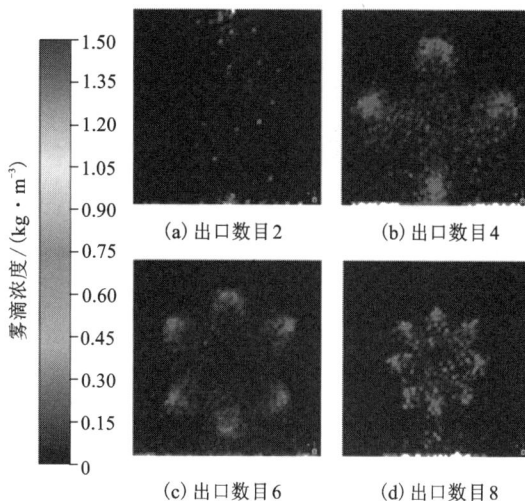

图 6-15 出口数目变化下喷雾浓度

6.2.3 出口半径对喷嘴雾化特性的影响

图 6-16 为 VOP to DPM 法下喷嘴出口半径为 0.4~0.7 mm 情况下的喷嘴内部流场三维图，主要展示了随着喷嘴出口数目的变化，混合室内部颗粒数目和液相破碎的相关情况。从图中可以得出，随着喷嘴出口半径的增加，混合室内部的颗粒数目呈现先减小后增加的趋势，而连续的液相逐渐由绿色加深为蓝色，即雾化效果逐渐减弱，这种现象出现的主要原因与喷嘴出口数目变化导致类似趋势的原因相似，喷嘴出口半径的变化引起了喷嘴出口总面积的变化，当喷嘴出口总面积较小时，雾化后的雾滴难以有效排出到外部空间，而随着喷嘴出口数目的增加，这种情况有所改善。相同地，由于水流量的增加，更多的雾滴被雾化出，喷嘴出口数目的增加逐渐不能抵消这种影响，因此混合室内部的颗粒数目又有所增加。而雾化效果的逐渐减弱则是由于供水量的增加导致气相更加难以完全将连续相的流体雾化，因此图中连续相颜色不断加深，即此时气相已经很难将液相完全雾化。

图 6-17 为 VOP to DPM 法下喷嘴出口半径为 0.4~0.7 mm 情况下的喷嘴内部速度场截面图。从图中可以得出，在气压水压不变的条件下，随着出口半径的增加，喷嘴出口速度逐渐减小；但是气液相对速度随出口速度变化先增加后减小的原因与喷嘴出口数目导致类似趋势的原因基本一致，同样是因为喷嘴出口总面积的增加，导致水流量的增加，因此出现了出口速度逐渐减小，而气液相对速度先增加后减少的情况。

表 6-4 为 VOP to DPM 法下喷嘴出口半径为 0.4~0.7 mm 的情况下的每个喷嘴出口喷雾的平均粒径 $D_{[3,2]}$ 以及所有出口平均粒径 $D_{[3,2]}$ 的平均值。从表中可以得出，随着喷嘴出口半径的增加，喷嘴出口平均粒径 $D_{[3,2]}$ 先减小后增大。例如：当喷嘴出口半径为 0.4 mm 时，出口平均粒径 $D_{[3,2]}$ 为 6.31 μm；而当喷嘴出口半径为 0.5 mm 时，出口平均粒径 $D_{[3,2]}$ 为 4.66 μm，与喷嘴出口半径为 0.4 mm 的情况相比，出口平均粒径 $D_{[3,2]}$ 减小了 1.65 μm；而当喷嘴出口半径为 0.7 mm 时，出口平均粒径 $D_{[3,2]}$ 为 5.62 μm，与喷嘴出口半径 0.5 mm 的情况相比，出口平均粒径 $D_{[3,2]}$ 增加了 0.96 μm。

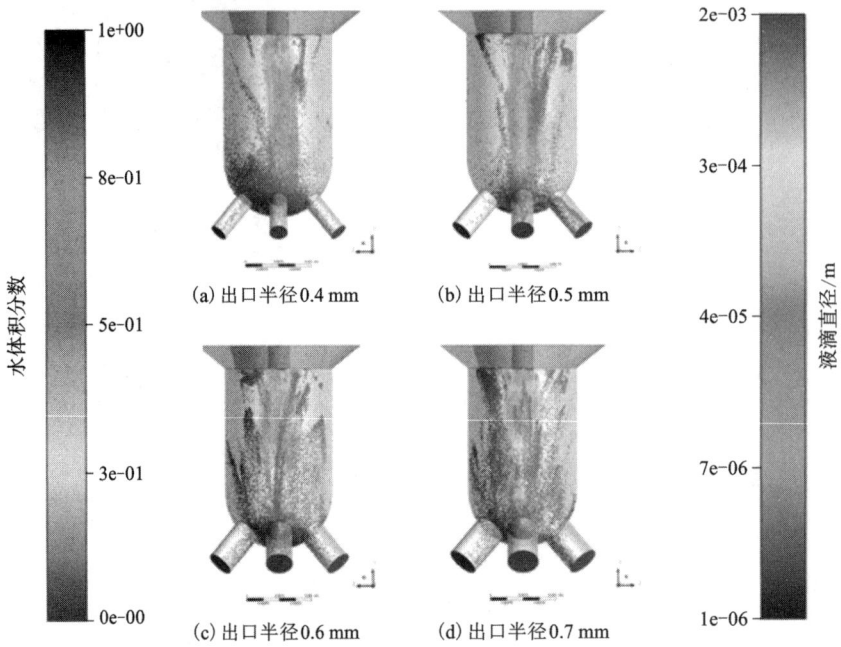

（a）出口半径0.4 mm　　　　　（b）出口半径0.5 mm

（c）出口半径0.6 mm　　　　　（d）出口半径0.7 mm

图6-16　出口半径变化下内部两相流流场

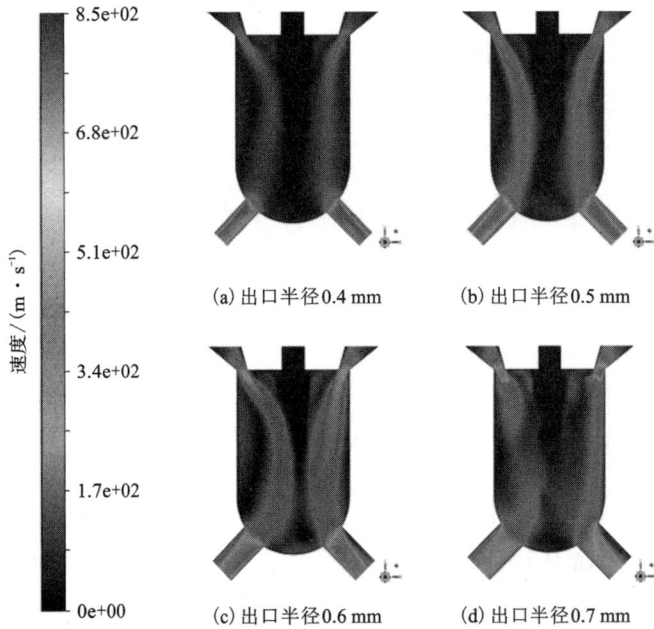

（a）出口半径0.4 mm　　　　　（b）出口半径0.5 mm

（c）出口半径0.6 mm　　　　　（d）出口半径0.7 mm

图6-17　出口半径变化下内部速度流场

表 6-4　出口半径变化下喷嘴出口雾滴平均直径

半径/mm	$D_{[3,2]}$_1/ μm	$D_{[3,2]}$_2/ μm	$D_{[3,2]}$_3 /μm	$D_{[3,2]}$_4/ μm	$D_{[3,2]}$_5 /μm	$D_{[3,2]}$_6/ μm	$\Delta D_{[3,2]}$/ μm
0.4	6.99	6.13	6.24	6.33	5.93	6.22	6.31
0.5	4.58	4.96	4.34	4.28	5.43	4.40	4.66
0.6	5.24	5.59	5.06	5.48	4.99	4.86	5.20
0.7	5.19	4.97	5.51	6.56	5.04	6.42	5.62

这种现象出现的主要原因是在出口数目一致的情况下，喷嘴出口半径的增加导致了喷嘴出口总面积的增加，混合室内部气液相对速度有所增加，喷嘴出口处的速度有所下降。当出口半径小于 0.5 mm 时，气液相对速度对雾化效果起到主要作用，并且由于出口半径过小，液滴颗粒的再次凝聚剧烈，出口平均粒径 $D_{[3,2]}$ 呈现减小趋势，而当出口数目大于 6 时，混合室内部的气液相对速度变化幅度不大，但是出口处速度有明显下降，导致聚合效应增加，因此出口平均粒径 $D_{[3,2]}$ 呈现增加趋势。

图 6-18 为喷嘴出口半径为 0.4~0.7 mm 情况下喷雾距离 0.2 m、0.4 m、0.6 m、0.8 m、1.0 m 处的雾滴平均粒径 $D_{[3,2]}$。从图中可以得出，在气压水压不变的条件下，随着出口半径的增加，平均粒径呈现先减小后增大的趋势，与表 5-15 出口处粒径变化趋势相同。

图 6-19 为喷嘴出口半径为 0.4~0.7 mm 情况下喷雾距离 0.5 m 处的喷雾浓度截面图。从图中可以得出，在气压水压不变的条件下，随着出口半径的增加，喷雾浓度逐渐增高，并且在喷雾中心处所留空白更少，即更能形成一个完整的降尘区域。这种趋势主要成因是，随着喷嘴出口半径的增加，喷嘴所消耗的耗水量随之增加，自然导致所产生的喷雾雾滴浓度的增加。

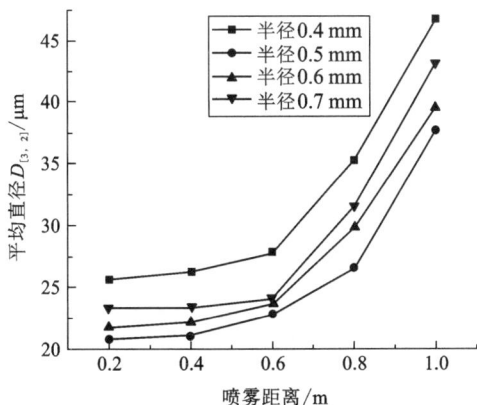

图 6-18　出口半径变化下喷雾平均粒径

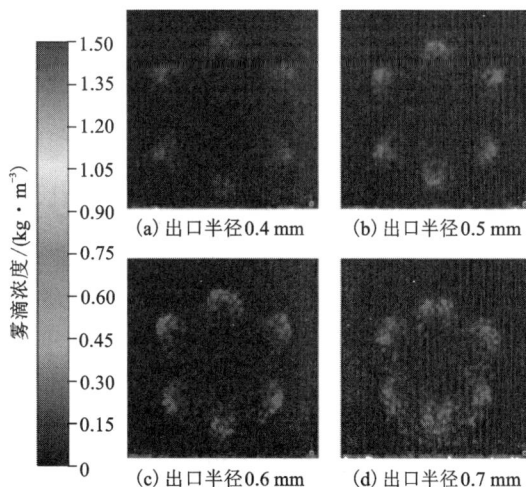

图 6-19　出口半径变化下喷雾浓度

6.2.4 出口角度对喷嘴雾化特性的影响

图 6-20 为 VOP to DPM 法下喷嘴出口角度为 30°、45°以及 60°情况下的喷嘴内部流场三维图，主要展示了随着喷嘴出口数目的变化，混合室内部颗粒数目和液相破碎的相关情况。从图中可以得出，当出口角度逐渐增大时，处于混合室底部的雾滴聚集区域越来越大，这是因为当喷嘴角度增大时，雾化完成后的雾滴不能顺利地从出口排到外部空间，因此在混合室底部出现了聚集现象，并且这种现象随着角度的增加而更加明显。

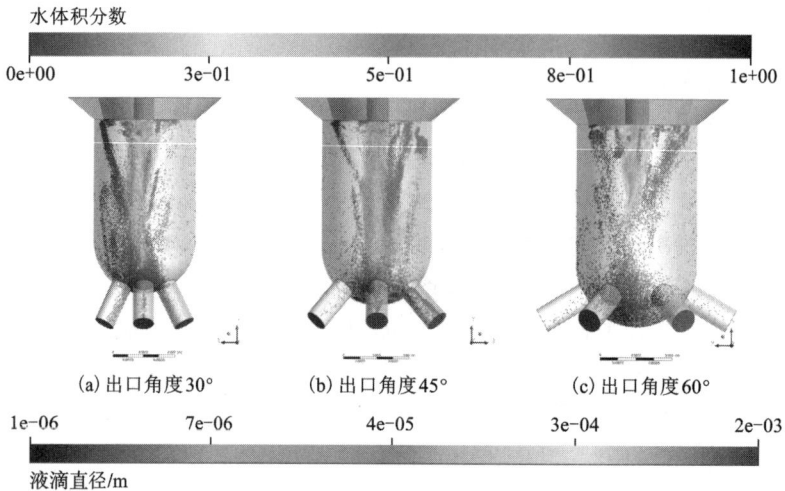

图 6-20 出口角度变化下内部两相流流场

图 6-21 为 VOP to DPM 法下喷嘴出口角度为 30°、45°和 60°情况下的喷嘴内部速度场截面图。从图中可以得出，在气压水压不变的条件下，随着出口角度的增加，气液相对速度先增大后减小，喷嘴出口速度基本保持不变，并且可以发现，在混合室的底部逐渐产生一块回流区域。这是由于随着喷嘴出口角度的不断增加，产生的雾滴气流不能很好地立即排出，在与混合室底部接触时产生了一定程度的反弹，并且一部分雾滴气体在混合室底部产生了一定程度上的堆积，这种现象随着喷嘴出口角度的增加而更加明显。

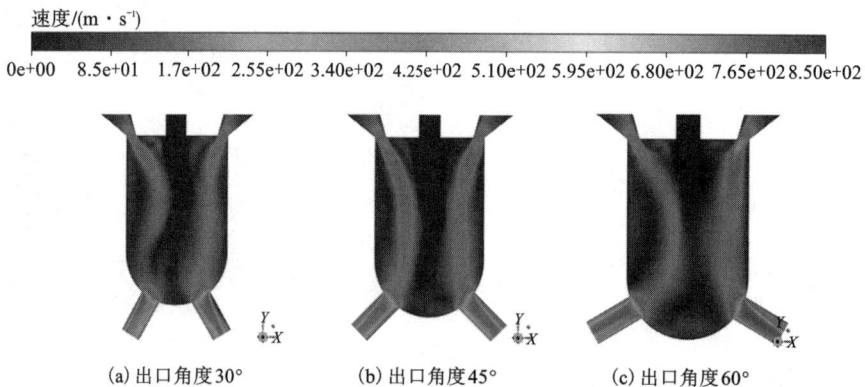

图 6-21 出口角度变化下内部速度流场

表 6-5 为 VOP to DPM 法下喷嘴出口角度为 30°、45° 与 60° 情况下的每个喷嘴出口喷雾的平均粒径 $D_{[3,2]}$ 以及所有出口平均粒径 $D_{[3,2]}$ 的平均值。从表中可以得出，随着喷嘴出口角度的增加，喷嘴出口平均粒径 $D_{[3,2]}$ 呈现先减小后增加的趋势。例如：当喷嘴出口角度为 30° 时，出口平均粒径 $D_{[3,2]}$ 为 5.19 μm；而当喷嘴出口角度为 45° 时，出口平均粒径 $D_{[3,2]}$ 为 4.66 μm，与喷嘴出口角度为 30° 的情况相比，出口平均粒径 $D_{[3,2]}$ 减小了 0.53 μm；而当喷嘴出口角度为 60° 时，出口平均粒径 $D_{[3,2]}$ 为 5.52 μm，与喷嘴出口角度为 45° 的情况相比，出口平均粒径 $D_{[3,2]}$ 增加了 0.86 μm。

表 6-5 出口角度变化下喷嘴出口雾滴平均直径

角度/(°)	$D_{[3,2]}\_1/$ μm	$D_{[3,2]}\_2/$ μm	$D_{[3,2]}\_3$ /μm	$D_{[3,2]}\_4/$ μm	$D_{[3,2]}\_5$ /μm	$D_{[3,2]}\_6/$ μm	$\Delta D_{[3,2]}/$ μm
30	5.74	5.33	5.83	4.30	4.39	5.56	5.19
45	4.58	4.96	4.34	4.28	5.43	4.40	4.66
60	5.66	5.55	5.81	5.30	5.47	5.34	5.52

图 6-22 为喷嘴出口半径为 0.4~0.7 mm 情况下喷雾距离 0.2 m、0.4 m、0.6 m、0.8 m、1.0 m 处的雾滴平均粒径 $D_{[3,2]}$。从图中可以得出，随着喷嘴出口角度的增加，喷嘴出口平均粒径 $D_{[3,2]}$ 呈现先减小后增加的趋势，与表 5-14 所得趋势一致。

这种现象出现的主要原因是与出口角度为 30° 的情况相比，当出口角度为 45° 时，混合室内气液相对速度有所上升，因此出口平均粒径 $D_{[3,2]}$ 有所减小。而当出口角度为 60° 时，在混合室内雾化后的气体并不是直接全部排出到外部空

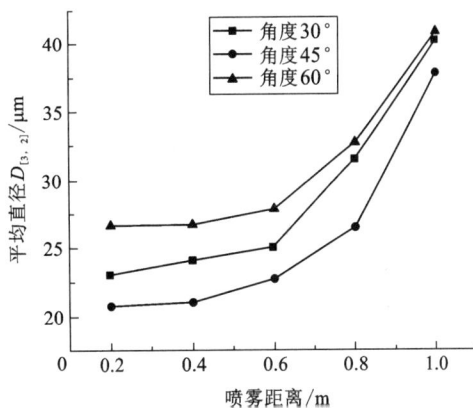

图 6-22 出口角度变化下喷雾平均粒径

间，有一部分气体是首先汇集到混合室底部，然后与底部碰撞后形成反弹再排出到外部空间。而随着出口角度逐渐增大，雾化后的气体无法及时排出的现象更加明显，有一部分气体在混合室底部汇集后才能排出，因此出口平均粒径 $D_{[3,2]}$ 有所增大。

图 6-23 为喷嘴出口角度为 30°、45° 与 60° 情况下喷雾距离 0.5 m 处的喷雾浓度截面图。从图中可以得出，在气压水压不变的条件下，随着出口角度的增大，平均喷雾浓度逐渐下降，并且喷雾浓度的均匀度逐渐变差，特别是当喷雾角度为 60° 时，喷雾区域中心明显存在空白区域。

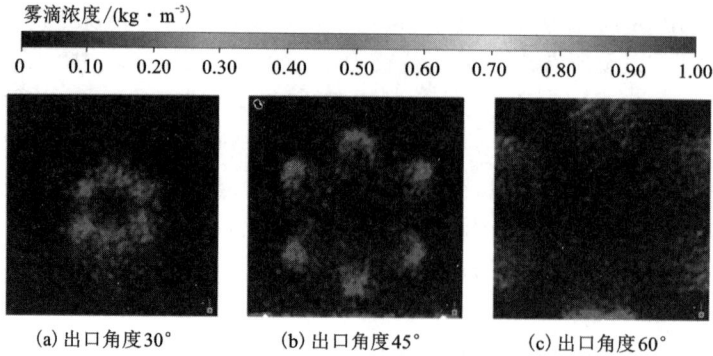

雾滴浓度/(kg·m⁻³)

0   0.10   0.20   0.30   0.40   0.50   0.60   0.70   0.80   0.90   1.00

(a)出口角度30°   (b)出口角度45°   (c)出口角度60°

图6-23　出口角度变化下喷雾浓度

6.3　内混式空气雾化喷嘴实验结果与分析

　　雾化喷嘴的宏观参数，如耗水量、喷雾射程、喷雾角度等，与降尘效率是评判其降尘性能优劣的重要参数，为了获得这些重要参数，本节设计并构建了一套喷雾降尘实验系统。在设备搭建完成后，针对不同结构的空气雾化喷嘴，在不同入口压强条件下，对其宏观性能与降尘率进行实验，并记录相关数据。在对相关数据进行处理后，分析实验参数并获得相关趋势。

6.3.1　内混式空气雾化喷嘴实验装置及步骤

　　在喷雾降尘应用过程中，降尘效果是否优秀主要取决于雾化喷嘴的降尘率、喷雾射程、喷雾宽度、喷雾角以及耗水量等几个方面。为了验证所涉及的几个喷嘴结构因素对降尘效果的影响，需要设计一套切实可用的降尘实验装置，其原理如图6-24所示。降尘实验的原理如下：首先含尘气体从入口进入，并在粉尘浓度测点A处进行第一次测量，获得未经除尘处理的第一次粉尘浓度数据，然后在含尘气体经过雾化喷嘴后，在粉尘浓度测点B处进行第二次测量，获得经过喷雾降尘处理后的第二次粉尘浓度数据，最后对比第一次粉尘浓度数据与第二次粉尘浓度数据，获得内混式空气雾化喷嘴的降尘效果参数，实验结

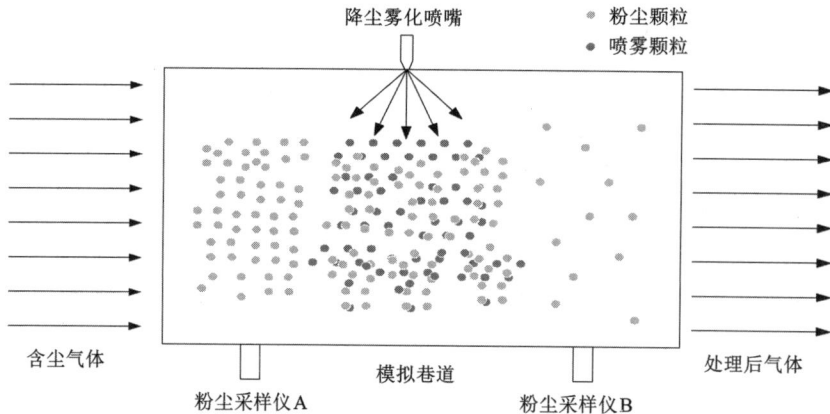

图6-24　喷雾降尘实验平台原理

束。在本次实验中，变量为喷嘴出口数目、喷嘴出口角度、喷嘴出口直径、喷嘴入口气压、喷嘴出口水压。

根据上述降尘原理，本节设计并搭建了一套喷雾降尘实验平台，平台装置的实物如图 6-25 所示。平台包括以下几个部分：供气系统、供水系统、模拟巷道、粉尘发生装置。通过对不同喷嘴结构与入口压力下的广角喷嘴分别进行试验，得到了每种工况下的广角喷嘴雾化效果与降尘效果，并将所得测量结果与数值模拟结果进行了对比。

(a) 模拟巷道

(b) 粉尘采样仪

(c) 气动风机

(d) 粉尘发生器

图 6-25　喷雾降尘实验平台

表 6-6　实验平台主要设备参数

设备	型号	参数
空气压缩机 1	BK37-10G	最大流量 5.5 m^3/min，压力范围 0.1~1 MPa
高压水泵	2JET-35G	最大流量 6 m^3/h，压力范围 0.1~0.6 MPa
气体转子流量计	SA 30S-15	测量范围 65~650 L/h
高精度流量计	LE-LWGYDB-4L	测量范围 4~14 L/h
空气压缩机 2	Y11X-16P	调压范围 0.1~1 MPa
储气罐	Winner319A	粒径范围 1~500 μm
粉尘采样仪	CCZ-20A	分辨率 0.01~3500 μm
烘干机	101-2	室温 10~300 ℃
电子天平	ESJ-182-4	精度 0.01 g

其中，供气系统包括空气压缩机 1、空气压缩机 2、储气罐、气体流量计、气压力表；供水系统包括储水箱、水泵、高精度流量计、水压力表；模拟巷道包括气动风机、粉尘采样仪。试验平台主要组件及相关参数如表 6-6 所示。

在该系统中，首先，由空气压缩机 1 将额定压力的空气输送入储气罐，再输送到气动风机中，因此可以通过调节输入气体的压力大小来控制风机旋转的快慢以及风速的大小。其次，空气压缩机 2 将一定压力的空气经由气体流量计输入空气雾化喷嘴气相入口，同时高压水泵同样将一定压力的水经由液体流量计输入空气雾化喷嘴液相入口，因此通过调节空气压缩机 2 和高压水泵的压力调节阀便可实现不同的气液入口压力。在模拟巷道部分，首先由气动风机产生巷道内部风流场，然后由粉尘发生器产生粉尘，在内部风流场的带动下，粉尘均匀散布在模拟巷道内部。空气雾化喷嘴布置在模拟巷道顶部，在喷嘴位置前布置粉尘采样仪，以便获得降尘前巷道内部的粉尘浓度，在喷嘴位置同样布置有粉尘采样仪，这样便可获得降尘后巷道内部的粉尘浓度，对比前后的粉尘浓度便可得到空气降尘喷嘴的降尘效率。喷嘴降尘实验所采用的试验平台如图 6-26 所示。

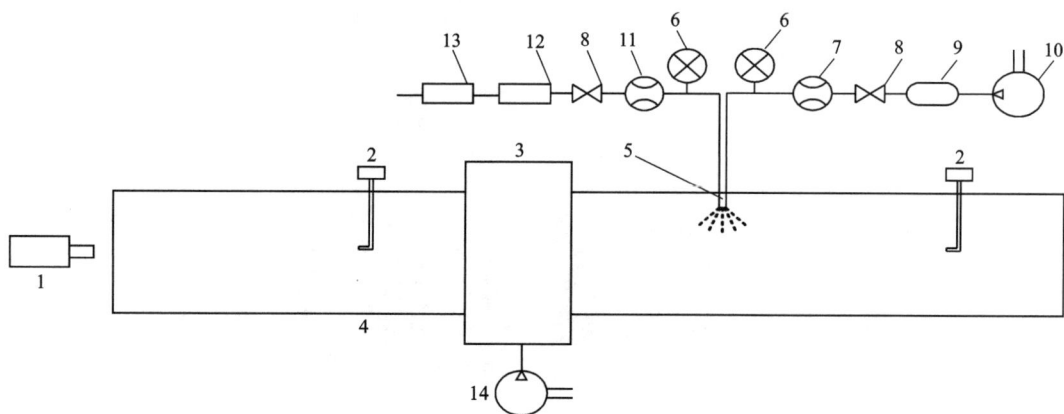

1—粉尘发生器；2—粉尘采样仪；3—气动风机；4—模拟巷道；5—空气雾化喷嘴；6—压力表；7—气流量计；8—球形阀；9—储气罐；10—空压机 1；11—水流量计；12—高压水泵；13—储水箱；14—空压机 2。

图 6-26　实验平台示意图

由于在一般试验过程中难以观察到混合室中的流场情况，因此为了能更好地观察到混合室内部的气液混合情况，本次利用 3D 打印的方式制作了透明喷嘴混合室以及喷嘴出口部分，试验所采用的广角式空气雾化喷嘴如图 6-27 所示。本次试验主要研究喷嘴出口数目、出口半径以及出口角度对喷嘴雾化效果以及降尘效果的影响，因此选择喷嘴出口数目为 2~4，出口半径为 0.4~0.7 mm，出口角度为 30°、45°、60° 的九种喷嘴进行试验。试验中所

图 6-27　实验用喷嘴

采用的入口压力条件为，水压 0.3~0.5 MPa，气压 0.4 MPa，具体试验方案如表 6-7 所示。

表 6-7　喷雾降尘实验方案

编号	p_l/MPa	出口角度/(°)	出口半径/mm	出口数目/个
1	0.30-0.50	45	0.5	2
2	0.30-0.50	45	0.5	4
3	0.30-0.50	45	0.5	6
4	0.30-0.50	45	0.5	8
5	0.30-0.50	45	0.4	6
6	0.30-0.50	45	0.6	6
7	0.30-0.50	45	0.7	6
8	0.30-0.50	30	0.5	6
9	0.30-0.50	60	0.5	6

具体试验步骤如下：

准备过程中，试验所用的采样滤膜材质为丙纶，纯度为 99.78%，孔径为 0.1 mm。在采样之前先用干净镊子将采样滤膜取出送入烘干机烘干，烘箱内温度设置为 40 ℃，烘干处理一小时。烘干后同样使用洁净镊子将滤膜转移至电子天平，称重 3 次，取平均值记为 m_1。然后将烘干称重后的滤膜装入标记好的滤膜夹中，再将滤膜夹放入滤膜盒中备用。选择合适的尘样对研究空气雾化喷嘴的降尘性能特别重要，本节试验选用来自榆林魏墙煤矿的煤样进行尘样的制备。由于所选用的煤样均是直接从井下取回的，因此为了保证试验的可靠性，需要在破碎之前对煤样进行烘干处理。将处理完成的煤样放入破碎机中进行破碎，然后再用电动筛机对尘样进行筛选，从而得到合适的尘样。

在测试过程中，首先选取合适的呼尘以及全尘采样头，将处理标记后的装有滤膜的滤膜夹装入采样头，并拧紧采样头尾部，使得整个采样头径向密闭不漏气，其中应使滤膜绒面朝向进气口方向。将装有滤膜夹的粉尘采样头安装在离地 1.5 m 高的粉尘采样仪上，粉尘采样仪的采样时间设置为 3 min，试验开始时同时打开喷雾降尘点前后的全尘与呼尘的粉尘采样仪。然后打开高压水泵以及空压机，并调节气压与水压，直至达到试验所需要的入口风压与入口水压，待气动风机与空气雾化喷嘴稳定后，在设计的测风点测量风速，达到试验要求后正式开始试验，并记录喷嘴的耗水量、喷嘴角度、喷雾距离等相关试验数据。随后在粉尘发生器的填料装置内装入处理后的煤样，打开粉尘发生器，进行喷嘴的降尘试验。

试验完成后，将带有尘样的滤膜夹小心取出，放入标记好的滤膜盒中保存。将装有采尘滤膜的滤膜盒放置于烘干机中烘干，设置温度为 50 ℃，烘干处理一小时。用洁净镊子取出已烘干的滤膜，转移至电子天平进行称重，称重 3 次，取平均值记为 m_2。

全尘与呼尘粉尘质量浓度均可按式（6-15）计算：

$$c = \frac{m_2 - m_1}{s \times t} \times 1000 \tag{6-15}$$

式中：c 为粉尘浓度，mg/m³；m_1 为试验前滤膜质量，mg；m_2 为试验后滤膜质量，mg；s 为采样流量，L/min；t 为采样时间，min。

喷雾降尘的降尘效率可按式(6-16)计算：

$$\eta = \frac{c_2 - c_1}{c_1} \times 100\% \qquad (6-16)$$

式中：η 为除尘效率；c_1 为降尘前粉尘质量浓度，mg/m³；c_2 为降尘后粉尘质量浓度，mg/m³。

6.3.2 实验的雾化结果分析

表6-8为当供气压力为0.4 MPa，供水压力为0.3~0.5 MPa，喷嘴出口数目分别为2、4、6、8时，广角空气雾化喷嘴的喷雾射程、耗水量、喷雾半角的相关趋势。从表6-8中可知，随着喷嘴出口数目的增加，喷嘴的喷雾射程呈现先减小后增加的趋势，耗水量呈现增加的趋势，而喷雾半角呈现下降的趋势。例如：水压均为0.4 MPa的情况下，当喷嘴出口数目为2时，喷嘴的喷雾射程为1.4 m，耗水量为0.270 L/min，而喷雾半角为61°；当喷嘴数目为4时，喷嘴的喷雾射程为1.2 m，耗水量为0.504 L/min，而喷雾半角为58°，与喷嘴出口为2的情况相比，喷雾射程与喷雾半角分别降低了0.2 m和3°，耗水量增加了0.234 L/min；当喷嘴数目为8时，喷嘴的喷雾射程为2.5 m，耗水量为0.936 L/min，而喷雾半角为53°，与喷嘴出口为4的情况相比，喷雾射程增长了1.3 m，耗水量增加了0.432 L/min，而喷雾半角减少了5°。

表6-8 喷嘴出口数目变化下喷嘴宏观参数的变化

出口数目/个	入口水压/MPa	喷雾射程/m	耗水量/(L·min⁻¹)	喷雾半角/(°)
2	0.3	1.2	0.126	56
	0.35	1.3	0.222	58
	0.4	1.4	0.270	61
	0.45	1.5	0.342	57
	0.5	1.6	0.432	54
4	0.3	1.0	0.270	53
	0.35	1.1	0.348	56
	0.4	1.2	0.504	58
	0.45	1.3	0.594	55
	0.5	1.4	0.648	52
6	0.3	1.6	0.408	52
	0.35	1.7	0.612	53
	0.4	1.9	0.768	56
	0.45	2.0	0.888	54
	0.5	2.1	1.008	52

续表 6-8

出口数目/个	入口水压/MPa	喷雾射程/m	耗水量/(L·min⁻¹)	喷雾半角/(°)
	0.3	2.3	0.642	50
	0.35	2.4	0.798	51
8	0.4	2.5	0.936	53
	0.45	2.6	1.062	51
	0.5	2.7	1.176	49

表 6-9 为当供气压力为 0.4 MPa，供水压力为 0.3~0.5 MPa，喷嘴出口半径分别为 0.4~0.7 mm 时，广角空气雾化喷嘴的喷雾射程、耗水量、喷雾半角的相关趋势。从表 6-9 中可知，随着喷嘴出口数目的增加，喷嘴的喷雾射程与耗水量均呈现增加的趋势，而喷雾半角呈现先增加后减小的趋势。例如：水压均为 0.4 MPa 的情况下，当喷嘴出口直径为 0.4 mm 时，喷嘴的喷雾射程为 1.6 m，耗水量为 0.498 L/min，而喷雾半角为 53°；当喷嘴出口直径为 0.6 mm 时，喷嘴的喷雾射程为 2.1 m，耗水量为 0.984 L/min，而喷雾半角为 60°，与喷嘴出口直径为 0.4 mm 的情况相比，喷雾射程增加了 0.5 m，耗水量与喷雾半角分别增加了 0.486 L/min 和 7°；当喷嘴出口直径为 0.7 mm 时，喷嘴的喷雾射程为 2.4 m，耗水量为 1.194 L/min，而喷雾半角为 57°，与喷嘴出口直径为 0.6 mm 的情况相比，喷雾射程与耗水量分别增加了 0.3 m 与 0.210 L/min，喷雾半角减小了 3°。

表 6-9　喷嘴出口半径变化下喷嘴宏观参数的变化

出口半径/mm	入口水压/MPa	喷雾射程/m	耗水量/(L·min⁻¹)	喷雾半角/(°)
	0.3	1.4	0.240	48
	0.35	1.5	0.390	51
0.4	0.4	1.6	0.498	53
	0.45	1.7	0.606	49
	0.5	1.8	0.744	47
	0.3	1.6	0.408	52
	0.35	1.7	0.612	53
0.5	0.4	1.9	0.768	56
	0.45	2.0	0.888	54
	0.5	2.1	1.008	52

续表 6-9

出口半径/mm	入口水压/MPa	喷雾射程/m	耗水量/(L·min⁻¹)	喷雾半角/(°)
0.6	0.3	1.9	0.624	54
	0.35	2.0	0.834	56
	0.4	2.1	0.984	60
	0.45	2.2	1.206	57
	0.5	2.4	1.374	55
0.7	0.3	2.2	0.774	53
	0.35	2.3	0.978	55
	0.4	2.4	1.194	57
	0.45	2.5	1.326	54
	0.5	2.6	1.536	52

表 6-10 为当供气压力为 0.4 MPa,供水压力为 0.3~0.5 MPa,喷嘴出口角度分别为 30°、45°、60°时,广角空气雾化喷嘴的喷雾射程、耗水量、喷雾半角的相关趋势。从表 6-10 中可知,随着喷嘴出口角度的变化,喷嘴的喷雾射程呈现减小的趋势,喷嘴的耗水量基本维持不变,而喷雾半角呈现明显的增加趋势。例如:水压均为 0.4 MPa 的情况下,当喷嘴出口角度为 30°时,喷嘴的喷雾射程为 2.4 m,耗水量为 0.726 L/min,而喷雾半角为 42°;当喷嘴出口角度为 45°时,喷嘴的喷雾射程为 1.9 m,耗水量为 0.768 L/min,而喷雾半角为 56°,与喷嘴出口角度为 30°的情况相比,喷雾射程降低了 0.5 m,喷雾半角增加了 14°;当喷嘴出口角度为 60°时,喷嘴的喷雾射程为 1.1 m,耗水量为 0.732 L/min,而喷雾半角为 73°,与喷嘴出口角度为 45°的情况相比,喷雾射程减小了 0.8 m,喷雾半角增加了 17°。

表 6-10 喷嘴出口角度变化下喷嘴宏观参数变化

出口角度/(°)	入口水压/MPa	喷雾射程/m	耗水量/(L·min⁻¹)	喷雾半角/(°)
30	0.3	2.1	0.366	38
	0.35	2.3	0.594	40
	0.4	2.4	0.726	42
	0.45	2.6	0.864	39
	0.5	2.8	0.990	37

续表 6-10

出口角度/(°)	入口水压/MPa	喷雾射程/m	耗水量/(L·min⁻¹)	喷雾半角/(°)
	0.3	1.6	0.408	52
	0.35	1.7	0.612	53
45	0.4	1.9	0.768	56
	0.45	2.0	0.888	54
	0.5	2.1	1.008	52
	0.3	0.8	0.426	67
	0.35	0.9	0.606	68
60	0.4	1.1	0.732	73
	0.45	1.2	0.906	69
	0.5	1.3	0.984	66

从上述三幅表中可以看出,在喷嘴宏观参数方面,喷嘴出口的数量和半径能够较为明显地影响喷嘴的射程与耗水量,而喷嘴出口的角度能影响喷嘴的射程与雾化半径。这是因为喷嘴数目与半径的增加直接影响了喷嘴出口面积的增加,进而导致了耗水量的增加。并且由于水流量的增加,气压不足以将水完全雾化,即气液相对速度减小,水压在混合室中所起到的作用逐渐占到主导地位,因此导致喷雾半角的减小,但是与更为直接的出口角度相比,数目与半径对喷雾半角的影响则小得多。在喷雾射程方面,当喷嘴出口数目较少时,喷雾初速度较高,获得了较高的喷雾射程。而在喷嘴出口数目为 4 时,虽然随着喷嘴出口数目的增多喷嘴流量增加,但是无法抵消由喷嘴出口总面积所带来的影响,因此喷嘴的喷雾射程和喷雾宽度有所减小。但是当喷嘴出口数目增长到 8 时,喷嘴流量的增加带来的影响增加,因此喷嘴的喷雾射程和喷雾宽度有所增加。而在喷雾出口角度方面,由于出口角度的增加改变了喷雾喷出的轨道,自然导致喷雾射程的下降。

为了更好地在理论方面指导广角式空气雾化喷嘴的设计,使其获得更加适合的宏观参数,本书提出了一个公式,即式(6-17):

$$2\pi D \sin\alpha \geqslant 2n\pi D\,\frac{2\arccos\left(1-\dfrac{d^2}{2D^2}\right)}{2\pi} \qquad (6\text{-}17)$$

化简可得式(6-18):

$$\sin\alpha \geqslant \frac{n\arccos\left(1-\dfrac{d^2}{2D^2}\right)}{\pi} \qquad (6\text{-}18)$$

式中:D 为混合室半径,m;α 为喷嘴出口角度,°;n 为喷嘴出口数目;d 为喷嘴出口半径,m。

6.3.3 实验的降尘性能总结与分析

图6-28为当供气压力为0.4 MPa,供水压力为0.3~0.5 MPa,喷嘴出口数目分别为2、4、6、8时,广角空气雾化喷嘴的降尘率的相关趋势。从图中可以得出,随着喷嘴出口数目的变化,喷嘴的全尘、呼尘的降尘率均呈现增加的趋势,并且当喷嘴数目小于6时,该增加趋势十分明显,而当喷嘴数目大于6时,该增加趋势略微放缓。例如:水压均为0.4 MPa的情况下,当喷嘴出口数目为2时,全尘降尘率为33.11%,呼尘降尘率为21.21%;当喷嘴数目为6时,全尘降尘率为59.51%,呼尘降尘率为58.97%,与喷嘴出口数目为2的情况相比,全尘降尘率增加了26.40%,呼尘降尘率增加了37.76%;当喷嘴数目为8时,全尘降尘率为63.67%,呼尘降尘率为62.31%,与喷嘴出口数目为2的情况相比,全尘降尘率增加了30.56%,呼尘降尘率增加了41.16%。通过分析可知,当喷嘴数目小于6时,喷雾难以形成完整的圆锥形降尘空间,特别是当喷嘴数目为2时,仅形成了由两道雾柱形成的降尘面,因此降尘效果有限。而当喷嘴出口大于6时,所喷出的雾滴基本能够形成一个完整的降尘圆锥空间,因此后续喷嘴出口数目的增加,并没有出现明显的降尘率增长趋势,但是由于雾滴浓度的增加有一定的增长,因此降尘效率也有一定程度的增长。

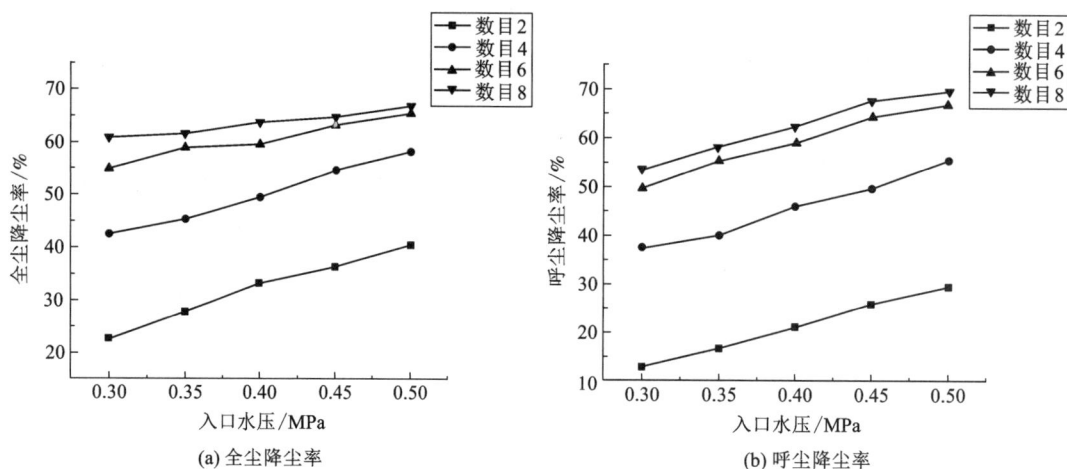

图 6-28 喷嘴出口数目变化下降尘率的变化

通过拟合实验数据可以得到出口数目、入口水压与降尘率之间的函数关系,其中式(6-19)为全尘降尘率函数关系,拟合的函数关系的相关性 $R^2 = 0.9976$,式6-20为呼尘降尘率函数关系,拟合的函数关系的相关性 $R^2 = 0.9987$:

$$\eta_q(n, p_w) = -39.47 + 18.6n + 117.5p_w - 0.9232n^2 - 10.33np_w - 4.214p_w^2 \qquad (6-19)$$

$$\eta_h(n, p_w) = -52.59 + 20.26n + 107.5p_w - 1.331n^2 - 0.337np_w - 24.36p_w^2 \qquad (6-20)$$

式中:η_q 为全尘降尘率,%;η_h 为呼尘降尘率,%;n 为喷嘴出口数目;p_w 为入口水压,MPa;

图6-29为当供气压力为0.4 MPa,供水压力为0.3~0.5 MPa,喷嘴出口半径分别为

0.4~0.7 mm 时，广角空气雾化喷嘴的降尘率的相关趋势。从图中可以得出，随着喷嘴出口半径的变化，喷嘴的全尘、呼尘的降尘率均呈现增加的趋势。例如：水压均为 0.4 MPa 的情况下，当喷嘴出口半径为 0.4 mm 时，全尘降尘率为 54.55%，呼尘降尘率为 47.67%；当喷嘴出口半径为 0.6 mm 时，全尘降尘率为 62.45%，呼尘降尘率为 61.52%，与喷嘴出口半径为 0.4 mm 的情况相比，全尘降尘率增加了 7.90%，呼尘降尘率增加了 13.85%；当喷嘴出口半径为 0.7 mm 时，全尘降尘率为 65.61%，呼尘降尘率为 64.82%，与喷嘴出口半径为 0.6 mm 的情况相比，全尘降尘率增加了 3.16%，呼尘降尘率增加了 3.30%。通过分析可知，随着喷嘴出口半径的增加，相对应的耗水量同样增加，因此导致雾滴浓度增加，在该过程中，雾滴浓度对降尘效果的影响占主要地位，因此随着出口半径的增加，降尘率呈现增加的趋势。

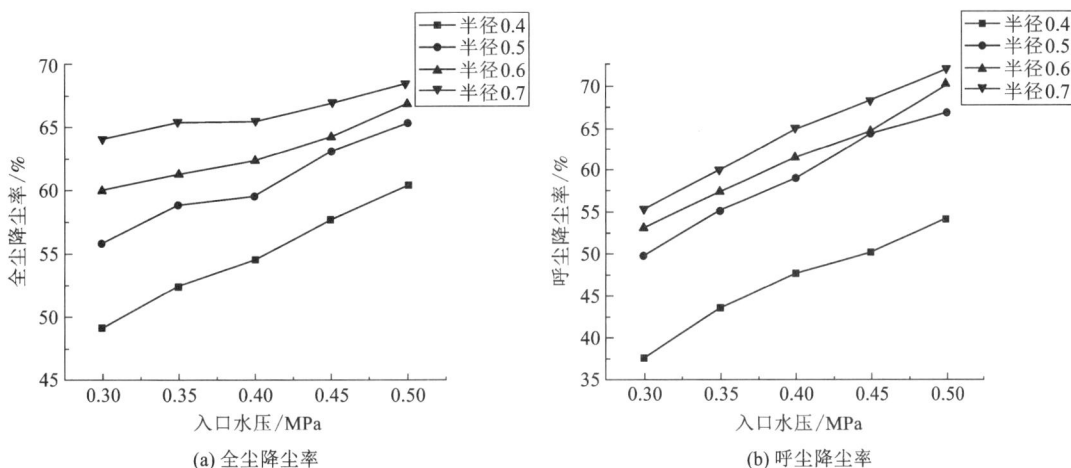

图 6-29　喷嘴出口半径变化下的降尘率变化

通过拟合实验数据可以得到出口半径、入口水压与降尘率之间的函数关系，其中式 (6-21) 为全尘降尘率函数关系，拟合的函数关系的相关性 $R^2 = 0.9875$，式 (6-22) 为呼尘降尘率函数关系，拟合的函数关系的相关性 $R^2 = 0.9791$：

$$\eta_q(d, p_w) = -11.38 + 154.5d + 64.22p_w - 62.7d^2 - 122.8dp_w - 52.36p_w^2 \qquad (6-21)$$

$$\eta_h(d, p_w) = -86.04 + 318.7d + 140.1p_w - 242d^2 - 5.54dp_w - 75.64p_w^2 \qquad (6-22)$$

式中：η_q 为全尘降尘率，%；η_h 为呼尘降尘率，%；d 为喷嘴出口半径，mm；p_w 为入口水压，MPa；

图 6-30 为当供气压力为 0.4 MPa，供水压力为 0.3~0.5 MPa，喷嘴出口角度分别为 30°、45°、60° 时，广角空气雾化喷嘴的降尘率的相关趋势。从图中可以得出，随着喷嘴出口角度的变化，喷嘴的全尘、呼尘的降尘率均呈现先增加后减小的趋势。例如：水压均为 0.4 MPa 的情况下，当喷嘴出口角度为 30° 时，全尘降尘率为 55.65%，呼尘降尘率为 48.02%；当喷嘴出口角度为 45° 时，全尘降尘率为 59.51%，呼尘降尘率为 58.97%，与喷嘴出口角度为 30° 的情况相比，全尘降尘率增加了 3.86%，呼尘降尘率增加了 10.95%；当喷嘴出口角度为 60° 时，全尘降尘率为 44.89%，呼尘降尘率为 36.89%，与喷嘴出口角度

为45°的情况相比,全尘降尘率减小了14.62%,呼尘降尘率减少了22.08%。通过分析可知,当喷嘴出口角度从30°增长到45°时,减小了从不同出口出来的雾滴颗粒间的相互碰撞集聚的效果,因此降尘率有所提升。但是当喷嘴出口角度从45°增长到60°时,大量雾化后的液滴在混合室底部聚集,无法及时排出,因此降尘率有所下降。

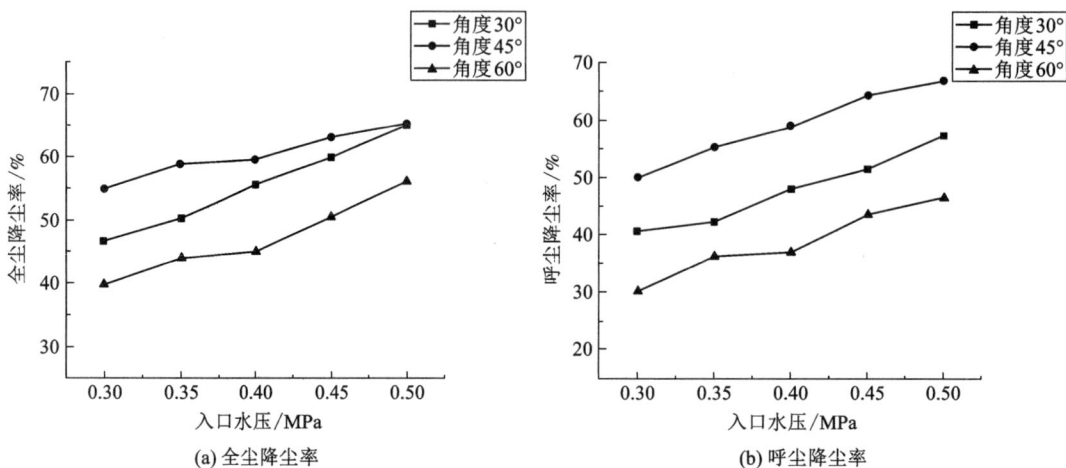

图6-30 喷嘴出口角度变化下的降尘率变化

通过拟合实验数据可以得到出口角度、入口水压与降尘率之间的函数关系,其中式(6-23)为全尘降尘率函数关系,拟合的函数关系的相关性 $R^2 = 0.9858$,式(6-24)为呼尘降尘率函数关系,拟合的函数关系的相关性 $R^2 = 0.9927$:

$$\eta_q(\alpha, p_w) = -85.65 + 5.568\alpha + 107.4p_w - 0.06444\alpha^2 - 1.029\alpha p_w - 9.048p_w^2 \quad (6-23)$$

$$\eta_h(\alpha, p_w) = -132.5 + 7.724\alpha + 77.09p_w - 0.09226\alpha^2 - 0.1573\alpha p_w - 17.14p_w^2 \quad (6-24)$$

式中:η_q 为全尘降尘率,%;η_h 为呼尘降尘率,%;α 为喷嘴出口角度,°;p_w 为入口水压,MPa。

6.4 本章小结

我国资源"缺气、缺油、相对富煤"的特点决定了煤炭在未来仍将是主要能源。然而,煤矿开采过程中会产生大量粉尘,为了保护工人的工作环境和降低尘肺病患病的概率,矿井需要采取有效的降尘措施。喷雾降尘技术是一种广泛应用的湿式降尘方式。本章通过实验和数值模拟研究了不同喷嘴结构对雾化性能和降尘效果的影响。研究结果可为喷雾除尘设备具有更好的除尘效果提供依据,从而提高井下工作环境的健康安全性。

①对内混式空气雾化喷嘴的两相流进行仿真模拟时所需的物理模型进行了介绍与验证。首先介绍了目前应用最为广泛的喷嘴仿真模型——VOF 模型与 DPM 模型的相关机理与优劣,并引出了 VOP to DPM 模型与其独特的转换机制。然后建立了喷嘴仿真流场模型。

②对不同结构的广角空气雾化喷嘴的喷雾雾化效果进行了仿真研究,得出以下结论:

当改变喷嘴出口数目时，混合室内部的颗粒数目呈现先减小后增加的趋势，即雾化效果则逐渐减弱，喷嘴出口速度逐渐减小，但是气液相对速度先增加后减小；喷雾平均粒径 $D_{[3,2]}$ 先减小后增大；雾滴浓度逐渐增加，并且喷嘴出口数目小于 4 时，喷雾难以形成完整的降尘锥形空间。当改变喷嘴出口半径时，混合室内部的颗粒数目呈现先减小后增加的趋势，雾化效果逐渐减弱；喷嘴出口速度逐渐减小，但是气液相对速度先增加后减小；喷雾平均粒径 $D_{[3,2]}$ 先减小后增大；雾滴浓度逐渐增高，并且在喷雾中心处所留空白更少，即更能形成一个完整的降尘区域。当改变喷嘴出口角度时，处于混合室底部的雾滴聚集区域越来越大，这是因为当喷嘴角度增大时，雾化完成后的雾滴不能顺利地从出口排到外部空间，因此在混合室底部出现了聚集现象，并且这种现象随着角度的增加而更加明显；气液相对速度先增大后减小，喷嘴出口速度基本保持不变，并且可以发现在混合室的底部逐渐产生一块回流区域；喷嘴出口平均粒径 $D_{[3,2]}$ 呈现先减小后增加的趋势；喷雾浓度均匀度逐渐变差，特别当喷雾角度为 60°时，喷雾区域中心明显存在空白区域。

　　③设计并构建了一套喷雾降尘实验系统，对不同结构的广角空气雾化喷嘴进行了实验研究，得出以下结论：改变喷嘴的出口数目时，喷雾射程减小后增加，耗水量增加，喷雾半角下降，全尘和呼尘降尘率增加；当喷嘴数目小于 6 时，此趋势明显，喷嘴数目大于 6 时放缓。改变喷嘴的出口半径时，喷雾射程和耗水量增加，喷雾半角先增加后减小，全尘和呼尘降尘率增加。改变喷嘴的出口角度时，喷雾射程减小，耗水量基本不变，喷雾半角增加，全尘和呼尘降尘率先增加后减小。综合考虑降尘效果与耗水量，广角空气雾化喷嘴的最佳参数为：出口数目 6~8，出口半径 0.5~0.6 mm，喷雾角度 30°~45°。

第 7 章

雾炮降尘及关键部件 ZWP-60 雾炮的研究与优化设计

雾炮风机是城市、矿山中常用的降尘设备。我国空气中的粉尘污染日益严重，对工厂粉尘排放物的要求逐渐严格，迫切需要一种高效率的降尘设备来减少粉尘的排放。基于此，我们对 ZWP-60 雾炮降尘装置进行了设计研究，该雾炮设备主要以风送喷雾设备为核心，同时水泵通过喷嘴将水滴雾化，再用风机产生的高速气流将雾滴运输到目标面。对于雾炮的研究主要以性能为主，较少考虑工作流场的雾粒分布的规律，本章应用计算流体力学软件进行数值模拟，通过改变参数对 ZWP-60 雾炮进行优化，可以有效改变雾粒分布及射程，增大作业范围，以此来提高作业场所的总体降尘效果，具有十分重要的现实意义。

7.1 ZWP-60 雾炮结构的组成与计算模型的建立

7.1.1 ZWP-60 雾炮的结构组成

雾炮具有结构紧凑、喷雾效率高、移动便捷、流量大、喷雾射程远等优点。雾炮由集流器、扇叶、电机及电机支架、风筒、导流体和导流叶、喷圈等构成，结构如图 7-1 所示。

以 ZWP-60 雾炮为研究对象，叶轮连接额定功率为 18.5 kW 的电动机。叶轮由叶片和轮毂构成，该雾炮叶片数为 12，叶轮直径为 860 mm，轮毂比为 0.4，风筒及内部结构对雾炮性能有直接的影响。集流器是雾炮的重要辅助部件，位于雾炮入口处，气流经过此处速度变化，产生较为均匀的速度场和压力场，这种结构可以减少流场能量的损失，提高雾炮性能。

国内现有的移动式雾炮设备大部分为车载式风送式喷雾设备，工作原理为：在可移动机车的车厢上安装有风送式雾炮设备，机车的便捷移动性使得雾炮可以在各场景下工作。雾炮工作时，发动机作为动力移动机车，同时电机提供动力叶轮旋转，水泵运转，将喷嘴喷射出的雾滴送入空气中与粉尘相聚合沉降，以达到降尘的效果。

7.1.2 ZWP-60 雾炮计算模型的建立和仿真结果的分析

（1）计算模型的建立

本章研究对象是雾炮的风筒及内部结构，根据真实模型，利用三维建模软件 Solidworks 建立雾炮工作流场，考虑到计算模型网格划分的复杂性，根据本书研究的重点，

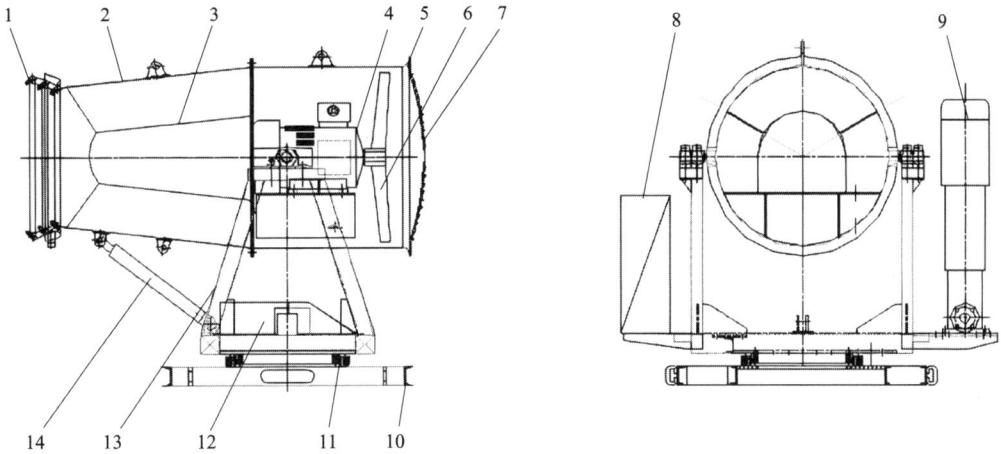

1—喷圈；2—风筒；3—导流体和导流叶；4—电机及电机支架；5—集流器；6—扇叶；7—防护网；
8—电控箱；9—高压水泵；10—底架；11—回转支承；12—防尘罩；13—支架；14—油缸

图 7-1　ZWP-60 雾炮结构图

对几何结构进行简化建模。叶片是直接从外厂购买的，利用数据绘制三维模型，叶片与轮毂连接处是安装角可变式联接，此处简化成直接连接，最后利用厂家提供的风筒平面图建立流体域，分别是入口区域、叶轮旋转区、出口区域、流场外边界区，即完成计算模型的构建，计算模型如图 7-2 所示。

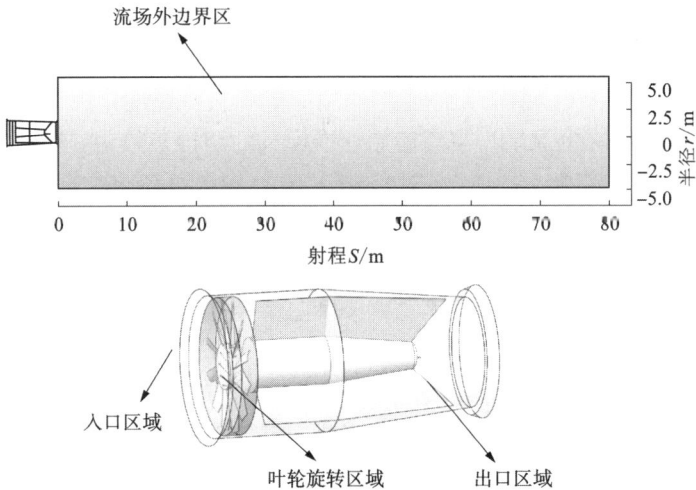

图 7-2　雾炮计算模型

(2)计算模型仿真结果分析

数值计算中边界条件能直接对结果的准确性产生影响，设置边界条件的目的是求解运动控制方程，需要准确设定各类边界条件才可以得到接近实际情况的仿真结果。将划分好网格的计算域模型导入到 Fluent 中，结合雾炮实际工况，设置边界条件如下：

1）设置入口边界（inlet）条件

雾炮直接和大气相连接，为反映真实情况，将进口边界设置为压力入口，设定值为 0 Pa。

2）设置出口边界（outlet）条件

空气经过叶轮旋转区域加速，和雾滴一起射入大气中，大气的三个面设置为压力边界，设定值为 0 Pa，DPM 离散相 BC 类型设置为 escape。

3）设置流动域

仿真计算域可以分为三个域，即风筒域、旋转域和流场外边界区域，将这三个区域都设置为 fluid。将叶轮旋转域设置为 Frame Motion，转速为 1500 r/min，旋转轴为 X 轴。

4）DPM 设置

在离散相设置中，打开与连续相的交互（Interaction with Continuous Phase）和每次流迭代更新 DPM 源（Update DPM Sources Every Flow Iteration），物理模型设置随机碰撞（Stochastic Collision）、聚合（Convergence）和破碎（Breakup）。真实模型中存在 120 个喷嘴，在进行数值模拟时进行简化，设置为 4 个喷嘴，分别位于出风筒出口的上下左右位置，设置喷嘴流量为 0.0166 kg/s，水力直径为 2 mm，喷嘴压力为 4 MPa。

5）其他设置

将旋转区域内部的叶轮壁面、轮毂壁面和流体域边界设置为旋转壁面 Moving Wall，其余的都设置为固定壁面 Stationary Wall，添加重力，设置为 Y 方向。

6）求解方法和求解控制参数采取默认。

7.1.3　仿真结果的后处理

雾炮在工作时，喷嘴喷射雾滴进行初始雾化，叶轮转动产生的高速气流带动周围雾粒流动，使入射水发生进一步的雾化，雾粒破碎成更小的形态，与粉尘发生聚合，在重力的作用下沉降，达到净化空气以及雾化降尘的作用。本章主要通过分析工作流场内雾粒分布以及射程来判断雾炮的降尘效果。本章初始三维模型的结构参数为：叶片个数为 12，叶轮直径为 860 mm，叶轮转速为 1500 r/min，轮毂比 0.4（轮毂直径与叶轮直径的比值），出口区域锥形筒长度为 1000 mm、内直径为 700 mm。

（1）速度分布

流场的速度是研究雾炮风机内部流动的一个主要依据。图 7-3（a）为雾炮风机入口速度云图，图 7-3（b）为雾炮风机出口速度云图，图 7-4 为雾炮内部流线图。从图 7-3（a）和图 7-3（b）中可以看出，入口气流速度稳定且较小，出口气流的高速区域明显集中于两个导叶之间。从图 7-4 中可以看出，雾炮内部气流先以稳定且较小的速度由集流器进入雾炮内部，然后气流经过叶轮旋转，速度增大，气流发生明显的偏转，在经过导流叶时，发生涡流，说明导流叶是影响雾炮内部流场的一个重要因素。

从图 7-5 中可以看出明显的风速分界线，气流在出风筒出口区域较大，气流经过叶轮的加速携带雾滴一起前进。由于受到空气黏性的影响，高速气流动能逐渐降低。根据雾炮出口外边界速度云图，向外风速分布大概呈现扩散状，在偏离轴线位置，速度梯度值较小。在原理雾炮出口位置，外边界风速趋近于零，可以分析得到本章的数值模拟过程是正确合理的。

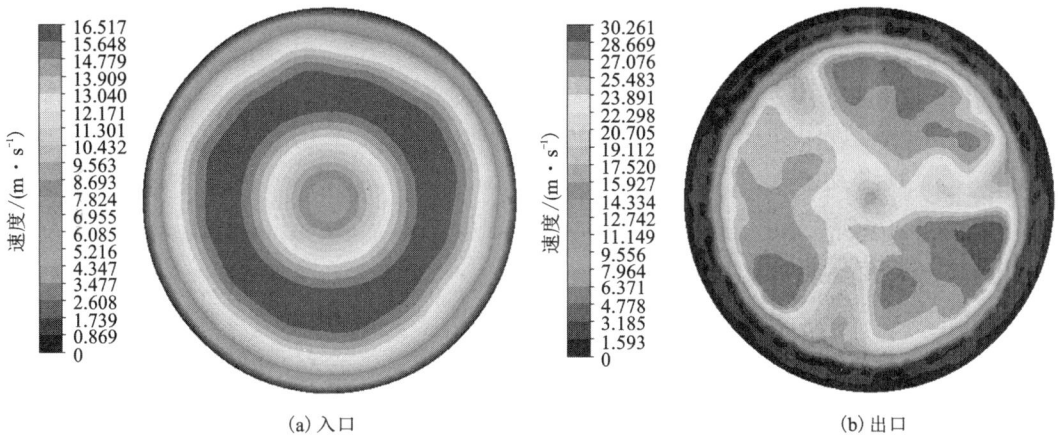

(a) 入口　　　　　　　　　　　　　(b) 出口

图 7-3　出入口截面速度云图

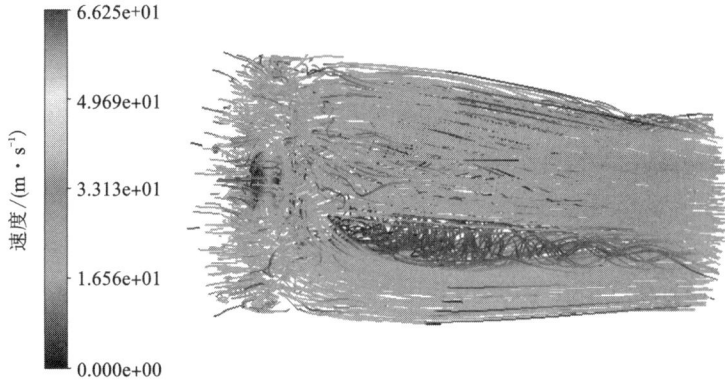

图 7-4　流线图

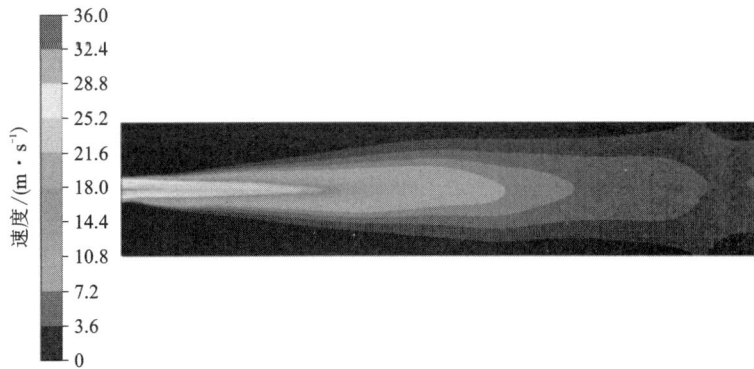

图 7-5　出口外边界速度云图

（2）雾粒分布

从图 7-6 中可以看出，从喷嘴喷出的雾粒在雾炮高速气流的作用下分散开来，并借助气流运动到所需的目标工作面上，达到雾化降尘或者其他目的。从图 7-7 中可以看出，在距离雾炮出口 12.5 m 的界面上，雾粒分散度较好，在重力作用下，雾粒在向前运动时逐渐下沉，最终下降到地面。且随着距离的增加，雾粒水平方向的浓度也在降低[130]。

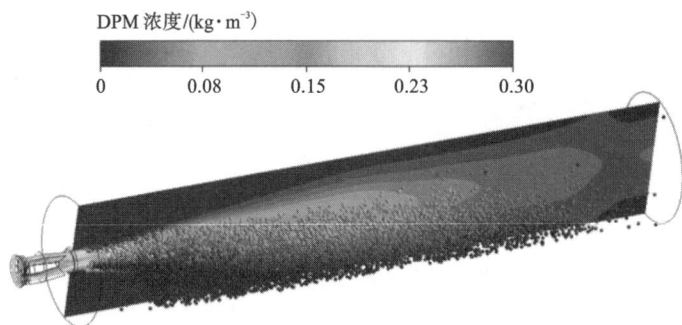

图 7-6　雾炮的雾粒分布云图

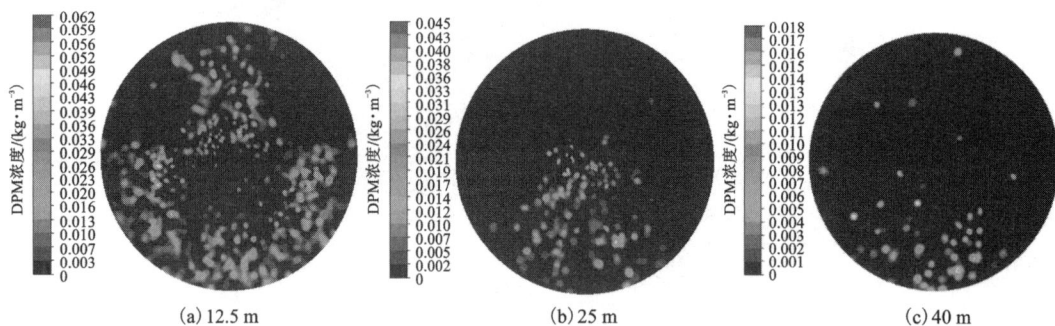

(a) 12.5 m　　　(b) 25 m　　　(c) 40 m

图 7-7　雾炮出口不同距离截面的雾粒分布云图

7.2　ZWP-60 雾炮流场的雾粒分布影响因素的研究与分析

7.2.1　ZWP-60 雾炮导流叶数量对雾粒分布的影响

本节主要考虑出风筒导流叶数量对雾炮性能的影响，根据风机气流运动规律，需要尽可能减小雾炮的径向速度和切向速度，提高轴向速度，这样才可以有效改善雾炮的雾粒分布情况。所以，为了使通过雾炮叶轮叶片的高速气流转换为轴向气流，必须合理选择导流叶的个数，以减少涡流造成的能量损失[131-132]。

在进行导叶数量的选取时应该和工程实际相吻合，导流叶数量过大，相比之下，当轴向速度增加时，涡流减小，但当导流叶片数量超过一定值时，导流叶片叶栅间距过窄，会对高速气流造成很大的阻力。随着导流叶片数量的减少，叶栅间距增加，通过导流叶片空间消耗的能量减少。然而,当导流叶片的数量太少时,在轴向方向上空气分流的效率降低,并且在导流叶片处产生涡流,会对雾炮性能造成不好的影响[133]。

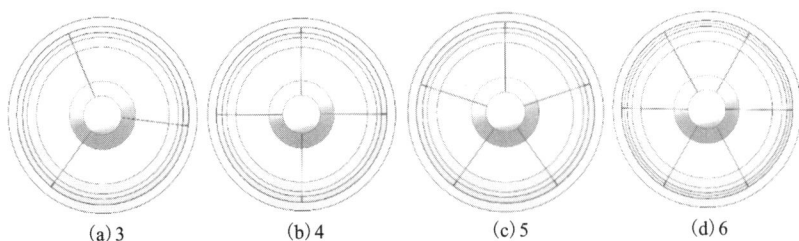

(a)3　　　(b)4　　　(c)5　　　(d)6

图 7-8　导流叶数量仿真方案

　　控制雾炮内部其他结构保持不变,本节对导流叶优化的个数为 3、4、5 和 6,如图 7-8 所示。分别取过轴且平行于重力方向的截面以及平行于入口方向且距入口不同距离的截面来研究不同导流叶数量对应的雾粒分布云图,对数值模拟进行后处理分析,结果如下:

　　从喷嘴喷出来的雾滴在雾炮产生的高速气流作用下,逐渐被冲散开,雾粒借助气流运动到所需的目标面上,达到雾化降尘或其他目的。从图 7-9 和图 7-10 中可以看出,当导流叶数量为 3 时,在距离雾炮出口 7.5~15 m 的距离截面上,雾粒分散度较好,且在水平方向的速度逐渐降低,雾粒浓度逐渐下降,雾粒射程达到 46.25 m。从图 7-11 和图 7-12 中可以看出,当导流叶数量为 4 时,在距雾炮出口 7~16 m 的距离截面上,雾粒分散度较好,在距离雾炮出口 16 m 之后,在雾炮出口上方所形成的雾粒由于重力的作用沉降下来。雾粒在水平方向的浓度逐渐降低,雾炮雾粒射程可以达到 58 m。从图 7-13 和图 7-14 中可以看出,当导流叶数量为 5 时,在距雾炮出口 5.5~13 m 的距离截面上,雾粒分散度很好,在距离雾炮出口 15 m 之后,由于重力作用形成雾粒沉降,且随着水平方向增大,雾粒浓度逐渐降低,雾炮雾粒射程可以达到 57 m。如图 7-15 和图 7-16 所示,当导流叶数量为 6 时,通过观察雾粒分布云图可以看出,随着导流叶数量的增加,在距出水口 7.5 m 之后,雾粒沉降现象严重,在工作流场下部沉积有较多的雾粒,雾炮风机产生的风速无法将雾粒携带到远处,雾粒分布效果较差,雾炮最远射程可以达到 57.5 m。

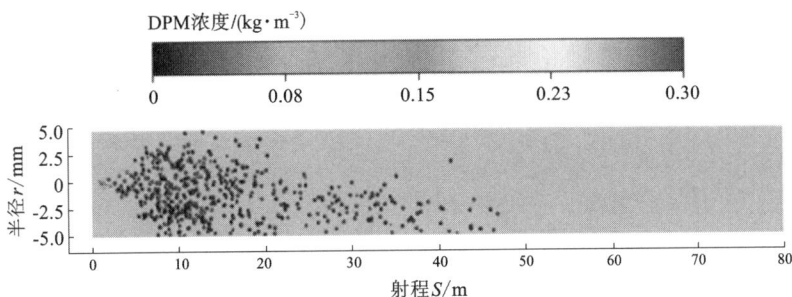

图 7-9　导流叶雾炮雾粒分布云图(导流叶数=3)

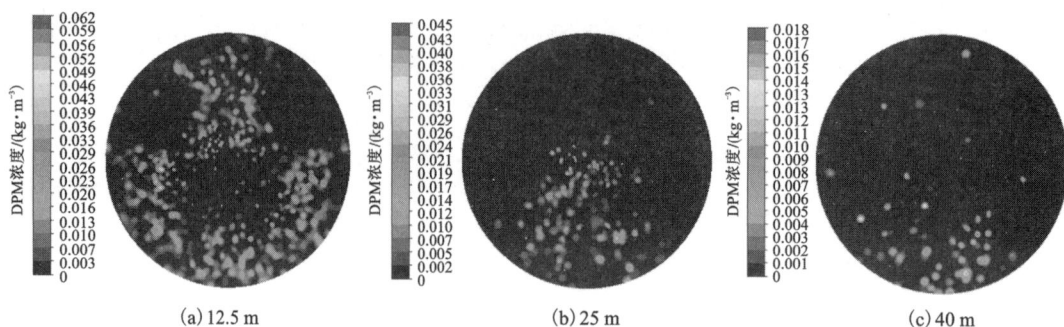

(a) 12.5 m　　　　　　　　　(b) 25 m　　　　　　　　　(c) 40 m

图 7-10　导流叶雾炮出口不同距离截面雾粒分布云图(导流叶数=3)

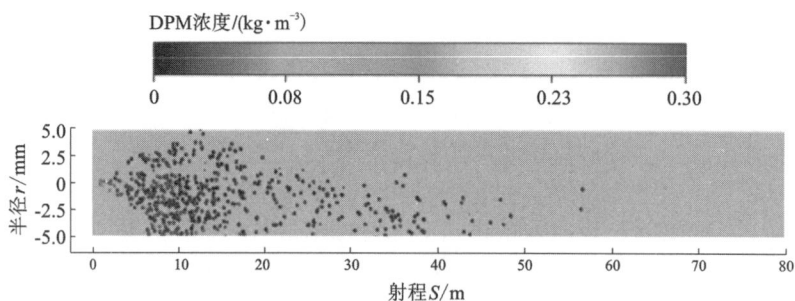

图 7-11　导流叶雾炮雾粒分布云图(导流叶数=4)

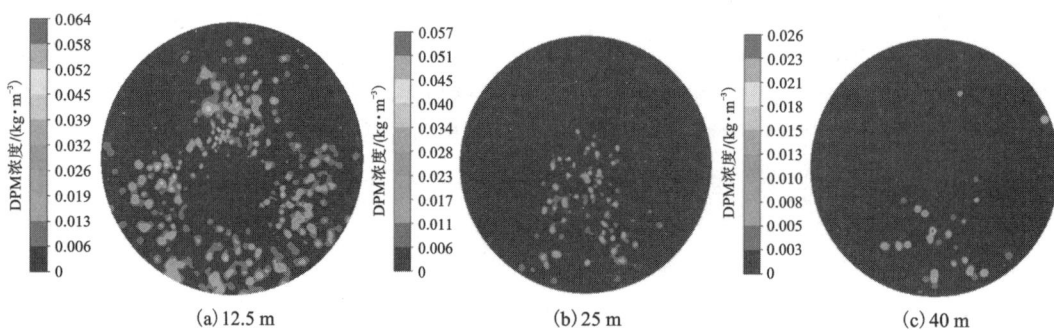

(a) 12.5 m　　　　　　　　　(b) 25 m　　　　　　　　　(c) 40 m

图 7-12　导流叶雾炮出口不同距离截面雾粒分布云图(导流叶数=4)

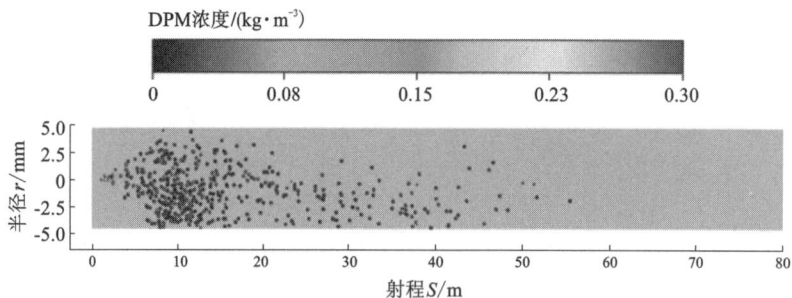

图 7-13　导流叶雾炮雾粒分布云图(导流叶数=5)

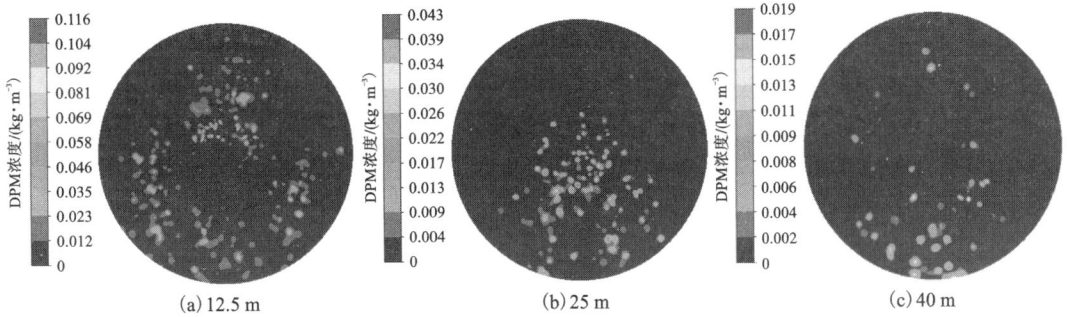

(a) 12.5 m　　　　　(b) 25 m　　　　　(c) 40 m

图 7-14　导流叶雾炮出口不同距离截面雾粒分布云图(导流叶数=5)

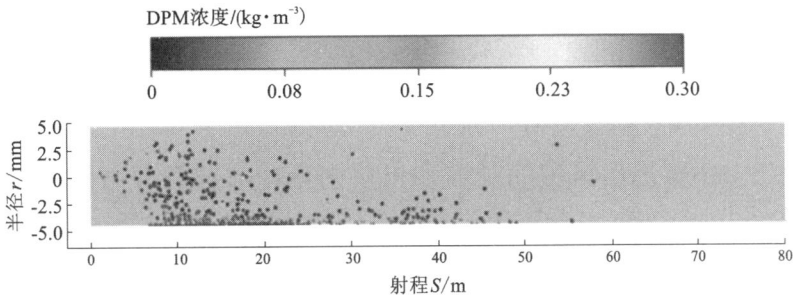

图 7-15　导流叶雾炮雾粒分布云图(导流叶数=6)

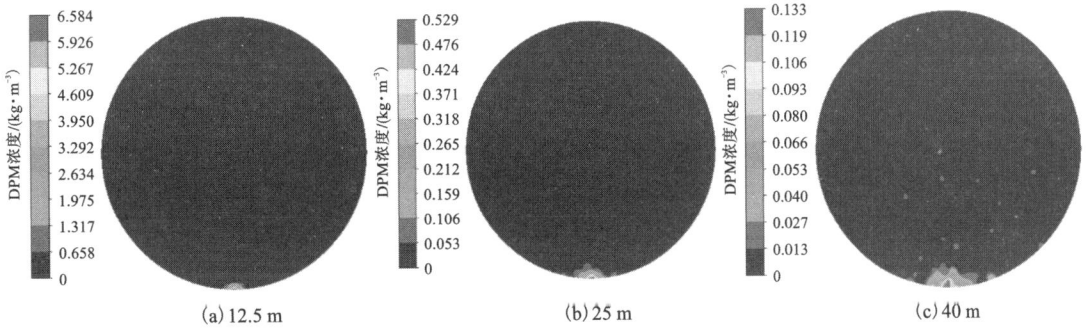

(a) 12.5 m　　　　　(b) 25 m　　　　　(c) 40 m

图 7-16　导流叶雾炮出口不同距离截面雾粒分布云图(导流叶数=6)

表 7-1　导流叶数量的仿真方案和结果

导流叶数量/个	雾粒分散度良好区间/m	雾炮射程 S/m
3	7.5~15	46.25
4	7~16	58
5	5.5~13	57
6	—	57.5

从四种工况的雾粒分布云图可以得到，雾粒从喷嘴喷出后广泛分布于雾炮出口截面，雾粒分布效果较好。导流叶数量为 4 的时候，与导流叶数量为 3 的时候相比，雾炮射程可以达到更远，且雾粒分散度更好。在导流叶数量持续增加时，射程并没有随之增加，导流叶数量为 5 的时候，雾粒分散度良好距离区间情况较差，射程出现微微降低。在导流叶数量为 6 的时候，雾粒在一开始就出现沉降，风机产生的风速无法携带雾粒到远处。

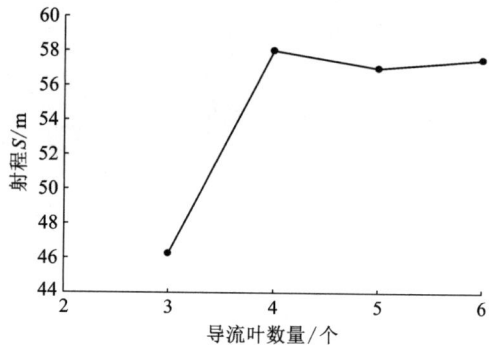

图 7-17 导流叶数量和雾粒射程关系图

综上所述，导流叶数量选作 4 时为最佳工况。

7.2.2 ZWP-60 雾炮出风锥筒长度和出口内直径对雾粒分布的影响

在对雾炮的关键结构进行分析时，应尽量调整结构优化参数，保证其他结构保持原状，对结构的不同参数取值分别进行三维建模。

出风锥筒是雾炮的主要结构之一，由于直接和外部工作流场相连，出风锥筒的结构参数不仅会影响雾炮的工作压力和流量，也会直接影响雾炮在外流场的流动情况，因此，结构合理的出风锥筒可以显著改善雾炮的性能。出风锥筒的主要结构参数包括风筒长度 H 和出口内直径 D，出风锥筒的进口参数不作变化，所以本节针对的风筒研究参数为出风锥筒长度和出口内直径，分析参数改变对雾炮性能的影响。保持其他结构不发生改动，分别改变雾炮风筒结构，使得雾炮风机的雾粒分布达到最好，发挥雾炮的最大性能，以实现最佳工况的设备运行。在这里研究不同的风筒结构对雾粒分布的影响，设计正交试验来进行验证，设置出风锥筒长度 H 为 800 mm、900 mm、1000 mm 和 1100 mm，设置出风锥筒出口内直径 D 为 600 mm、700 mm、800 mm 和 900 mm，分别进行数值模拟，得到结果[134-135]如表 7-2 所示。雾炮出风锥筒长度和出口内直径示意图如图 7-18 所示。

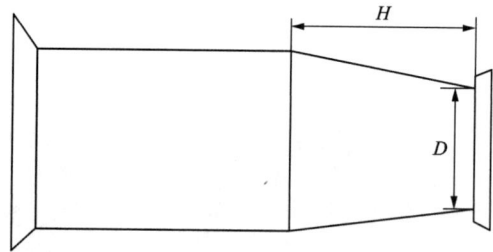

图 7-18 雾炮出风锥筒长度和出口内直径示意图

表 7-2 出风锥筒长度和出口内直径的仿真方案和结果

试验方案代号	H/mm	D/mm	雾粒分散度良好区间/m	雾炮射程 S/m
H8L6	800	600	7.5~14	53
H8L7	800	700	7.5~15	53
H8L8	800	800	7~16	56

续表 7-2

试验方案代号	H/mm	D/mm	雾粒分散度良好区间/m	雾炮射程 S/m
H8L9	800	900	7.5~15	53
H9L6	900	600	7.5~15	53
H9L7	900	700	7.5~15	57.5
H9L8	900	800	7.5~17	60
H9L9	900	900	7.5~15	56
H10L6	1000	600	7.5~14	48.75
H10L7	1000	700	7.5~15	46.25
H10L8	1000	800	7.5~15	58.75
H10L9	1000	900	7~14	57.5
H11L6	1100	600	7.5~15	56
H11L7	1100	700	7.5~15	57.5
H11L8	1100	800	8~16	56
H11L9	1100	900	8~17	56

　　由表 7-2 中的数据可知，出风锥筒的长度为 800 mm、900 mm 时，雾炮的射程都呈现先上升后下降的趋势，出风锥筒长度为 900 mm 且出口内直径为 800 mm 时，射程达到 60 m，雾粒的分散效果最好，分散度良好区间为 7.5~17 m。当出风锥筒的长度为 1000 mm 时，雾炮的性能在出口内直径为 800 mm 时最佳。当出风锥筒的长度为 1100 mm 时，雾炮的射程大小为 56 m 左右，总体性能参数比最佳匹配略差。

　　从图 7-19 可以看出，出风锥筒的长度和出口内直径不是越大越好，也不是越小越好，

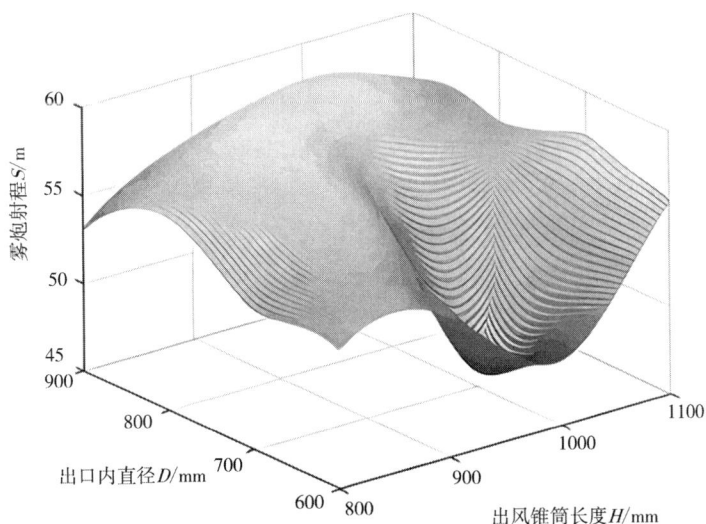

图 7-19　出风锥筒长度、出口内直径和雾粒射程关系图

不好的取值会导致雾炮性能的下降，总体来讲，出风锥筒的结构参数对雾炮的影响较大，需要对风筒的长度进行合理选择，如果长度太大，会导致空气流动距离加长，在流动时损失增加，如果长度太小，又会因为导流叶无法发挥重要作用，气流发生高速旋转作用，出口气流紊乱，能量也会损失[136]。如果出风锥筒内直径过小，会减小雾炮出口的气流流速，使出口气流流通的能力损失增加，导致轴线速度减小。如果直径过小，会使得气流在出雾炮时受到较大的阻力，无法通畅排出，出风口倾斜角度也会变大，此时轴线速度部分转化为径向速度，不利于正常雾炮的作业[137-138]。

所以从出风锥筒的长度和出口内直径这两个因素考虑，得到了雾炮的最佳出风筒参数，即出风锥筒的长度和出口内直径为 900 mm 和 800 mm，这时可以使得雾炮达到最好的工作性能。

7.2.3　ZWP-60 雾炮喷嘴角度对雾粒分布的影响

雾炮喷嘴喷射高速喷雾，喷雾与雾炮出口气流相互冲击作用，雾炮出口高速气流产生的动能使得雾滴在轴向方向上的合速度达到最佳，所以雾炮射程达到最大，雾粒分散的效果也较为良好。雾炮喷嘴角度示意图如图 7-20 所示。

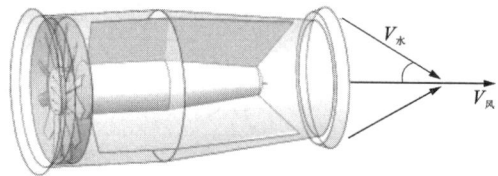

图 7-20　角度示意图

喷嘴角度会对雾粒的分布产生重要影响。雾炮各个喷嘴向雾炮水流安装管的中心位置倾斜，和雾炮水流安装管所在平面形成一定角度，因此喷嘴喷射出的雾粒聚拢较难散开，从喷嘴射出的雾粒与雾炮出口的高速气流相互作用，合成一个向目标工作面运动的合速度，在气流的作用下使雾粒运动得更远。但是，如果喷嘴和出口空气的速度角度过大，喷嘴喷出的雾粒就会受到雾炮气流接近垂直的干扰作用，使得喷出的雾粒的能量大量损失，故而雾粒分布范围较小，雾粒也容易被吹散开；如果喷嘴和出口空气的速度角度过小，雾粒和出口空气就不能发生有效的混合，也就是说，雾粒不能借助气流的作用移动到更远地方，导致覆盖范围减小，从而降低雾炮的降尘效果[139-140]。

根据水泵压强 4 MPa，雾炮风机叶片转速 1500 r/min，喷嘴出口直径 2 mm，对于六种不同喷嘴角度 0°、10°、20°、30°、40°和 50°分别进行数值模拟，分析不同距离截面对应的雾滴浓度，探究不同喷嘴角度对雾粒分布的影响，如图 7-21~图 7-30 所示，结果如表 7-3 所示。

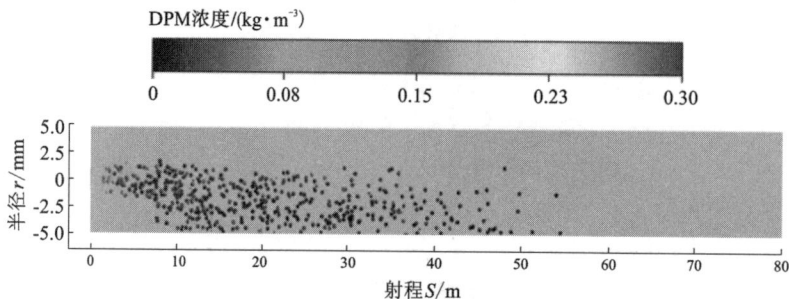

图 7-21　雾炮雾粒分布云图 (0°)

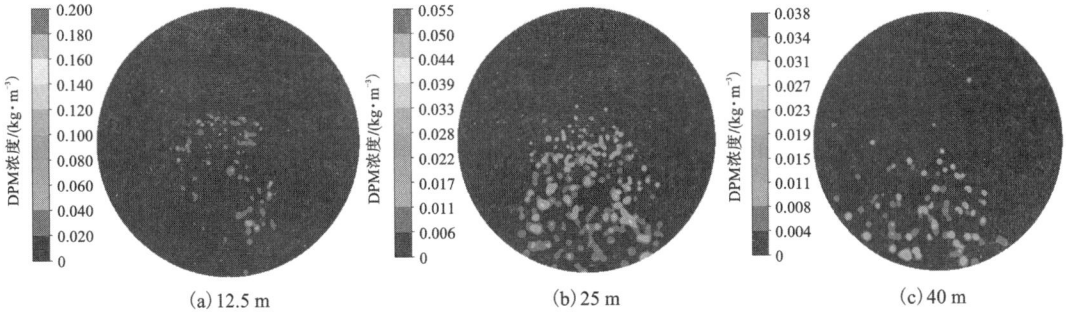

(a) 12.5 m   (b) 25 m   (c) 40 m

图 7-22 雾炮出口不同距离截面雾粒分布云图(0°)

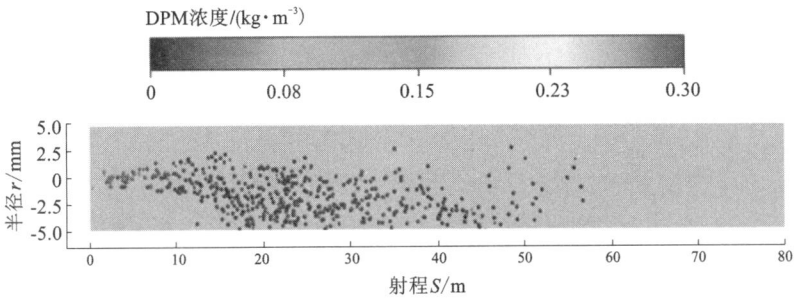

图 7-23 雾炮雾粒分布云图(10°)

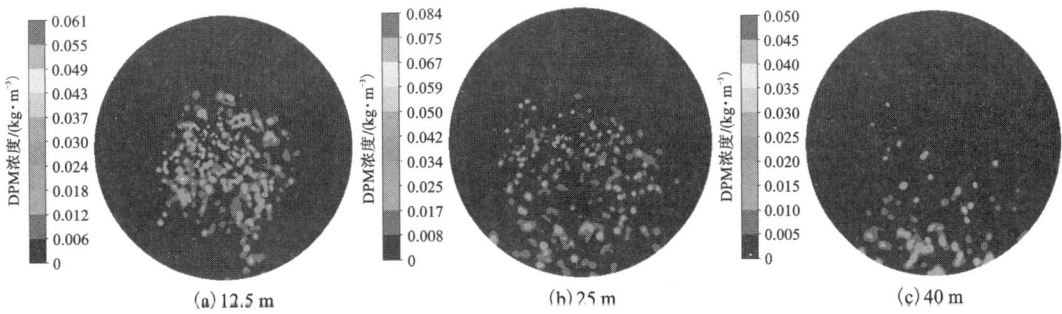

(a) 12.5 m   (b) 25 m   (c) 40 m

图 7-24 雾炮出口不同距离截面雾粒分布云图(10°)

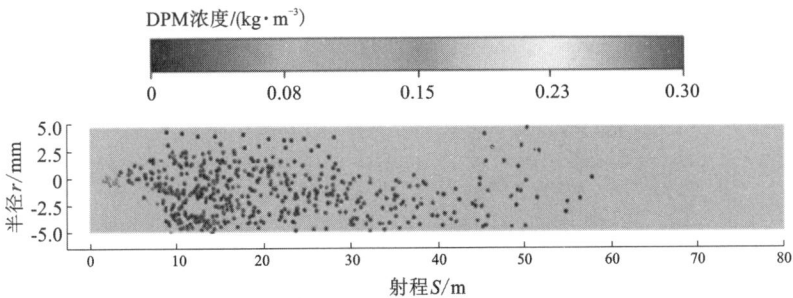

图 7-25 雾炮雾粒分布云图(20°)

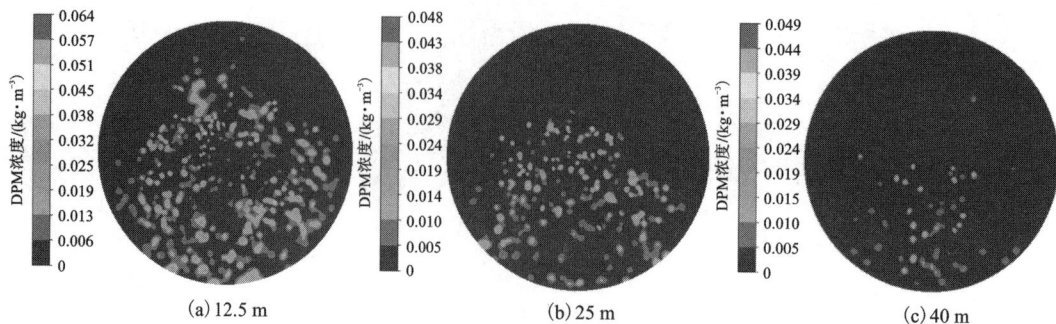

(a) 12.5 m　　　　　　(b) 25 m　　　　　　(c) 40 m

图 7-26　雾炮出口不同距离截面雾粒分布云图(20°)

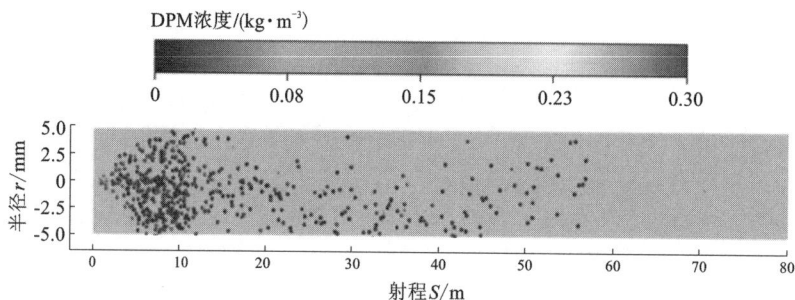

图 7-27　雾炮雾粒分布云图(40°)

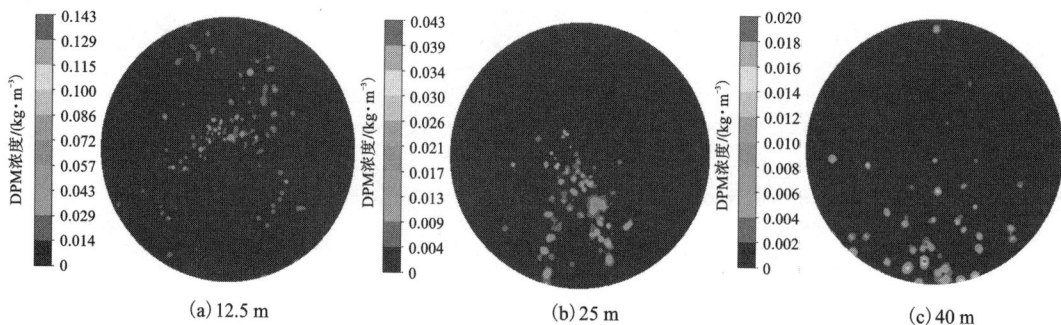

(a) 12.5 m　　　　　　(b) 25 m　　　　　　(c) 40 m

图 7-28　雾炮出口不同距离截面雾粒分布云图(40°)

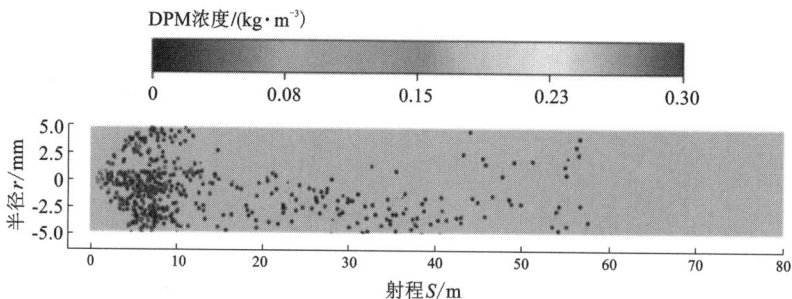

图 7-29　雾炮雾粒分布云图(50°)

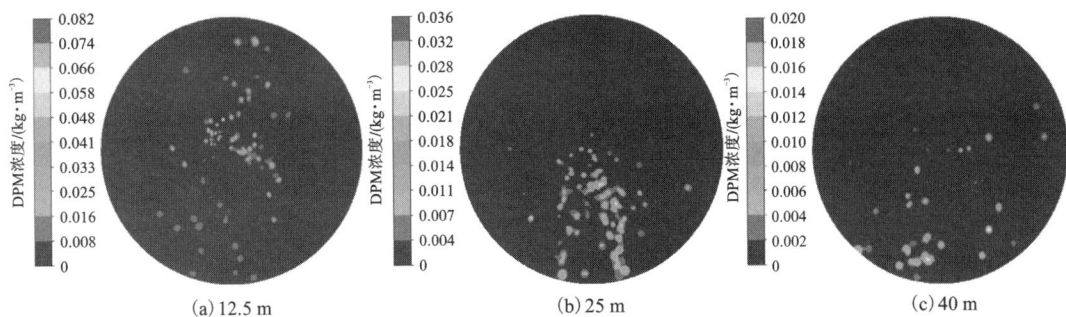

(a) 12.5 m　　　　　(b) 25 m　　　　　(c) 40 m

图 7-30　雾炮出口不同距离截面雾粒分布云图 (50°)

表 7-3　喷嘴角度仿真方案和结果

喷嘴角度/(°)	雾粒分散度良好区间/m	雾炮射程 S/m
0	—	55.5
10	—	57
20	9～30	57
30	7.5～15	46.25
40	5～12	58
50	5～12	58

不同的喷嘴角度，对雾粒在不同轴向距离的分布有着较大的影响，如图 7-31 所示。当喷嘴角度为 0°时，从 7.5 m 开始出现大量雾粒沉降现象，所以雾炮工作流场外边界上半部雾粒分布较差，射程达到 55 m；喷嘴角度为 10°时，从 15 m 开始出现大量雾粒沉降现象，所以雾炮工作流场外边界上半部雾粒分布较差，射程达到 56 m；喷嘴角度为 20°时，雾粒的分布较好，分散度良好区间为 8～28 m，射程达到 58 m；喷

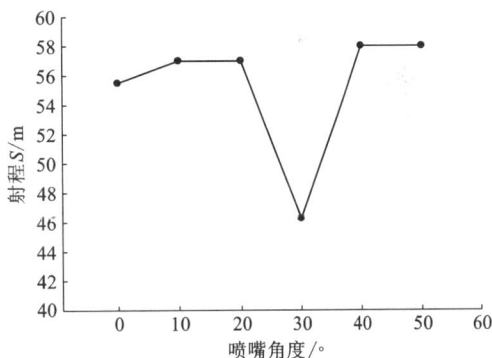

图 7-31　喷嘴角度和雾粒射程关系图

嘴角度为 30°时，雾粒集中在 8～20 m，距离雾炮出口较远时雾粒量分布较差，射程达到 46.25 m；喷嘴角度为 40°和 50°时，雾粒在雾炮出口附近出现大量聚集，分散度良好区间为 5 m～12 m，距离雾炮出口较远时雾粒量分布较差，射程分别达到 57.5 m 和 58 m。

综合雾炮射程以及不同距离截面的雾粒分布情况，选择喷嘴角度为 20°时能达到最佳工况。

7.2.4　ZWP-60 雾炮喷嘴出口直径对雾粒分布的影响

　　本节中雾炮采用的是压力旋流雾化喷嘴,喷嘴内部结构简单,产生的雾化效果较好且价格不高,因此广泛应用于工业生产的雾化设备中[141-142]。在实物喷嘴模型中,液体由于管道的压力作用,以切线方向通过管道进入喷嘴发生回旋的区域,发生高速旋转运动,从喷嘴出口喷出,在外部空气的作用下雾化持续,完成后续的二次雾化[143]。

图 7-32　喷嘴实物图

　　本节主要考虑雾炮喷嘴不同出口直径对雾炮性能的影响,如图 7-32 所示。不同的雾炮喷嘴出口直径会直接影响到雾炮喷嘴喷出的水与气流的接触,雾粒在雾炮出口不同距离截面的分布和雾炮射程是影响雾炮的重要参数。针对不同的喷嘴出口直径,分别设置为 1 mm、1.5 mm、2 mm、2.5 mm 和 3 mm 五种,进行数值模拟,如图 7-33~图 7-40 所示,结果如表 7-4 所示。

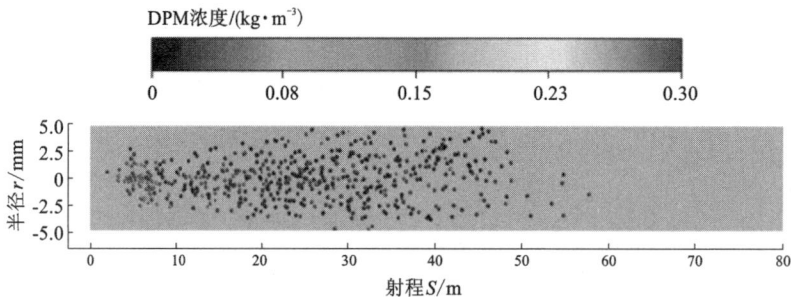

图 7-33　1 mm 喷嘴雾炮雾粒分布云图

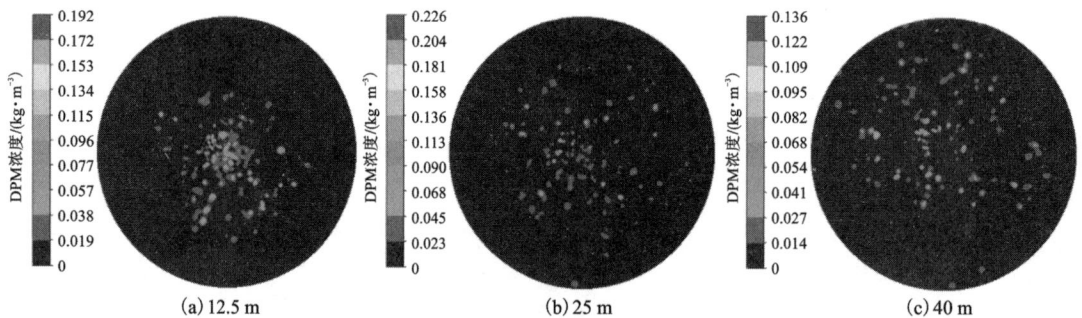

(a) 12.5 m　　　　　　　(b) 25 m　　　　　　　(c) 40 m

图 7-34　1 mm 喷嘴雾炮出口不同距离截面雾粒分布云图

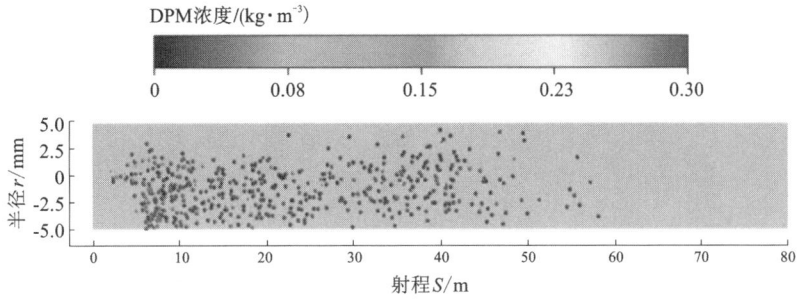

图 7-35　1.5 mm 喷嘴雾炮雾粒分布云图

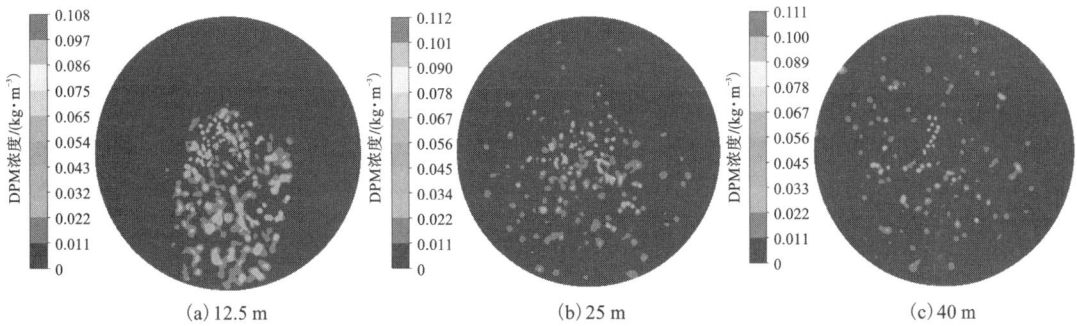

图 7-36　1.5 mm 喷嘴雾炮出口不同距离截面雾粒分布云图

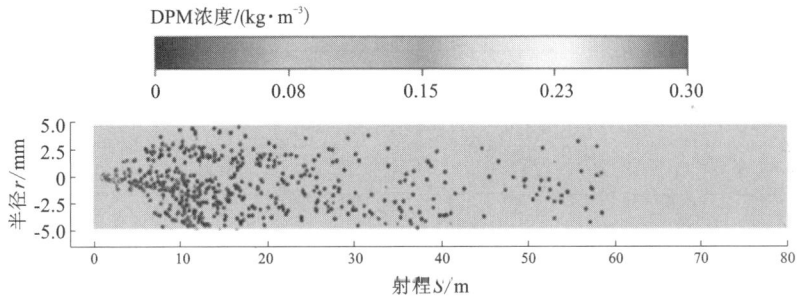

图 7-37　2.5 mm 喷嘴雾炮雾粒分布云图

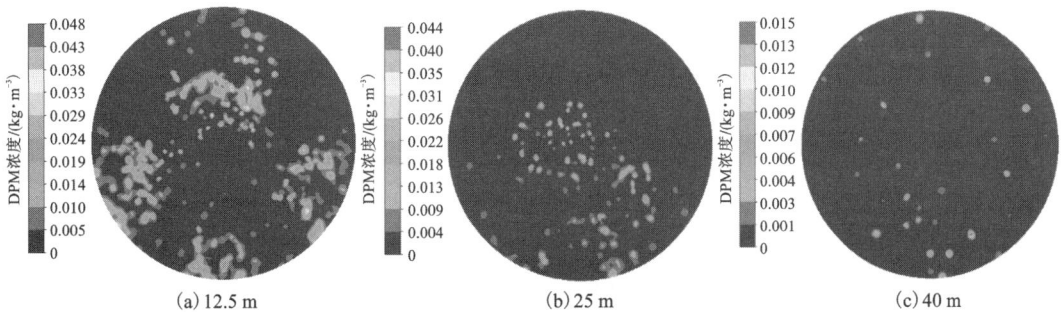

图 7-38　2.5 mm 喷嘴雾炮出口不同距离截面雾粒分布云图

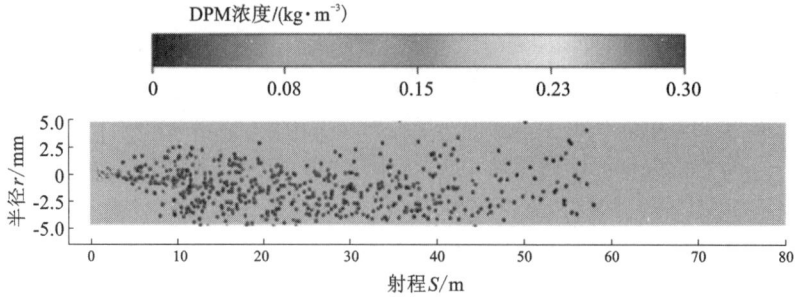

图 7-39　3 mm 喷嘴雾炮雾粒分布云图

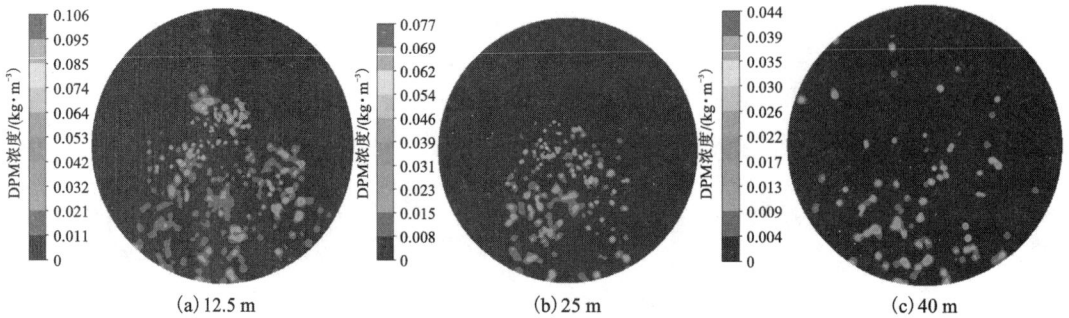

(a) 12.5 m　　　　　　　(b) 25 m　　　　　　　(c) 40 m

图 7-40　3 mm 喷嘴雾炮出口不同距离截面雾粒分布云图

表 7-4　喷嘴出口直径仿真方案和结果

喷嘴出水口直径 d/mm	雾粒分散度良好区间/m	雾炮射程 S/m
1	18~42	58.5
1.5	—	58
2	7.5~15	46.25
2.5	8~20	59
3	—	58

通过观察雾粒分布云图和雾炮出口不同直径截面雾粒分布云图，可以发现，当雾炮喷嘴出口直径为 1 mm 的时候，雾炮喷嘴喷出的雾粒可以由雾炮气流加速吹到较远的工作面，而且可以达到分散度较好的效果。当雾炮喷嘴出口直径为 2 mm 和 2.5 mm 的时候，水经过喷嘴雾化和雾炮的加速后，大量聚集于雾炮出口较近的地方，在较远工作面雾粒分散度效果很差。当雾炮喷嘴出口直径为 1.5 mm 和 3 mm 的时候，雾粒沉降情况比较严重，无法在工作流场中形成较好的分散度。当喷嘴出水口直径为 2.5 mm 时，雾炮的射程达到最大，但是在分散度良好的区间中，却是出口直径为 1 mm 最佳，此时射程为 58.5 m，两者射程差别不大，如图 7-41 所示。分别比较雾炮出风口距离为 12.5 m、25 m 和 40 m 的截面处不同的雾粒分布云图，可以发现直径为 1 mm 时雾粒分布明显优于其他四种情况。

所以，选择喷嘴出水口直径为 1 mm 可以达到最佳工作状态。

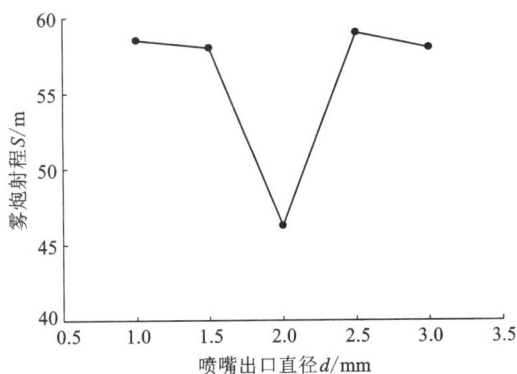

图 7-41　喷嘴出口直径和雾粒射程关系图

7.3　实验结果与分析

7.3.1　实验设备及方法介绍

7.3.1.1　实验设备

实验以企业提供的 ZWP-60 雾炮为基础，ZWP-60 雾炮实物如图 7-42 所示。该雾炮是根据大量工程应用经验，设计开发出的一种安全、环保、制造简单的工业降尘设备，被广泛应用于矿山、工厂和城市降尘。

实验中应用的主要测量设备为皮尺，如图 7-43 所示，测量工具使用简单方便，在本实验中用于测量雾炮射程以及雾粒分布良好度区间等。在实验中，雾粒下沉到地面，以雾粒所覆盖的面积作为雾粒分散度的测量依据，半径达到 5 m 为分散良好。

图 7-42　ZWP-60 雾炮实物图

图 7-43　实验测量设备

7.3.1.2 实验方法

基于 ZWP-60 雾炮实验设备，在保证实验环境安全的前提下，用皮尺测量雾炮射程以及良好分散度区间。为了使各实验方案保证精度，环境风速应尽可能小。

开启雾炮电动机和水泵，使转速达到额定转速，分别测量各实验方案下的雾炮射程以及良好分散度区间。在进行不同的导流叶数量实验时，无需改变风筒及导流体规格，只需改变导流体上导流叶的安装即可。在进行不同喷嘴角度实验时，改变喷嘴和喷圈之间的安装角。在进行不同喷嘴出口直径实验时，从配件厂家购买不同出口尺寸的喷嘴进行实验。对原始雾炮和优化后的雾炮进行对比实验时，其他实验条件保持不变。记录实验数据，实验现场如图 7-44 所示[144-145]。

图 7-44　实验现场

7.3.2　ZWP-60 雾炮的实验结果及分析

对导流叶数量进行实验，保持电机额定转速，改变导流体上导流叶数量，分别为 3、4、5、6，其他参数和实验条件保持不变；对喷嘴角度进行实验时，保持电机额定转速，改变喷嘴角度，分别为 0°、10°、20°、30°、40°、50°，其他参数和实验条件保持不变；对喷嘴出口直径进行实验时，保持电机额定转速，改变喷嘴出口直径，分别为 1 mm、1.5 mm、2 mm、2.5 mm、3 mm，其他参数和实验条件保持不变。雾炮结构参数实验共有 13 组，测得 13 组实验雾炮雾粒分布和射程。根据实验数据趋势绘制的趋势图如图 7-45 所示。

表 7-5　导流叶数量实验测量结果

导流叶数量/个	雾粒分散度良好区间/m	雾炮射程 S/m
3	7~14	45.5
4	7~15	55
5	5~12	54.5
6	—	50

表 7-6　喷嘴角度实验测量结果

喷嘴角度/(°)	雾粒分散度良好区间/m	雾炮射程 S/m
0	—	52
10	—	54.5
20	8~29	55

续表 7-6

喷嘴角度/(°)	雾粒分散度良好区间/m	雾炮射程 S/m
30	7~14	45.5
40	4~10	42
50	4~10	42

表 7-7　喷嘴出口直径实验测量结果

喷嘴出水口直径 d/mm	雾粒分散度良好区间/m	雾炮射程 S/m
1	17~40	56
1.5	—	56
2	7~14	45.5
2.5	—	45
3	—	45

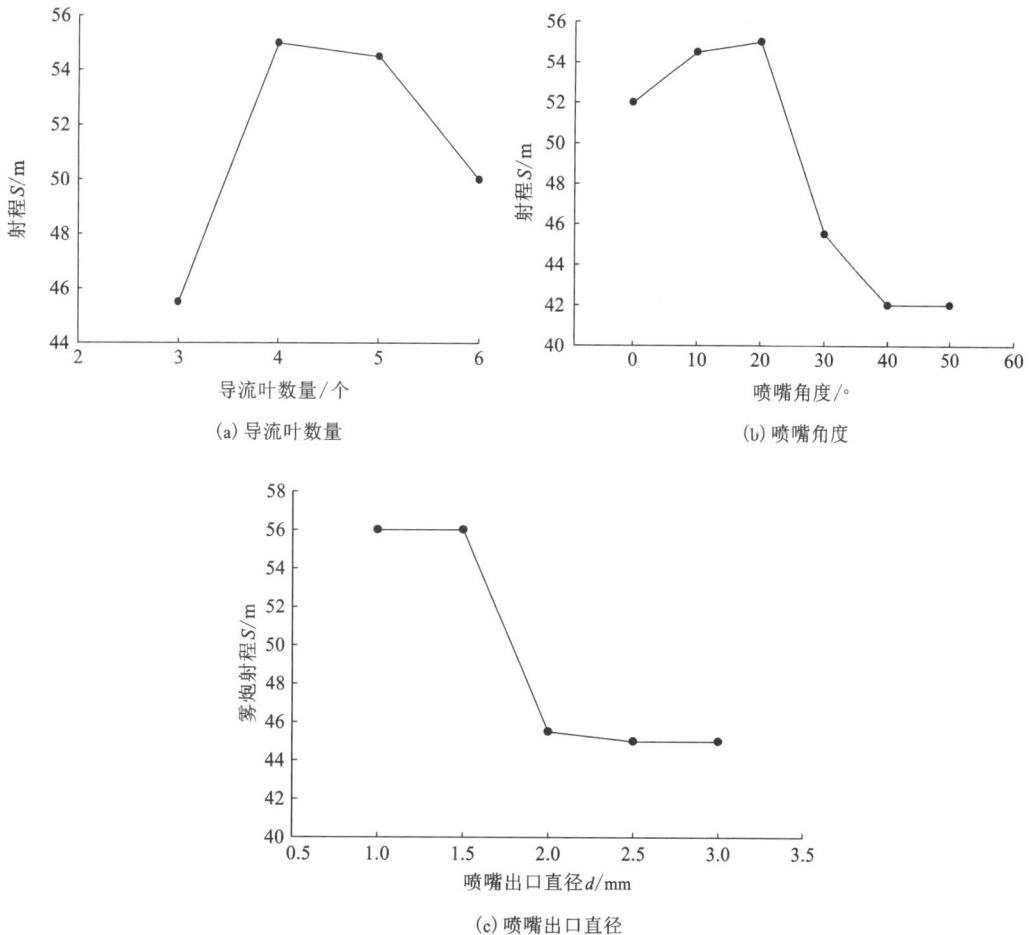

(a) 导流叶数量

(b) 喷嘴角度

(c) 喷嘴出口直径

图 7-45　雾炮结构参数趋势图

由表 7-5 可以看出，雾炮的导流叶数量为 4 时，雾粒分布和射程达到最佳，随着导流叶数量的增加，雾炮性能并没有提升；由表 7-6 可以看出，雾炮的喷嘴角度为 20°时雾粒分布和射程达到最佳，角度过小时，雾炮喷出的气流无法携带雾粒，雾粒发生快速沉降，角度过大时，雾粒在出口附近分布较好，但是无法飘到远处；由表 7-7 可以看出，雾炮喷嘴出口直径为 1 mm 时雾粒分布和射程达到最佳，直径过大，雾粒分布情况较差。这三个实验的实验数据和第 4 章得到的仿真数据趋势基本一致，进一步验证了数值模拟的可靠性。

原始雾炮和优化后的雾炮参数如表 7-8 所示。对原始雾炮和优化后的雾炮进行实验，保持其他实验条件不变，测量数据如表 7-9 所示。由实验结果可以明显看出，优化后的雾炮相对于原始雾炮，性能得到提升[146]。

表 7-8　两种雾炮参数

类型	导流叶数量/个	出风锥筒长度 H/mm	出口内直径 D/mm	喷嘴角度/(°)	喷嘴出口直径 d/mm)
原始雾炮	3	1000	700	30	2
优化后雾炮	4	900	800	20	1

表 7-9　对比实验测量结果

类型	分散度良好区间/m	射程/m
原始雾炮	7~14	45.5
优化后雾炮	10~45	58

7.4　本章小结

以 ZWP-60 雾炮为研究对象，数值模拟了雾炮的工作流场。运用数值模拟和实验相结合的方法，对雾炮结构进行了优化设计，通过对不同结构参数的雾粒分布以及雾炮射程变化规律的分析，探讨了雾炮参数对性能的影响。

①对 ZWP-60 雾炮工作流场进行分析，介绍了 Solidworks 对模型的建立及步骤、边界条件的设定，进行了初步仿真，得到了雾炮工作流场的速度分布和雾粒分布，为雾炮的数值模拟提供了理论依据。

②利用 ANSYS Fluent 软件，采用 DPM 模型，对雾炮风机进行了数值模拟。通过分析不同导流叶数量、不同出风锥筒长度和内直径、喷嘴角度以及喷嘴出水口直径对应的参数，研究了雾炮射程、雾粒分散度良好区间和雾炮出口距离截面上的雾粒分布情况。研究结果表明，当导流叶数量为 4、出风锥筒长度和内直径分别为 900 mm 和 800 mm、喷嘴角度为 20°、喷嘴出口直径为 1 mm 时，雾炮达到最佳工况。结合雾粒射程和雾粒分布两个指标，研究了提升雾炮工作效率的改善措施。该研究为优化雾炮风机提供了重要的参考依据。

③规划设计好实验条件，保持实验条件不变，分别改变导流叶数量、喷嘴角度和喷嘴

出口直径，进行单一因素实验，并对优化前后的雾炮进行对比实验，观察参数的改变和优化前后雾炮结构对实验结果的影响，通过雾炮结构参数实验得出，保持其他参数和实验条件不变的情况下，雾炮导流叶数量为 4 时，雾炮性能达到最佳；喷嘴角度为 20°时，雾炮性能达到最佳；喷嘴出口直径为 1 mm 时，雾炮性能达到最佳。这三个雾炮参数的实验数据和数值模拟数据基本一致，进一步验证了数值模拟的可靠性。通过优化前后雾炮对比实验，雾粒分散度良好区间由 7 m~14 m 增加为 10 m~45 m，射程也由 45.5 m 提升为 58 m，优化后的雾炮性能得到明显提升。

参考文献

[1] 袁亮.深部采动响应与灾害防控研究进展[J].煤炭学报, 2021, 46(3): 716-725.

[2] 张云.西部矿区短壁块段式采煤覆岩导水裂隙发育机理及控制技术研究[D].徐州: 中国矿业大学, 2019.

[3] Prostański D. Develop ment of research work in the air-water spraying area for reduction of methane and coal dust explosion hazard as well as for dust control in the Polish mining industry[J]. IOP Conference Series: Materials Science and Engineering, 2018, 427: 12-26.

[4] Wang Pengfei, Zhang Kui, Liu Ronghua. Influence of air supply pressure on ato mization characteristics and dust-suppression efficiency of internal-mixing air-assisted ato mizing nozzle[J]. Powder Technology, 2019, 355: 393-407.

[5] 袁亮.煤矿粉尘防控与职业安全健康科学构想[J].煤炭学报, 2020, 45(1): 1-7.

[6] Wei Yinshang, Li Jiawen, Wang Jiaojiao. Respirable dust detection and optimization of dust prevention measures in fully mechanized face of coal mine[J]. IOP Conference Series: Earth and Environ mental Science, 2019, 330(3).

[7] 王杰, 郑林江.煤矿粉尘职业危害监测技术及其发展趋势[J].煤炭科学技术, 2017, 45(11): 119-125.

[8] Lu Kai, Qin Yu, He Guangxue, et al. The impact of haze weather on health: a view to future[J]. Bio medical and Environ mental Sciences, 2013, 26(12): 945-946.

[9] 中华预防医学会劳动卫生与职业病分会职业性肺部疾病学组.尘肺病治疗中国专家共识(2018年版)[J].环境与职业医学, 2018, 35(8): 677-689.

[10] 中国政府网.保障劳动者健康! 我国加速推进职业病防治保障工作[EB/OL]. http://www.gov.cn/xinwen/2022-04-29/content_5688100.htm. (2022-04-29)[2020-06-12].

[11] Shull J G, Planas-cerezales L, Lara Compte C, et al. Harnessing PM2.5 exposure data to predict progression of fibrotic interstitial lung diseases based on telomere length[J]. Frontiers in Medicine, 2022, 9: 871898.

[12] Petsonk E L, Rose C, Cohen R. Coal Mine dust lung disease. new lessons from an old exposure[J]. A merican Journal of Respiratory and Critical Care Medicine, 2013, 187(11): 1178-1185.

[13] 张鸽.基于累积接尘量的尘肺病风险评估方法[J].中国安全科学学报, 2022, 32(2): 200-206.

[14] 健康中国行动推进委员会.健康中国行动(2019—2030年)[A/OL]. (2019-07-09)[2020-06-12]. http://www.gov.cn/xinwen/2019-07-15/content_5409694.htm.

［15］ 李美雄，张羽，李杰.中国农民工尘肺病发病情况与救助保障措施的国内研究现状［J］.职业卫生与应急救援，2020，38（4）：415-418+423.

［16］ 陈福民，付建涛，张文阁.JJG 846—2015《粉尘浓度测量仪检定规程》解读［J］.中国计量，2016（4）：125-126.

［17］ 2019 年全国职业病报告情况［J］.中国职业医学，2020，47（3）：378.

［18］ 《中国职业医学》编辑部.2020 年全国职业病报告情况［J］.中国职业医学，2021，48（4）：396.

［19］ 袁亮.我国煤炭主体能源安全高质量发展的理论技术思考［J］.中国科学院院刊，2023，38（1）：11-22.

［20］ 国家卫生健康委发布 2021 年全国职业病报告［J］.职业卫生与应急救援，2022，40（4）：416.

［21］ 牟国礼，郭英俊，李强，等.付村煤矿综掘通风除尘参数优化及风流-粉尘运移规律研究［J］.中国煤炭，2020，46（6）：63-68.

［22］ 张恒.综掘面尘源点对粉尘分布规律的影响及降尘措施的研究［D］.西安：西安科技大学，2019.

［23］ 张伟.大断面岩巷综掘工作面附壁射流与降尘剂联合控尘研究［D］.包头：内蒙古科技大学，2018.

［24］ 王飞.矿井综掘面粉尘空间分布规律及降尘技术研究［D］.徐州：中国矿业大学，2020.

［25］ Wang Hao, Nie Wen, Cheng Weimin, et al. Effects of air volume ratio para meters on air curtain dust suppression in a rock tunnel's fully-mechanized working face［J］. Advanced Powder Technology, 2018, 29（2）：230-244.

［26］ Shi Guoqing, Liu Maoxi, Guo Zhixiong, et al. Unsteady simulation for optimal arrangement of dedusting airduct in coal mine heading face［J］. Journal of Loss Prevention in the Process Industries, 2017, 46：45-53.

［27］ 钱杰，胡鸣.综采工作面气水联合旋转风幕隔尘效果研究［J］.煤矿安全，2017，48（7）：29-31.

［28］ Yu Haiming, Cheng Weimin, Wang Hao, et al. Formation mechanisms of a dust-removal air curtain in a fully-mechanized excavation face and an analysis of its dust-removal performances based on CFD and DEM［J］. Advanced Powder Technology, 2017, 28（11）：2830-2847.

［29］ 程卫民，周刚，陈连军，等.我国煤矿粉尘防治理论与技术 20 年研究进展及展望［J］.煤炭科学技术，2020，48（2）：1-20.

［30］ 程卫民，刘伟，聂文，等.煤矿采掘工作面粉尘防治技术及其发展趋势［J］.山东科技大学学报（自然科学版），2010，29（4）：77-82.

［31］ 王欣，董长松，宋斌，等.天台山隧道喷雾降尘雾化性能研究［J］.现代隧道技术，2019（S2）：138-142.

［32］ 聂文，刘阳昊，程卫民，等.综采面架间喷雾引射除尘技术［J］.中南大学学报（自然科学版），2015，46（11）：4384-4390.

［33］ 刘国庆，蒋兵兵，陈凯.煤矿井下气动高压微雾除尘装置设计［J］.煤矿机械，2014，35（4）：127-128.

［34］ 王鹏飞，刘荣华，汤梦，等.煤矿井下高压喷雾雾化特性及其降尘效果实验研究［J］.煤炭学报，2015，40（9）：2124-2130.

［35］ 马骁.综采工作面喷雾雾化规律与降尘技术研究［D］.青岛：山东科技大学，2017.

［36］ 刘欣凯.合阳公司掘进工作面粉尘运移规律及喷雾降尘技术研究［D］.西安：西安科技大学，2015.

［37］ 彭慧天.矿井综采工作面雾场雾化规律与高效喷雾降尘技术研究［D］.青岛：山东科技大学，2018.

［38］ 冯振.综采工作面粉尘运移规律及喷雾降尘技术研究［D］.西安：西安科技大学，2019.

［39］　Yu Haiming, Cheng Weimin, Peng Huitian, et al. An investigation of the nozzle's atomization dust suppression rules in a fully-mechanized excavation face based on the airflow-droplet-dust three-phase coupling model［J］. Advanced Powder Technology, 2018, 29(4): 941-956.

［40］　Zhang Guobao, Zhou Gang, Song Shuzheng, et al. CFD investigation on dust dispersion pollution of down/upwind coal cutting and relevant counter measures for spraying dustfall in fully mechanized mining face［J］. Advanced Powder Technology, 2020, 31(8): 3177-3190.

［41］　Han Han, Wang Pengfei, Li Yongjun, et al. Effect of water supply pressure on atomization characteristics and dust-reduction efficiency of internal mixing air atomizing nozzle［J］. Advanced Powder Technology, 2020, 31(1): 252-268.

［42］　陈举师, 蒋仲安, 王洪胜. 露天矿潜孔钻机泡沫发生器的性能实验［J］. 哈尔滨工业大学学报, 2016, 48(4): 166-171.

［43］　高盼军, 戴广龙, 彭伟, 等. 矿用泡沫降尘器研制及泡沫试剂研究［J］. 煤矿安全, 2015, 46(6): 20-22+25.

［44］　王庆国. 煤矿综掘工作面泡沫—水雾一体化降尘技术及应用研究［D］. 徐州: 中国矿业大学, 2018.

［45］　Wang Qingguo, Wang Deming, Wang Hetang, et al. Optimization and imple mentation of a foam system to suppress dust in coal mine excavation face［J］. Process Safety and Environ mental Protection, 2015, 96: 184-190.

［46］　Wang Hetang, Wang Deming, Tang Yan, et al. Experimental investigation of the performance of a novel foam generator for dust suppression in underground coal mines［J］. Advanced Powder Technology, 2014, 25(3): 1053-1059.

［47］　秦玉金, 苏伟伟, 田富超, 等. 煤层注水微观效应研究现状及发展方向［J］. 中国矿业大学学报, 2020, 49(3): 428-444.

［48］　郭敬中, 金龙哲, 杨朝霞, 等. 应用渗透棒提高煤层注水效果分析及试验研究［J］. 中国安全科学学报, 2020, 30(5): 54-59.

［49］　黄腾瑶, 周晓华, 胡延伟, 等. 基于 Co msol 的煤层注水压力对湿润半径的影响研究［J］. 矿业安全与环保, 2018, 45(4): 49-53+58.

［50］　谢建林, 庞杰文, 菅洁, 等. 综采工作面煤层注水降尘试验研究［J］. 中国安全科学学报, 2017, 27(6): 151-156.

［51］　刘令生, 林梦露, 蒋仲安, 等. 掘进工作面煤层注水湿润半径的数值模拟［J］. 煤矿安全, 2017, 48(1): 28-31.

［52］　贾方旭, 蔡峰, 徐超杰, 等. 脉冲式注水防治综掘工作面粉尘技术及应用［J］. 煤炭技术, 2015, 34(1): 246-248.

［53］　朱云, 凌志刚, 张雨强. 机器视觉技术研究进展及展望［J］. 图学学报, 2020, 41(6): 871-890.

［54］　张国城, 沈正生, 杨振琪, 等. 采样频率对粉尘仪检定装置稳定性考察的影响［A］. 中国科学技术协会、陕西省人民政府. 第十八届中国科协年会——分 3 计量测试技术及仪器学术研讨会论文集［C］. 中国科学技术协会、陕西省人民政府: 中国科学技术协会学会学术部, 2016: 5.

［55］　张艳艳. $PM_{2.5}$ 检测技术研究进展［J］. 传感器世界, 2019, 25(3): 13-16.

［56］　王龙, 刘源, 方维凯, 等. $PM_{2.5}$ 滤膜称重法技术问题分析［J］. 计量与测试技术, 2020, 47(10): 56-58.

［57］　吴付祥. 集中式滤膜批量自动称重及取证分析系统研究［J］. 电子设计工程, 2021, 29(6): 111-

116, 122.

[58] Huang Yubo, Liu Xiaowei, Wang Zhaofeng, et al. On-line measurement of ultralow mass concentration particulate based on light scattering coupled with beta ray attenuation method [J]. Fuel, 2022, 329: 125461.

[59] 李德文, 惠立锋, 吴付祥. 基于主成分分析的 β 射线法 $PM_{2.5}$ 测量准确性影响因素分析[J]. 环境监测管理与技术, 2020, 32(5): 56-59.

[60] 李德文, 卓勤源, 吴付祥, 等. 基于 β 射线法的粉尘质量浓度检测算法研究[J]. 矿业安全与环保, 2019, 46(6): 8-13.

[61] 葛连江, 郑瑶. 空气自动监测 $PM_{2.5}$ 的方法比对及适用性[J]. 资源节约与环保, 2020(10): 42-43.

[62] 罗曼. 基于便携式检测仪的空气 $PM_{2.5}$ 浓度监测与分析[J]. 科技与企业, 2014(14): 408-410.

[63] Guo Yanni, Li Liangchao. Study about characteristics of extinction factor for $PM_{2.5}$ particles based on my scattering theory [C]//Proc. SPIE 9277, Nanophotonics and Micro/Nano Optics II. 2014: 9277.

[64] 李东晓. 煤矿粉尘监测技术探讨[J]. 工矿自动化, 2011, 37(4): 54-55.

[65] Zhang Hao, Nie Wen, Liang Yu, et al. Development and performance detection of higher precision optical sensor for coal dust concentration measure ment based on Mie scattering theory[J]. Optics and Lasers in Engineering, 2021.

[66] Han Xueshan, Shen Jianqi, Yin Pengteng, et al. Influences of refractive index on forward light scattering [J]. Optics Communications, 2014, 316: 198-205.

[67] Clementi L A, Vega J R, Gugliotta L M, et al. Characterization of spherical core-shell particles by static light scattering. Estimation of the core-and particle-size distributions [J]. Journal of Quantitative Spectroscopy and Radiative Transfer, 2012, 113(17): 2255-2264.

[68] 赵政. 基于光散射法的粉尘浓度检测技术研究[J]. 电子设计工程, 2015, 23(24): 116-118+121.

[69] 陈建阁, 吴付祥, 王杰. 电荷感应法粉尘浓度检测技术[J]. 煤炭学报, 2015, 40(3): 713-718.

[70] Chen Jiange, Li Dewen, Wang Kequan, et al. Development of electrostatic induction coal dust concentration sensor based on plate-ring detection electrode[J]. Measure ment Science and Technology, 2022, 33(4).

[71] 张国城, 沈正生, 姜茜, 等. 微电荷法在线粉尘仪原理及其计量检测[J]. 计量技术, 2017(3): 39-43.

[72] Gajewski J B. Dynamic effect of charged particles on the measuring probe potential [J]. Journal of Electrostatics, 1997, 40/41: 437-442.

[73] 刘小虎. 透射法粉尘浓度测量标定技术研究[J]. 机械与电子, 2014, 32(10): 52-55.

[74] 李霄霄. 双光路光学粉尘浓度监测系统研究与设计[D]. 淮南: 安徽理工大学, 2018.

[75] Sung W, Yoo S J, Kim Y J. Development of a real-time total suspended particle mass concentration measurement system based on light scattering for monitoring fugitive dust in construction sites[J]. Sensors and Actuators A: Physical, 2021.

[76] 曾成, 蒋瑜, 张尹人. 基于改进 YOLOv3 的口罩佩戴检测方法[J]. 计算机工程与设计, 2021, 42(5): 1455-1462.

[77] 赵欣然, 张琪, 王卫东, 等. 可燃性粉尘云的图像检测方法[J]. 中国安全科学学报, 2020, 30(4): 8-13.

[78] 李海滨, 孙远, 张文明, 等. 基于 YOLOv4-tiny 的溜筒卸料煤尘检测方法[J]. 光电工程, 2021,

48(6)：210049.

[79] 刘丽娟，陈松楠.一种基于改进 SSD 的烟雾实时检测模型[J].信阳师范学院学报(自然科学版)，2020，33(2)：305-311.

[80] 谢书翰，张文柱，程鹏，等.嵌入通道注意力的 Yolov4 火灾烟雾检测模型[J].液晶与显示，2021，36(10)：1445-1453.

[81] 刘伟华.基于机器视觉的煤尘在线检测系统关键技术研究[D].济南：山东大学，2011.

[82] 张伟.基于图像处理的井下煤尘在线检测技术的研究[D].济南：山东大学，2010：22-31.

[83] Grasa G，Abanades J C. A calibration procedure to obtain solid concentrations from digital images of bulk powders[J].Powder Technology，2001，114(1/2/3)：125-128.

[84] Obregón L，Velázquez C. Discrimination limit between mean gray values for the prediction of powder concentrations[J].Powder Technology，2007，175(1)：8-13.

[85] 吴婕萍.基于图像透光率的粉尘浓度视觉测量方法及分布规律研究[D].成都：四川师范大学，2018.

[86] 陈峰.基于图像代数的居民地变化检测方法研究[D].太原：太原理工大学，2014.

[87] 祝玉华，司艺艺，李智慧.基于深度学习的烟雾与火灾检测算法综述[J].计算机工程与应用，2022，58(23)：1-11.

[88] Maas A L，Hannun A Y，NG A. Y. Rectifier nonlinearities improveneural network acoustimodels[C]//Proceedings of the 30th International Conference on Machine Learning. Atlanta：ACM，2013：456-462.

[89] Wang C Y，Mark Liao H Y，Wu Y H，et al. CSPNet：a new backbone that can enhance learning capability of CNN[C]//2020 IEEE/CVF Conference on Computer Vision and Pattern Recognition Workshops (CVPRW).Seattle，WA，USA：IEEE，2020：1571-1580.

[90] 刘彦清.基于 YOLO 系列的目标检测改进算法[D].长春：吉林大学，2021.

[91] Sandler M，Howard A，Zhu Menglong，et al. MobileNetV2：inverted residuals and linear bottlenecks[C]//2018 IEEE/CVF Conference on Computer Vision and Pattern Recognition. June 18-23，2018，Salt Lake City，UT，USA.IEEE，2018：4510-4520.

[92] Howard A，Sandler M，Chen Bo，et al. Searching for MobileNetV3[C]//2019 IEEE/CVF International Conference on Computer Vision (ICCV).Seoul，Korea(South)：IEEE，2020：1314-1324.

[93] Han Kai，Wang Yunhe，Tian Qi，et al. GhostNet：more features from cheap operations[C]//2020 IEEE/CVF Conference on Computer Vision and Pattern Recognition (CVPR).Seattle，WA，USA：IEEE，2020：1577-1586.

[94] 何国立.基于视频图像的变电站安全违规行为识别算法研究与应用[D].杭州：浙江大学，2021.

[95] Wang Qilong，Wu Banggu，Zhu Pengfei，et al. ECA-net：efficient channel attention for deep convolutional neural networks[C]//2020 IEEE/CVF Conference on Computer Vision and Pattern Recognition (CVPR).Seattle，WA，USA：IEEE，2020：11531-11539.

[96] Hu Jie，Shen Li，Albanie S，et al. Squeeze-and-excitation networks[J].IEEE Transactions on Pattern Analysis and Machine Intelligence，2020，42(8)：2011-2023.

[97] 孙弘建.基于卷积神经网络的公众聚集行为检测方法研究[D].长春：长春工业大学，2022.

[98] Hou Qibin，Zhou Daquan，Feng Jiashi. Coordinate attention for efficient mobile network design[EB/OL].2021：arXiv：2103.02907. https：//arxiv.org/abs/2103.02907.pdf.

[99] 环境空气颗粒物(PM$_{2.5}$)手工监测方法：HJ 656—2013[S].

[100] 陈晓晨, 张倩, 吴飒. 一种湿度试验中计算露点温度的方法[J]. 装备环境工程, 2016, 13(2): 88-91+122.

[101] 杨琪琪, 杨禹哲. 如何保证环境颗粒物 PM$_{2.5}$ 手工监测法(重量法)中称量的准确性[J]. 中国计量, 2018(12): 87-88.

[102] 许斌, 陈清华, 江丙友, 等. 风水联动除尘器测试系统设计与试验验证[J]. 煤矿安全, 2021, 52(10): 115-118+124.

[103] 环境空气. PM$_{10}$ 和 PM$_{2.5}$ 的测定. 重量法: DVGW W 618: 2007-08[S].

[104] 环境空气颗粒物(PM$_{10}$ 和 PM$_{2.5}$)连续自动监测系统技术要求及检测方法: ARINC 653P2-1—2008[S].

[105] 测量不确定度评定与表示: JJF 1059.1—2012[S].

[106] 张军. 超低排放的湿法高效脱硫协同除尘的机理及模型研究[D]. 杭州: 浙江大学, 2018.

[107] 程卫民, 聂文, 周刚, 等. 煤矿高压喷雾雾化粒度的降尘性能研究[J]. 中国矿业大学学报, 2011, 40(2): 185-189, 206.

[108] 汤梦, 刘荣华, 王鹏飞, 等. 高压喷雾雾化特性及降尘效率实验研究[J]. 矿业工程研究, 2015, 30(1): 76-80.

[109] 聂文, 程卫民, 周刚, 等. 掘进面喷雾雾化粒度受风流扰动影响实验研究[J]. 中国矿业大学学报, 2012, 41(3): 378-383.

[110] 徐永铭. 综采面尘源跟踪喷雾降尘技术研究[D]. 镇江: 江苏科技大学, 2021.

[111] 李晓豁, 董伟松, 郭娜, 等. 基于改进 GAAA 算法的连采机外喷雾降尘参数优化[J]. 机械科学与技术, 2015, 34(12): 1874-1879.

[112] 沙永东, 李晓豁, 康晓敏, 等. 基于遗传算法的掘进机外喷雾降尘效率最大的参数优化[J]. 科技导报, 2012, 30(26): 35-38.

[113] 孙彪. 综采面尘源局部雾化封闭控除尘技术[D]. 青岛: 山东科技大学, 2018.

[114] 张保动, 邓云, 陈江辉, 等. 掘进机外喷雾降尘效率的研究与分析[J]. 微计算机信息, 2011, 27(6): 113-115.

[115] 刘亮. 基于显式动力学理论的新材料乒乓球碰撞动力学性能分析[J]. 粘接, 2021, 46(5): 169-172.

[116] 王娟. 长杆弹侵彻有限直径金属厚靶的理论与数值分析[D]. 西安: 长安大学, 2015.

[117] 常波峰, 郭奋超, 马亮, 等. 喷雾降尘器防护结构设计与分析[J]. 矿山机械, 2022, 50(6): 49-53.

[118] 夏田, 赵一号, 穆琪, 等. 高速机床导轨防护罩片的模态分析与试验[J]. 机械设计, 2021, 38(1): 42-46.

[119] 李玉刚, 吕建法, 杨林, 等. 基于 LS-DYNA 的瓦斯预抽钻孔煤岩破碎规律有限元显示动力学数值分析[J]. 现代机械, 2022(4): 49-53.

[120] 吴付祥. 自动喷雾降尘监测系统研究[J]. 矿山机械, 2020, 48(1): 66-70.

[121] Intra P, Yawootti A, Sampattagul S. Comparison of electrostatic charge and beta attenuation mass monitors for continuous airborne PM$_{10}$ monitoring under field conditions [J]. Korean Journal of Chemical Engineering, 2016, 33(12): 3330-3336.

[122] 马净, 李晓光, 宁伟. 几种常用温度传感器的原理及发展[J]. 中国仪器仪表, 2004(6): 1-2.

[123] 陈仕龙, 单节杉, 晏妮. 电力拖动与控制技术[M]. 成都: 四川大学出版社, 2018.

[124] 王华伟, 王俏. 基于 Hopfield 多层感知器的智能监控系统[J]. 工业计量, 2010, 20(4): 283-285.

[125] 孙博.矿井粉尘浓度测量技术研究[D].长春：长春理工大学，2014.

[126] 李赛.综掘工作面风水联动除尘系统研究与应用[D].淮南：安徽理工大学，2021.

[127] 杨瑄.内混式空气雾化喷嘴内部两相流特性数值模拟研究[D].西安：长安大学，2018.

[128] 张小艳.微细水雾除尘系统设计及试验研究[J].工业安全与环保，2001，27(8)：1-4.

[129] 刘宣佐.轴流风机数值模拟的若干问题探讨[D].杭州：浙江大学，2015.

[130] 程凯，潘地林.轮毂比对射流风机性能影响的数值分析[J].风机技术，2013，55(1)：15-17，21.

[131] 李强.多功能抑尘车雾炮结构的设计与研究[D].兰州：兰州交通大学，2022.

[132] 李刘武.ZWP-60雾炮流场的雾粒分布影响因素研究[D].淮南：安徽理工大学，2022.

[133] Zhou Bo, Wang Hui, Ding Xue. Influence of hub ratio on aerodynamic noise of radiator fan[J]. Advances in Applied Acoustics, 2015, 4: 1.

[134] 庞超明，黄弘.试验方案优化设计与数据分析[M].南京：东南大学出版社，2018.

[135] 封蔚健，石秀东，姚晨明，等.基于正交试验和Fluent的管翅式换热器结构优化[J].北京化工大学学报(自然科学版)，2020，47(1)：93-99.

[136] 王天垚.基于平面叶栅设计方法的轴流式通风机叶片设计[D].杭州：浙江理工大学，2018.

[137] 刘卫国，等.MATLAB程序设计与应用[M].北京：高等教育出版社，2002.

[138] 刘卫国.科学计算与MATLAB语言[M].北京：中国铁道出版社，2000.

[139] 汪利萍.基于离散元方法的立式辊磨机粉磨装置性能研究[D].淮南：安徽理工大学，2020.

[140] 李云雁，胡传荣.试验设计与数据处理(3版)[M].北京：化学工业出版社，2017.

[141] Ortman J, Lefebvre A H. Fuel distributions from pressure-swirl atomizers[J]. Journal of Propulsion and Power, 1985, 1(1): 11-15.

[142] 王玉平，尹财贵，芦周红.催化剂雾化器故障及改进[J].化工机械，2014，41(1)：128-130.

[143] Vijay G A, Moorthi N S V, Manivannan A. Internal and external flow characteristics of swirl atomizers: a review[J]. Atomization and Sprays, 2015, 25(2): 153-188.

[144] 张鹏九，高越，刘中芳，等.喷片孔径及施药压力对果园喷雾机械雾滴粒径和沉积分布的影响[J].果树学报，2021，38(10)：1736-1747.

[145] 丁天航，曹曙明，薛新宇，等.果园喷雾机单双风机风道气流场仿真与试验[J].农业工程学报，2016，32(14)：62-68.

[146] 贾晓曼，张勇，门兴元，等.果园喷雾机喷头数量对雾滴沉积分布的影响[J].果树学报，2020，37(3)：371-379.

图书在版编目(CIP)数据

煤矿工作面湿式除尘技术研发与应用／邱进伟等著.
—长沙：中南大学出版社，2023.12
ISBN 978-7-5487-5696-5

Ⅰ. ①煤… Ⅱ. ①邱… Ⅲ. ①煤矿—综采工作面—湿
式除尘—研究 Ⅳ. ①TD714

中国国家版本馆 CIP 数据核字(2024)第 018318 号

煤矿工作面湿式除尘技术研发与应用
MEIKUANG GONGZUOMIAN SHISHI CHUCHEN JISHU YANFA YU YINGYONG

邱进伟　陈清华　江丙友　唐明云　周　亮　胡祖祥　著

□出 版 人	林锦优
□责任编辑	刘锦伟
□责任印制	李月腾
□出版发行	中南大学出版社
	社址：长沙市麓山南路　　邮编：410083
	发行科电话：0731-88876770　　传真：0731-88710482
□印　　装	长沙鸿和印务有限公司

□开　　本	787 mm×1092 mm 1/16	□印张 12.25	□字数 301 千字
□版　　次	2023 年 12 月第 1 版	□印次 2023 年 12 月第 1 次印刷	
□书　　号	ISBN 978-7-5487-5696-5		
□定　　价	66.00 元		